普通高等学校新工科校企共建智能制造相关专业系列教材
智能制造高端工程技术应用人才培养新形态一体化系列教材

智能制造
应用技术

U0193866

主　编	左小琼　李继高　刘　杰	
副主编	吴红霞　周　健　汪　漫	
参　编	张　荣　熊颖清　徐　静	
	陈永红　刘　依　苏　丹	

华中科技大学出版社
http://press.hust.edu.cn
中国·武汉

内 容 简 介

　　本书以智能制造系统规划、设计、实施、使用、管理流程为主线,通过实际工程项目应用案例对智能制造系统组成、关键技术、典型任务、常见工程方法和流程进行了详细的阐述。全书分为五个项目,项目一为自动化产线布局设计与仿真,项目二为自动化生产线单元构建,项目三为信息采集与设备互联,项目四为系统集成与信息融合,项目五为数字孪生应用。各个项目内容均分解为典型的工作任务,通过详细介绍工作任务的规划实施流程和要点,将智能制造应用技术相关核心理论、工程应用方法有机结合。

　　本书可以作为高等教育智能制造工程类相关专业的教材,也可以作为智能制造工程技术人员从事相关专业工作参考的资料。

图书在版编目(CIP)数据

智能制造应用技术 / 左小琼,李继高,刘杰主编. -- 武汉：华中科技大学出版社,2024.8.
ISBN 978-7-5772-0793-3

Ⅰ. TH166

中国国家版本馆 CIP 数据核字第 2024D53L86 号

智能制造应用技术　　　　　　　　　　　　　　　　左小琼　李继高　刘　杰　主编
Zhineng Zhizao Yingyong Jishu

策划编辑：袁　冲
责任编辑：叶向荣
封面设计：廖亚萍
责任监印：朱　玢
责任校对：张会军

出版发行：华中科技大学出版社(中国·武汉)　　　　电话：(027)81321913
　　　　　武汉市东湖新技术开发区华工科技园　　　　邮编：430223

录　　排：华中科技大学惠友文印中心
印　　刷：武汉市洪林印务有限公司
开　　本：787mm×1092mm　1/16
印　　张：22
字　　数：563 千字
版　　次：2024 年 8 月第 1 版第 1 次印刷
定　　价：69.00 元

"工课帮"简介

武汉金石兴机器人自动化工程有限公司(简称金石兴)是一家专门致力于工程项目与工程教育的高新技术企业,"工课帮"是金石兴旗下的高端工科教育品牌。

自"工课帮"创立以来,教学研发团队一直致力于打造精品课程资源,不断在产、学、研三个层面创新执教理念与教学方针,并集中"工课帮"的优势力量,有针对性地出版了智能制造系列教材二十多种,制作了教学视频数十套,发表了各类技术文章数百篇。

"工课帮"不仅研发智能制造系列教材,还为高校师生提供配套学习资源与服务。

为高校学生提供的配套服务:

(1)针对高校学生在学习过程中压力大等问题,"工课帮"为高校学生量身打造了"金妞","金妞"致力于推行快乐学习。高校学生可添加 QQ(2360363974)获取相关服务。

(2)高校学生可用 QQ 扫描下方的二维码,加入"金妞"QQ 群,获取最新的学习资源,与"金妞"一起快乐学习。

为工科教师提供的配套服务:

针对高校教学,"工课帮"为智能制造系列教材精心准备了"课件＋教案＋授课资源＋考试库＋题库＋教学辅助案例"系列教学资源。高校老师可联系大牛老师(QQ:289907659)获取教材配套资源,也可用 QQ 扫描下方的二维码,进入专为工科教师打造的师资服务平台,获取"工课帮"最新教师教学辅助资源。

现阶段,我国制造业面临资源短缺、劳动力成本上升、人口红利减少等压力,而工业机器人的应用与推广,将极大地提高生产效率和产品质量,降低生产成本和资源消耗,有效提高我国工业制造竞争力。我国《机器人产业发展规划(2016—2020年)》强调,机器人是先进制造业的关键支撑装备和未来生活方式的重要切入点。广泛采用工业机器人,对促进我国先进制造业的崛起,有着十分重要的意义。"机器换人,人用机器"的新型制造方式有效推进了工业升级和转型。

伴随着工业大国相继提出机器人产业政策,如德国的"工业4.0"、美国的先进制造伙伴计划、中国的"十三五规划"与"中国制造2025"等国家政策,工业机器人产业迎来了快速发展的态势。当前,随着劳动力成本上涨,人口红利逐渐消失,生产方式向柔性、智能、精细转变,中国制造业转型升级迫在眉睫。全球新一轮科技革命和产业变革与中国制造业转型升级形成历史性交汇,中国已经成为全球最大的机器人市场。大力发展工业机器人产业,对于打造我国制造业新优势、推动工业转型升级、加快制造强国建设、改善人民生活水平具有深远意义。

工业机器人已在越来越多的领域得到了应用。在制造业中,尤其是在汽车产业中,工业机器人得到了广泛应用。如在毛坯制造(冲压、压铸、锻造等)、机械加工、焊接、热处理、表面涂覆、上下料、装配、检测及仓库堆垛等作业中,机器人逐步取代人工作业。机器人产业的发展对机器人领域技能型人才的需求也越来越迫切。为了满足岗位人才需求,满足产业升级和技术进步的要求,部分应用型本科院校相继开设了相关课程。在教材方面,虽有很多机器人方面的专著,但普遍偏向理论与研究,不能满足实际应用的需要。目前,企业的机器人应用人才培养只能依赖机器人生产企业的培训或产品手册,缺乏系统学习和相关理论指导,严重制约了我国机器人技术的推广和智能制造业的发展。武汉金石兴机器人自动化工程有限公司依托华中科技大学在机器人方向的研究实力,顺应形势需要,产、学、研、用相结合,组织企业专家和一线科研人员开展了一系列企业调研,面向企业需求,联合高校教师共同编写了"智能制造领域应用型人才培养系列精品教材"系列图书。

该系列图书有以下特点:

(1)循序渐进,系统性强。该系列图书从工业机器人的入门应用、技术基础、实训指导,到工业机器人的编程与高级应用,由浅入深,有助于读者系统学习工业机器人技术。

(2)配套资源丰富多样。该系列图书配有相应的人才培养方案、课程建设标准、电子课件、视频等教学资源,以及配套的工业机器人教学装备,构建了立体化的工业机器人教学体系。

（3）覆盖面广,应用广泛。该系列图书介绍了工业机器人集成工程所需的机械工程案例、电气设计工程案例、机器人应用工艺编程等相关内容,顺应国内机器人产业人才发展需要,符合制造业人才发展规划。

"智能制造领域应用型人才培养系列精品教材"系列图书结合工业机器人集成工程实际应用,教、学、用有机结合,有助于读者系统学习工业机器人技术和强化提高实践能力。该系列图书的出版发行填补了机器人工程专业系列教材的空白,有助于推进我国工业机器人技术人才的培养和发展,助力中国智造。

中国工程院院士

在科技日新月异的今天,智能制造技术正以惊人的速度改变着我们的世界。它宛如一把神奇的钥匙,开启了制造业创新与发展的无限可能。

智能制造涵盖了从设计、生产到销售、服务的整个产品生命周期,通过数字化、网络化和智能化的手段,实现了生产过程的高度自动化、智能化和协同化。智能制造技术的核心在于将信息技术与制造工艺深度融合,实现生产过程的智能化、数字化和网络化。通过智能传感器、工业互联网和数据分析等手段,企业能够实时获取生产线上的各种信息,从而做出精准的决策,提高生产效率,降低生产成本。

尽管智能制造技术带来了诸多机遇,但也伴随着一系列挑战。智能制造涉及制造技术和信息技术的深度融合,以及管理的系统工程。如何将这些方面有效地整合,将各种智能制造技术在具体场景中落地实施,是智能制造行业目前亟待解决的难题。

本书旨在梳理智能制造技术的发展脉络,剖析其关键技术和应用案例,探讨智能制造系统从规划到落地实施过程中的关键技术的应用策略方法,以期为广大读者提供有益的借鉴和思考。

全书分为五个部分,涵盖智能制造项目从规划设计、集成实施到管理使用完整的智能制造技术应用流程:项目一自动化产线布局设计与仿真,介绍了智能制造系统的核心部分自动化产线的规划设计流程和方法,并以典型的任务为载体展示了规划仿真工具的使用;项目二自动化生产线单元构建,以自动化系统的主要组成部分相关的核心技术为主要内容,详细介绍了这些技术在构建智能制造系统基础平台的实际应用方法;项目三信息采集与设备互联,以智能制造的信息化为目标,展示了智能制造系统信息化数据采集常见软硬件系统的搭建方法;项目四系统集成与信息融合,系统介绍了智能制造系统中的数据管理与融合的应用方法;项目五数字孪生应用,阐述智能制造领域数字孪生应用的方法和技术实施的流程和方法。全书内容不仅涵盖智能制造技术的介绍,更是立足智能制造应用技术的落地实施的重难点,以案例和典型的智能制造系统实施任务,介绍智能制造系统落地成型的具体方法和要点。

本书通过展示智能制造项目集成中的典型案例,详细阐述了智能制造技术在工程实践中的应用流程和方法,从智能制造系统规划、设计、实施、使用、管理多个维度梳理了智能制造技术的全面应用要点和流程。本书可以作为智能制造行业工程技术人员参考之用,也对智能制造项目管理人员规划项目实施流程、管控项目关键节点有所裨益,更适合普通高校本科生进行专业课程的延伸阅读。

在本书的编写过程中参阅了大量中外参考资料,也得到了行业相关专业学者的大力帮助和指导,在此对这些资料的作者和各位专业学者表示深深的敬意和衷心的感谢。

编者

2024 年 5 月

目录 MULU

项目一
自动化产线布局设计与仿真

任务1 自动化产线布局仿真流程

项目导入

1）生产系统仿真内容

生产系统仿真包含产线布局、工艺过程仿真及生产流程仿真等内容。

（1）产线布局。

产线布局，即按照厂房的空间情况安排生产线的布局。产线布局时应设置生产加工区、缓存区、物料堆放区等作业单元，确定设备与设备之间的相对位置、通道的横向面积，以及物料搬运流程及运输方式。

产线布局应遵循以下原则。

①符合工艺过程要求：充分考虑每道工序的生产效率与时间定额，保持各工序的生产平衡，充分利用设备产能。

②物流搬运时间短：在满足工艺要求的前提下，使得物流运输路径方便快捷，尽量避免物料交叉搬运与逆向流动，做到物流运输时间最短。

③保持生产柔性：车间中的制品暂存区、原料存放区、缓存区等作业单元数量适中，不宜过多、复杂，以免造成加工混乱和空间的严重浪费。

④空间利用率高：合理设计生产区域及存储区域的空间，最大限度地利用空间。

（2）工艺过程仿真。

工艺过程仿真，即按照产品的加工工艺，在虚拟环境下重现产品的加工过程。工艺过程仿真主要解决碰撞、干涉、运动路径、人员操作的宜人性等问题。

工艺过程仿真需要遵循以下原则。

①工艺过程无碰撞、干涉：主要通过模拟装配工艺过程，及时发现装配过程中存在的干涉、碰撞等问题，提升装配工艺过程的可操作性。

②人机工程协调：主要考虑在工艺加工过程中，工人的视线范围不被遮挡，肢体可以达到要求位置，空间大小方便工人操作，承受的负荷及操作时间不易使工人疲劳，同时在危险环境中要有安全防护措施。

③装配路径最优：主要考虑减少无效的零件移动、无效的人员运作，提升装配工艺效率。

（3）生产流程仿真。

生产流程仿真，即对物料（包括原材料、半成品、返修品、合格品、报废品等）的流转过程进行仿真，主要解决在生产过程中物料的运输的经济性、时效性，流动路线优化，缩短搬运时间、减少路径干涉等问题。

生产流程仿真需要遵循以下原则。

①优化空间利用率：物料在流动过程中，应避免重复、冗余路线；降低库存，减少在制品数量。

②生产系统能力平衡：生产资源与人员等的合理匹配。

③优化物流中的瓶颈环节与关键路径。

2)生产系统仿真过程

生产系统仿真过程可以分为仿真规划、建模、仿真优化三个阶段。在仿真规划阶段,需要明确仿真要解决的问题,搜集需要的资料;建模阶段则包括设备及流程的建模;仿真优化则是对整个生产系统进行调整优化。

生产系统仿真是一个复杂的过程,不仅需要掌握仿真软件的操作技术,还需要对工厂的工艺、生产、流程等有相当的了解。生产系统仿真需要收集大量的资料,包括厂区布局图、设备清单与设备规格说明、生产线产品及零部件清单、零部件三维模型、厂区效果图、线边仓对应零部件或半成品数量、产品模型、工艺说明书、工艺布局图、工装夹具、工时定额、物料信息表,以及各工位上人员和设备的动作顺序、动作时间、动作路径信息等。

布局仿真的建模主要是厂区、厂房、生产线、物料等对象的 3D 建模或模型处理,其要点在于模型的几何精度、精细度、数据量、纹理贴图效果等要符合预定要求。

物流仿真的建模则包括不同类型的设备与生产资源的实现逻辑建模、生产线流程的时序逻辑建模等。

工艺过程建模是在布局模型基础上,依据工位操作内容建立人员和设备的运动模型(运动路径与速度等)、工位上运动时序模型等。

3)生产系统仿真软件

对于这一类进行生产系统仿真的软件尚无明确的定义,名称也不统一,有些称为生产系统建模与仿真软件,有些称为生产系统规划与仿真软件,有些又称为生产仿真软件,还有些称为数字化工厂仿真软件。目前相关软件数量较多,如 Flexsim、Plant Simulation、DELMIA/Quest、Witness、SIMAnimation 等。其中 Flexsim 是美国 FlexSim 公司开发的三维物流仿真软件,能应用于系统建模、仿真以及实现业务流程可视化。Flexsim 中的对象参数可以表示基本上所有的存在的实物对象,如机器装备、操作人员、传送带、叉车、仓库、集装箱等,同时可以用丰富的模型库表示数据信息。Flexsim 具有层次结构,可以使用继承来节省开发时间,而且还是面向对象的开放式软件。由于 Flexsim 的对象是开放的,所以这些对象可以在不同的用户、库和模型之间进行交换,再结合对象的高度可自定义性,可以大大提高建模的速度。FlexSim 具有完全的 C++面向对象(object-oriented)性,超强的 3D 虚拟现实(3D 动画),直观的、易懂的用户接口,卓越的柔韧性(可伸缩性)。

一、建模与仿真流程

(1)确定仿真目标,拟定问题和研究计划。这一阶段的任务是明确规定车间仿真的目的、边界和组成部分,以及衡量仿真结果的依据。

(2)收集和整理数据。仿真中需要输入大量数据,它们的正确性直接影响仿真输出结果的正确性。调研所期望获取的资料一般包括如下。

①结构参数:描述车间结构的物理或几何参数。例如车间平面布局、设备组成、物品形状、尺寸等静态参数。

②工艺参数:车间零件的工艺流程,各流程之间的逻辑关系等。

③动态参数:描述生产过程中动态变化的一些参数。如运输车的加速度和速度、出入车间的时间间隔、装卸时间等。

④逻辑参数:描述生产过程中各种流程和作业之间的逻辑关系。

⑤状态变量:描述状态变化的变量。如设备的工作状态是闲还是忙,缓冲区货物队列是

空还是满。

⑥输入输出变量:输入变量分为确定性变量和随机变量;输出变量是根据仿真的目标设定的,仿真目标不同,输出变量也不同。

(3)建立车间布局模型。根据系统机构和作业策略,分析车间各组成部分的状态变量和参数之间的数学逻辑关系,在此基础上建立车间布局模型。

(4)建立车间仿真模型。根据车间布局模型、收集的数据建立仿真模型。仿真模型要求能够真实地反映系统的实际情况。

(5)验证模型。审核仿真模型的修改完善,如参数的合理化设置,逻辑策略是否正确反映现实系统的本质等。

(6)仿真运行。对所研究的系统进行大量的仿真运行,以获得丰富的仿真输出资料。

(7)分析仿真结果。从系统优化角度考虑问题,分析影响系统的关键因素,并提出改善措施。

(8)建立文件,实施决策。把经过验证和考核的仿真模型以及相应的输入、输出资料建成文档文件,供管理决策者付诸实施。

二、案例分析

通过对一个现实的生产系统的建模仿真与分析,展示基于离散事件动态系统的建模仿真方法在制造系统物流过程建模、仿真和分析中的应用,具体涉及仿真软件 Flexsim 的学习和运用,以及在此基础上的生产线建模、仿真与分析。在研究学习本案例的基础上,学生可以运用相关知识,对一个生产制造系统进行建模仿真和物流分析,进而根据不同的订单模式或系统参数,提出相应运作策略或系统改进方案。其结果可为有关的系统设计和改进提供评估依据,也验证了有关仿真软件工具在此类生产系统建模、仿真和分析中的适用性。

(一)整体建模过程

1. 系统模型介绍

本实验所涉及的是一个柔性制造系统的生产线(图 1-1-1),它主要由四条流水线组成,同时加工两种不同原材料(以下称原材料 a 和原材料 b),最后把加工后的两种半成品和另一种原材料(以下称原材料 c)装配起来,成为成品 d。在模型中,设有存放原材料 a、b 和成品 d 的组合式货架,存放原材料 c 的货栈,它们分别通过堆垛机和 AGV 小车与生产线相联通,组成系统。

具体物流过程简述如下。

(1)组合式货架用来存放待加工的原材料和成品,货架配备堆垛机,用于从货架上取下原材料,并运到生产线上进行加工。货架上混合存放 a、b 两种货物,堆垛机随机取出货物,放入出货台。

(2)待加工的原材料 a、b 从出货台进入流水线 1,都要经过生产线旁的加工机进行加工。流水线 1 是倍速链,旁边有多台完成同样工作的加工机,同时每台旁都有一个搬运工人,搬运工人为加工机拾取流水线上的货物进行加工,也负责把加工过的货物放回流水线进入下一个工序。

(3)原材料 a 通过流水线 1 的加工后成为半成品 a1,进入流水线 2。流水线 2 为辊筒线,上有一个气动机械臂,对半成品 a1 进行再加工,成为半成品 a2,通过 AGV 小车送向流水线

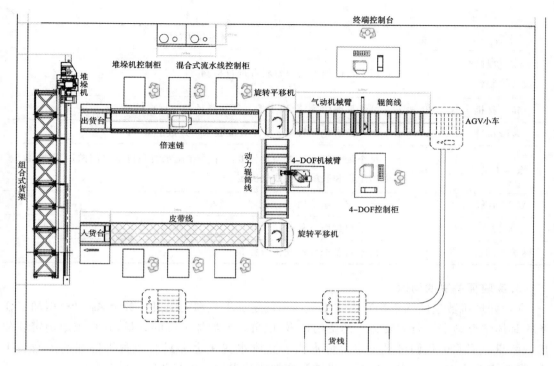

图 1-1-1 系统模型图

4 上的装配机。同时 AGV 小车也从货栈上取出原材料 c, 连同半成品 a2 放入装配机前的缓冲区。

　　(4)原材料 b 通过流水线 1 加工后成为半成品 b1, 进入流水线 3。流水线 3 为动力辊筒线, 上有一个 4-DOF 机械臂, 用于对半成品 b1 进行检测。经检测合格者进入流水线 4。

　　(5)流水线 4 是一条装配生产线, 为皮带线。上有多台装配机, 同时每台旁也有一个搬运工人。搬运工人从流水线 4 和缓冲区各取一个半成品 a2、半成品 b1 和原材料 c 放入装配机, 经装配后成为成品 d, 再由加工者放回流水线 4 上。

　　(6)成品 d 从流水线 4 出来进入货台, 再由堆垛机放入组合式货架。此处的堆垛机与运送原材料 a、b 进入生产线的为同一辆。

2. 系统的主要组成

　　该系统主要由加工过程和物流过程组成, 其主要组成设备如表 1-1-1 所示。

表 1-1-1 系统的主要组成设备

名称	数量	描述和用途
组合式货架	1	立体仓库, 有堆垛机负责搬运货物; 用于存放原材料 a、b 和成品 d
堆垛机	1	立体仓库的组成部分, 可在高处取放货物; 用于对货物进行存取和搬运
加工机	n	用于对原材料 a、b 进行加工
流水线	4	有倍速链、辊筒线和皮带线等不同的种类, 各有特点, 但都是用于货物在生产线上的运输
气动机械臂	1	用于对原材料 a 进行第二次加工

名称	数量	描述和用途
4-DOF 机械臂及其控制台	1	用于对已加工的原材料 b 进行检测
旋转平移机	2	可水平面内旋转,用于控制货物路径和使货物转向
装配机	n	用于最后把原材料 a、b、c 装配起来形成成品 d
搬运人员	n	每个加工机和装配机都需要一个人在流水线和机器之间搬运货物,数量由加工机和装配机的数量决定
AGV 小车	1	有一定的运动轨迹,用于搬运货物
货栈	1	用于存放原材料 c
终端控制台	1	用于对整个生产线进行控制

3. 实验要解决的问题

(1)处理机数量的确定(n):假定系统尚未确定加工机和装配机的数量,需要根据加工任务等具体情况确定。若需要加工的货物过多,则可以增加加工机的数量,并相应地确定装配机的数量。实验中我们可以先假定流水线 1 和流水线 4 上都只有两台机器和两个搬运工人,据此进行建模,然后根据仿真结果适当增加或减少加工机和装配机的数量。

(2)AGV 小车运行路线和速度(s)的确定:由于 AGV 小车只有一辆,而它需要兼顾运送半成品 a2 和原材料 c 进入装配机缓冲站的任务,所以 AGV 小车每次拾取货物的数量及其运行速度等因素就要仔细考虑。实验中我们先假定 AGV 小车每次搬运一个半成品 a2 后再搬运一个原材料 c,依次反复运行;并按小车的速度为 2 进行建模。

4. 模型要素及建模过程

制造系统是一个离散事件动态系统,一般比较复杂;而且本实验中所涉及的制造系统也包括许多的设备和工序,给应用 Flexsim 工具对本系统进行建模增加了难度,提出了许多需要解决的问题。所以在对系统的建模过程中,在保证基本物流过程和生产方式不变的基础上,需要对每一部分进行精心的设计,甚至某些地方还需要进行简化或变通处理,下面将具体叙述各部分的建模设计过程。

1)对立体仓库的设计

立体仓库由组合式货架和堆垛机组成。组合式货架有两个分别放成品和原材料 a、b 的货架(rack)，有一个发生器(source)　为货架提供原材料 a、b;堆垛机(ASRS vehicle)用来把原材料放入生产线同时也负责把成品运回货架。堆垛机的设计移动速度为 2,同时为其设计了轨道。

为了使发生器能生成两种不同的货物,并用两种不同的颜色表示出来,在发生器的参数窗口中选"Source Triggers"选项,对其中的"OnExit"作了以下设置(图 1-1-2)。

为了使原材料货架能提前被装满,在发生器参数窗口中选择"Source"选项,对其中的"Inter-Arrivaltime"选项作了以下设置(图 1-1-3),这样使发生器的送货间隔时间远远小于系统中各工序的加工时间(各工序的加工时间都为 10),以保证及时送货。

为使堆垛机按实际系统设计的方式工作,在建模中规定了它的运行路径。

图 1-1-2　发生器的参数设置 1

图 1-1-3　发生器的参数设置 2

2）对流水线 1 的设计

流水线 1 由出站口、流水线、加工机和搬运工人组成。出站口用队列（queue）![]表示，与流水线（conveyor）![]直接相连，搬运工人（operator）![]负责把原材料运给加工机（processor）![]进行加工，然后再把半成品运回流水线。加工机的设计加工时间为 10。

由于设计的是两个加工机和两个搬运工人，所以为了协调两个搬运工人的工作，设计了一个系统简图中没有的虚拟角色——分配器（dispatcher）![]，它与两个搬运工人相连，用来协调和指导两个人的搬运工作，相当于实际运作中的调度系统。

3）对流水线 2 的设计

流水线 2 上有一个气动机械臂，它的功能是对半成品 a1 进行第二步处理。但在 Flexsim 软件的工具库里，没有找到相近形状又有相似功能的模块，所以根据气动机械臂的功能和物流过程，在建模中就由处理机（processor）来代替它。为了区别，它的颜色设为红色。设计加工时间为 10。

为了使货物的物流过程更加清楚，在流水线 2 的最后加上一个队列，用来存放半成品 a2，便于以后分析 AGV 小车的速度。

4）对流水线 3 的设计

流水线 3 上有一个 4-DOF 机械臂，用来对半成品 b1 进行检测，另外还有 4-DOF 控制台来控制机械臂的工作。根据它的功能和系统的物流过程，在建模中就用机器人（robot）![]来代替表示，并省略了控制台。设计检测时间为 10。

5）对流水线 4 的设计

流水线 4 由进站口、流水线、装配机和搬运工人组成，其生产过程类似流水线 1，也是由搬运工人从流水线上搬运货物到机器，然后把成品运回流水线，也设置一个分配器来协调两个搬运工人的工作。所不同的是出现了装配机（combiner）![]，装配机的作用是将半成品 a2、b1 和原材料 c 进行装配形成成品 d，所以就要求搬运工人为其分别搬运三种不同的货物。

为使三种货物的装配比例是 1∶1∶1，并合成一种物品，在装配机参数窗口中选"Combiner"选项，对其进行设置如下（图 1-1-4）。

为了使成品 d 的颜色有所区别，在装配机参数窗口中选"Source Triggers"选项，对其中的"OnExit"作如图 1-1-5 所示设置，将成品 d 的颜色设为"blue"。

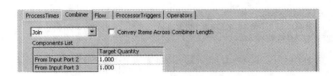

图 1-1-4　装配机的参数设置 1

图 1-1-5　装配机的参数设置 2

为了更清楚地说明物流问题,在装配机旁各设了一个队列,用来表示缓冲站,分别存放半成品 a2 和原材料 c,这个是系统简图中没有的。设计缓冲站的容量为 5。

6)对小车和货栈的设计

AGV 小车(transporter) 的作用是运送半成品 a2 和原材料 c 到装配机进行装配,为了和系统简图的过程相符,也为其设了轨道。

货栈是用来存放原材料 c 的,旁边也有个发生器为货栈提供原材料,为了使货栈能提前被装满,也做了加快上货时间的考虑。

5.其他建模细节

1)关于旋转平移机的设计

旋转平移机在系统中有两个,用来连接两个流水线,可在水平面内旋转,用于控制货物路径和使货物转向。但在 Flexsim 软件的工具栏中,并没有找到与它功能及形状都相似的物品,所以无法有效表现出这个设备。但为了更好地分析物流过程,在系统中还是完成了对它的实际功能的设计。

为了使流水线 1 上加工的 a、b 能流向不同的路径,在流水线参数窗口中选"Flow"选项,对其中的"Send To Port Template"进行设置(图 1-1-6)。这样设计就使物品能根据它自身的"itemtype"值去找和它相一致的端口,以达到控制路径的目的。

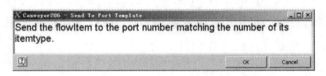

图 1-1-6　流水线 1 的参数设置

2)关于系统中各控制台的设计

本实验系统中有许多控制装置:终端控制台、堆垛机控制柜、混合式流水线控制柜和 4-DOF 控制台。这些控制设备在系统中是不可缺少的,它们一起保障了系统的正常运行。但在此次建模中,主要是研究系统的物流过程,而这些控制设备系统对反映物流过程没有太大的直接影响,所以这些设备在系统中没有涉及。

(二)整体模型图

经过上面一步步的工作,系统的仿真模型就在 Flexsim 软件环境中建立起来了。模型的主视连线图见图 1-1-7；透视图见图 1-1-8。

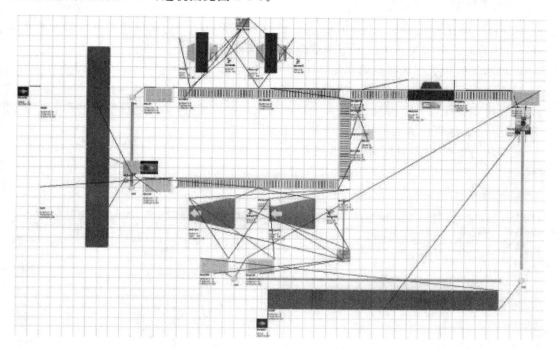

图 1-1-7　模型的主视连线图

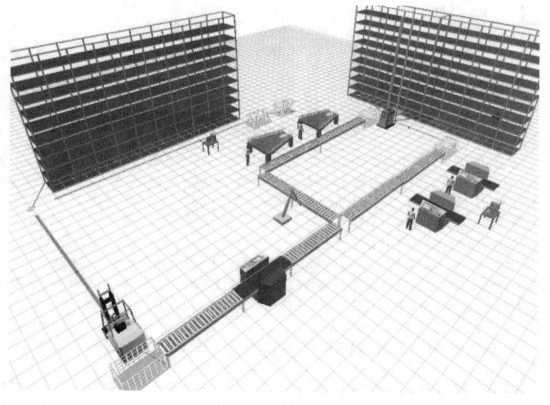

图 1-1-8　模型的透视图

（三）系统仿真与结果分析

在 Flexsim 中调出模型，点击"Compile"之后点击"Run"，经过足够长的运行时间后点击"Stop"；然后分别对实验所关注的结果数据进行分析和比较。

1. 对加工机和装配机数量的确定

1）两台装配机、两台加工机的情况

仿真模型是按两台装配机、两台加工机的情况进行建模的，对其进行编译并运行一定的时间后，分别观察两台加工机和装配机的利用率。

模型运行足够长的时间停止，得到系统的产出率（throughput）为 18.1 个/1000 单位时间。

装配机的时间利用率比较见图 1-1-9。

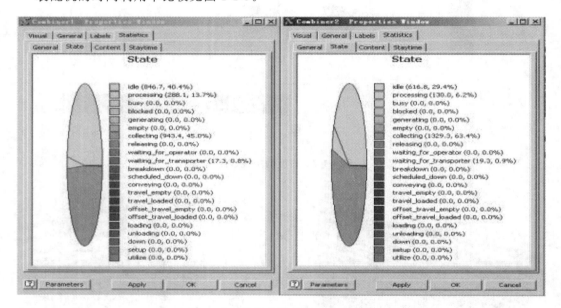

图 1-1-9　装配机的时间利用率比较

从图 1-1-9 可以看出两台装配机用于装配的时间占总时间的比例差别很大，装配机 1 为 13.7%，而装配机 2 为 6.2%，还不到装配机 1 的一半，所以可以看出装配机 2 没有得到充分的利用。而且通过分析，还可看出两台装配机都有大量不工作的空闲时间，所以可以考虑只安排一台装配机。

加工机的时间利用率比较见图 1-1-10。

从图 1-1-10 可以看出两台加工机用于加工的时间占总时间的比例差别不大，分别为 26.7% 和 21.0%，这说明两台加工机都在工作。但通过该图也可以看出，它们几乎一样都有着相当大的空闲时间。这样或许可以考虑将加工机的数量也改为一台。

2）一台装配机、两台加工机的情况

首先试验将装配机的数量改为一台。在这种情况下进行仿真建模，并编译、运行一定时间，效果图见图 1-1-11。

模型运行足够长的时间停止，得到系统的产出率（throughput）为 17.1 个/1000 单位时间。虽然此时系统的产出率有小幅度（5.5%）的下降，但是可以节省一台装配机的成本。此

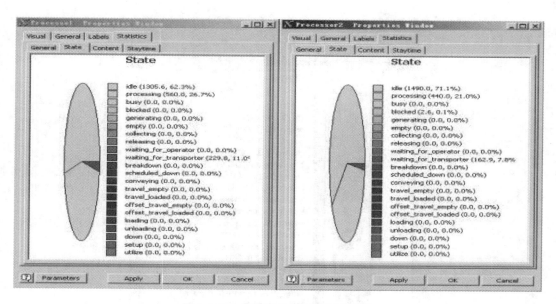

图 1-1-10　加工机的时间利用率比较

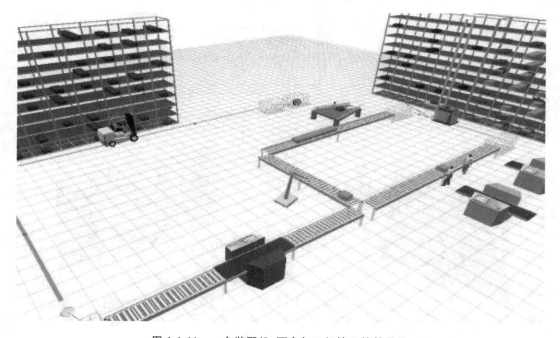

图 1-1-11　一台装配机、两台加工机情况的效果图

时装配机的利用率见图 1-1-12。

从图 1-1-12 可以看出,装配机的加工时间比率为 17.0%,有较大程度的提高,装配机数量的减少没有限制系统的运行,提高了机器的利用率并减少了成本。所以这个改进是合理的,有利于系统的优化。

3)一台装配机、一台加工机的情况

再试验将加工机的数量也改为一台。在此情况下进行仿真建模,并编译、运行一定时间,效果图见图 1-1-13。

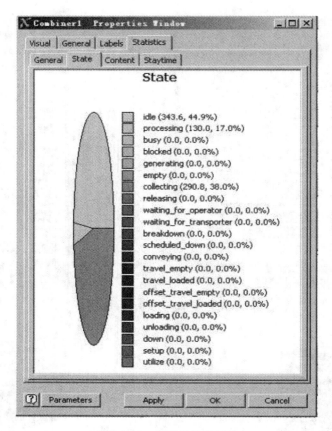

图 1-1-12　装配机的利用率

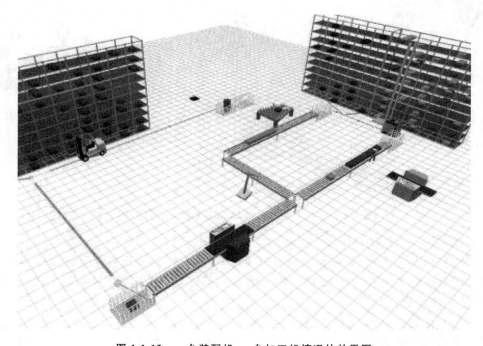

图 1-1-13　一台装配机、一台加工机情况的效果图

模型运行足够长的时间停止，得到系统的产出率（throughput）为 13.3 个/1000 单位时间，系统的产出率有了很大（22.2%）的降低。而且从效果图中可以看出，在只使用一台加工机的时候，流水线 1 上明显出现了原材料的堆积，这说明一台加工机无法满足生产线的需要。所以只设一台加工机是不合理的。

4）结论

将以上 3 次模型实验的结果收集起来，如表 1-1-2 所示。

表 1-1-2　实验数据表

装配机	加工机	装配机利用率	加工机利用率	产出率/（个/1000 单位）	队列有无堆积
2 台	2 台	13.7%、6.2%	26.7%、21%	18.1	无
1 台	2 台	17.0%	27.1%、18.4%	17.1	很少
1 台	1 台	13.8%	37.4%	13.3	较多

得出结论：加工机的数量应该多于装配机的数量，在现有的物流速度下，两台加工机和一台装配机的设计是合理的；虽然一台装配机和一台加工机能更大程度地保证加工机的利用率，但是这是以产出率的降低和在制品库存的提高为代价换来的，所以是不合理的。

加工机的数量更多地取决于原材料进入生产线的速度，也就是堆垛机的速度，如果加快堆垛机的速度，加工机的数量也要相应地增加，但无论怎样加工机的数量应该大于装配机的数量。以下将以两个加工机和一个装配机的模型对下一个问题进行分析。

2. 对小车速度的确定

1）原始速度为 2 的情况

先设定 AVG 小车的运行速度为 2，与堆垛机相同，对其进行编译并运行一定的时间后，观察其效果（图 1-1-14）。

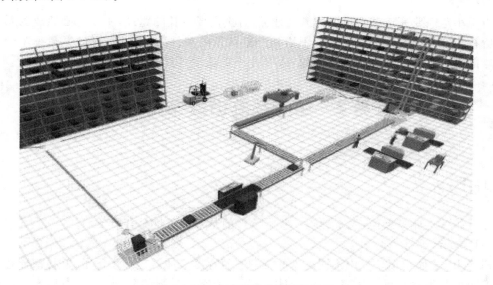

图 1-1-14　小车速度为 2 的效果图

从图 1-1-14 可以看出，装配机在等待 AGV 小车运送货物，而红色的半成品 a2 又在流水线 2 的末端队列里堆积，所以可以看出 AGV 小车的运力不足，无法满足系统通畅运作的需要，需要提高小车运行速度。

2）速度增加到 4 时的情况

将 AGV 小车的速度增加一倍，增大到 4。在这种情况下进行仿真建模，并编译、运行，一定时间后的效果见图 1-1-15。

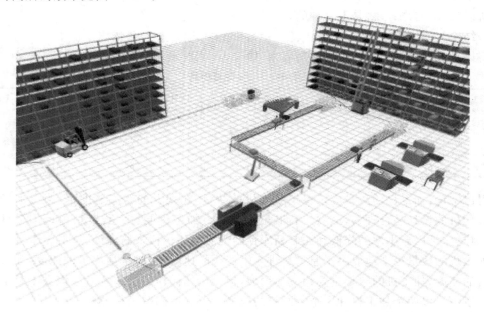

图 1-1-15　小车速度为 4 的效果图

从图 1-1-15 可以看出这次流水线的末端队列里没有堆积货物，而装配机的工作也很顺畅，这样看来提高小车的速度解决了堆积的问题。所以对 AVG 小车速度的提高是可行的。

3）结论

由于小车需要完成两个不同的搬运任务，且都需要较长的路径，所以它必然成为系统的瓶颈所在。在不能改变小车路径和不增加小车数量的条件下，就只有通过提高小车的运行速度才能满足系统的要求。所以增加 AGV 小车的速度，可优化系统的物流过程。

◀ 任务 2　生产系统仿真布局建模 ▶

项目导入

在开始建立此模型前，先来理解一些本软件的基本术语将会有所帮助。

1）Flexsim 实体

Flexsim 实体模拟仿真中不同类型的资源。暂存区实体就是一个例子，它扮演储存和缓冲区的角色。暂存区可以代表一队人、CPU 上一个空闲过程的队列、工厂中地面上的一个储存区或客户服务中心的一队等待的呼叫，等等。另一个 Flexsim 实体例子是处理器实体，它模拟一段延迟或处理过程的时间。这个实体可以代表工厂中的一台机器、一个正在给客户服务的银行出纳员、一个邮件分拣员，等等。Flexsim 实体放在对象库栅格中。对栅格进行分组管理，默认显示最常用的实体。

2）临时实体

临时实体是流经模型的实体。临时实体可以表示工件、托盘、装配件、文件、集装箱、电话呼叫、订单或任何仿真过程中的移动对象。临时实体可以被加工处理，也可以由物料处理设备传输通过模型。在 Flexsim 中，临时实体由发生器产生，在流经模型之后被送到吸收器中。

3）临时实体类型

临时实体类型是一个放在临时实体上的标志，它可以代表条形码号、产品类型或工件号，等等。在临时实体寻径中，Flexsim 使用实体类型作为引用。

4）端口

每个 Flexsim 实体的端口数量没有限制，它们可以通过端口与其他的实体通信。端口有输入端口、输出端口和中间端口三种类型。

输入和输出端口用于临时实体的寻径。例如，一个邮件分拣员依靠包裹上的目的地把包裹分放到不同的输送机上面。为了在 Flexsim 中进行仿真，连接处理器实体上的输出端口到几个输送机实体的输入端口，这意味着当一个处理器（或邮件分拣员）完成临时实体（包裹）的处理后，就通过它的一个输出端口将其发送到一个特定的输送机上。

中间端口用来建立从一个实体到另一个实体的引用。中间端口的一个惯常用法是引用可移动实体，如从设备、暂存区或输送机等引用操作员、叉车或者起重机。

端口的建立和连接是通过按住键盘上的不同字母键，同时用鼠标点击一个实体并拖到另一个实体上完成的。当按住左键并拖曳鼠标时，如果同时按住"A"键，就可以在第一个实体上建立输出端口，并在另一个实体上建立输入端口。这样两个新端口就自动连接起来。如果按住"S"键，将在两个实体上都建立一个中间端口，并把这两个新端口连接起来。拖曳鼠标并同时按下"Q"键可以删除输入输出的端口和连接，按下"W"键可以删除中间端口和连接。表 1-2-1 说明了用于连接和断开两种端口的键盘字母。

表 1-2-1 用于连接和断开两种端口的键盘字母

	输入-输出	中间
断开	Q	W
连接	A	S

5）模型视图

Flexsim 应用 3D 建模环境。建模时默认的模型视图叫作正投影视图。尽管透视视图表达得更真实，但是通常在正投影视图中更容易建立模型布局。当然，任一视图都可以用来建立和运行模型。Flexsim 允许根据需要打开多个视图视窗。不过应注意，当打开多个视窗时会增加对计算机资源的需求。

一、建模流程

模型 1 描述如下。

在第一个模型中，我们将研究三种产品离开一条生产线进行检验的过程。有三种不同类型的临时实体将按照正态分布间隔到达。临时实体在类型 1、2、3 三种类型之间均匀分布。当临时实体到达时，它们将进入暂存区并等待检验。有三个检验台用来检验。检测台 1 用于检验类型 1，检测台 2 用于检验类型 2，检验台 3 用于检验类型 3。检验后的临时实体放到输送机上,在输送机终端再被送到吸收器中,从而退出模型。图 1-2-1 所示为模型 1 流程框图。

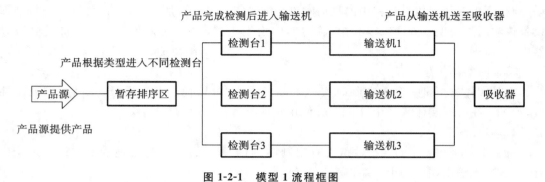

图 1-2-1　模型 1 流程框图

模型 1 数据如下。

发生器到达速率:normal(20,2)秒。

暂存区最大容量:25 个临时实体。

检验时间:exponential(0,30)秒。

输送机速度:1 米/秒。

临时实体路径:类型 1 到检验台 1,类型 2 到检验台 2,类型 3 到检验台 3。

二、案例分析

首先需要建立第一个模型。

为了检验 Flexsim 软件安装是否正确,在计算机桌面上双击 Flexsim 3.0 图标打开应用程序。软件装载后,将看到 Flexsim 菜单和工具按钮、库,以及正投影视图的视窗。

步骤 1:从库里拖出一个发生器放到正投影视图的视窗中,如图 1-2-2 所示。

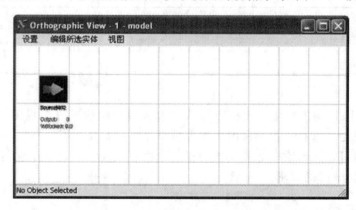

图 1-2-2　从库里拖出一个发生器放到正投影视图的视窗中

步骤 2:把其余的实体拖到正投影视图的视窗中,如图 1-2-3 所示。

图 1-2-3 完成后,将看到这样的一个模型。模型中有 1 个发生器、1 个暂存区、3 个处理器、3 个输送机和 1 个吸收器。

步骤 3:连接端口。

下一步是根据临时实体的路径连接端口。连接过程是:按住"A"键,然后用鼠标左键点

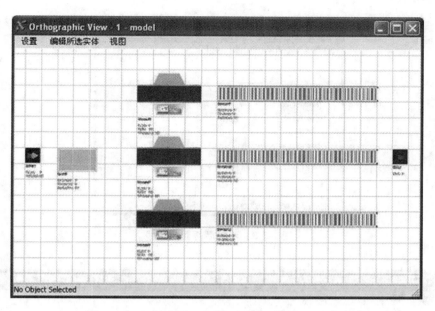

图 1-2-3　把其余的实体拖到正投影视图的视窗中

击发生器并拖曳到暂存区,再释放鼠标键。拖曳时你将看到一条黄线(图 1-2-4),释放时变为黑线(图 1-2-5)。

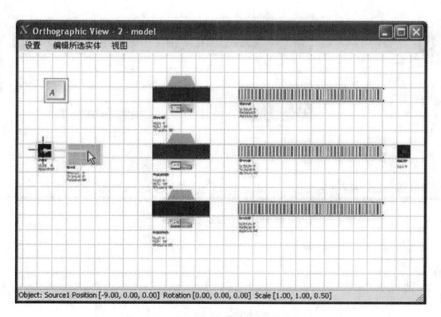

图 1-2-4　拖曳时出现的黄线

　　连接每个处理器到暂存区,连接每个处理器到输送机,连接每个输送机到吸收器,这样就完成了连接过程。完成连接后,所得到的模型布局如图 1-2-6 所示。

　　下一步是根据对实体行为特性的要求改变不同实体的参数。首先从发生器开始设置,最后到吸收器结束。

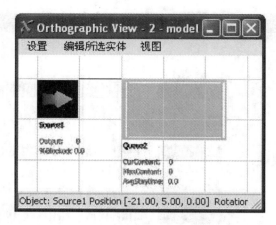

图 1-2-5　释放后得到的黑线

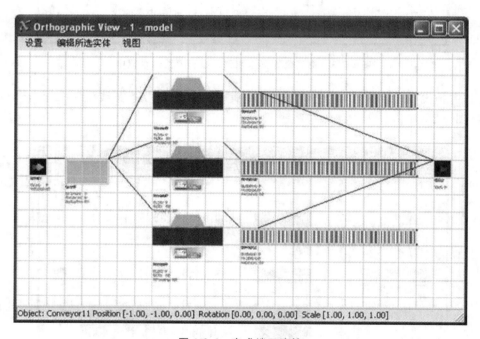

图 1-2-6　完成端口连接

小贴士

详细定义模型

每个实体都有其特有的图形用户界面(GUI),通过此界面可将数据与逻辑加入模型中。双击实体可打开叫作参数视窗的 GUI。

对于这一模型,我们想要有三种不同的产品类型进入系统。为此,将应用发生器的"离开触发器"为每个临时实体指定一个 1~3 的均匀分布的整数值,作为实体类型。

步骤4：指定到达速率。

双击发生器键打开其参数视窗（图1-2-7）。

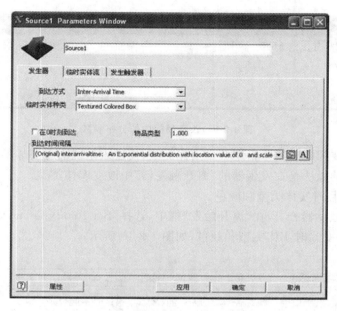

图 1-2-7 发生器参数视窗

所有的 Flexsim 实体都有一些分页或标签页，提供一些变量和信息，建模人员可根据模型的需求来进行修改。在这个模型中我们需要改变到达时间间隔和实体类型来产生3种实体。根据模型描述，我们要设定到达时间间隔为 normal(10,2)秒。现在，按下"到达时间间隔"下拉菜单中的箭头，选择"正态分布"选项（图1-2-8），该选项将出现在视窗里。如果要改变分布的参数，则选择模板■按钮，之后可以改变模板中任何灰褐色的值。

图 1-2-8 在"到达时间间隔"下拉菜单中选择"正态分布"选项

选择模板█按钮后将看到如图 1-2-9 所示视窗,可以通过改变模板参数来调整分布,甚至可以插入一个表达式。在本模型中改变参数 10 为 20,点击"确定"按钮返回到参数视窗。

图 1-2-9　改变模板中的分布参数

下面我们需要为临时实体指定一个实体类型,使进入系统临时实体的类型服从 1～3 的均匀分布。最好的做法是在发生器的"离开触发器"中改变实体类型。

步骤 5:设定临时实体类型和颜色。

选择发生器触发器分页,在"离开触发"框中,选择"Set Itemtype and Color(设定实体类型和颜色)",以改变临时实体类型和颜色,如图 1-2-10 所示。

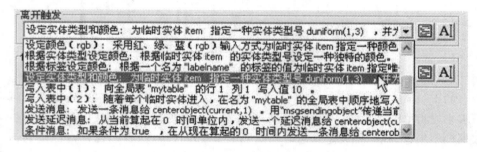

图 1-2-10　在"离开触发"框中选择"设定实体类型和颜色"

在选定改变临时实体类型和颜色的选项后,选择模板█按钮,可以看到如图 1-2-11 所示信息:离散均匀分布与均匀分布相似,但返回的不是给定的参数之间的任意实数值,而是离散整数值。点击本视窗和发生器参数视窗的"确定"按钮。

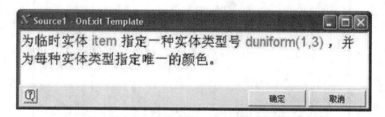

图 1-2-11　设定模板中的实体类型和颜色

下一步是详细设定暂存区参数。由于暂存区是在临时实体被处理器处理前存放临时实体的场所,因此需要做两件事。首先,需要设定暂存区最多可容纳 25 个临时实体的容量。其次,设定临时实体流选项,将类型 1 的实体发送到处理器 1,类型 2 的实体发送到处理器 2,依此类推。

步骤 6:设定暂存区容量。

双击"暂存区"打开暂存区参数视窗(图 1-2-12),改变最大容量为 25,选择 █应用█ 按钮。

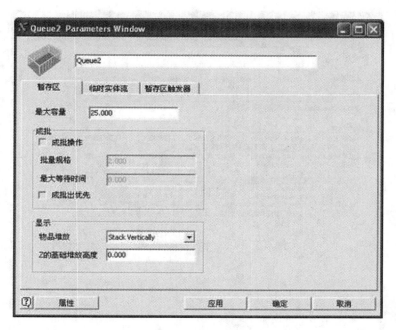

图 1-2-12　暂存区参数视窗

步骤 7：为暂存区指定临时实体流选项。

在参数视窗选择临时实体流分页来为暂存区指定流程。

在"送往端口"下拉菜单中选择"By Itemtype(direct)"［按实体类型（直接）］（图 1-2-13）。

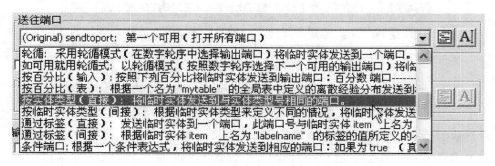

图 1-2-13　在"送往端口"下拉菜单中选择"按实体类型（直接）"

由于我们已经分配实体类型号为 1、2、3，我们就可以用实体类型号来指定临时实体通过的端口号。处理器 1 应连接到端口 1，处理器 2 应连接到端口 2，依此类推。

选定了"By Itemtype(direct)"之后，点击"确定"按钮关闭暂存区的参数视窗。

下一步是设定处理器的时间参数。

步骤 8：为处理器指定操作时间。

双击处理器 1，打开处理器 1 的参数视窗（图 1-2-14）。

在"处理时间"下拉菜单中，选"Exponential Distribution(指数分布)"。其默认的时间是 10 秒，因此，这里需要改变，改变的方法是选择模板按钮 （图 1-2-15），将形状参数（scale value）改为 30。这里指数分布的形状参数恰好是均值。点击"确定"按钮关闭视窗。然后点击"确定"按钮关闭处理器参数视窗。

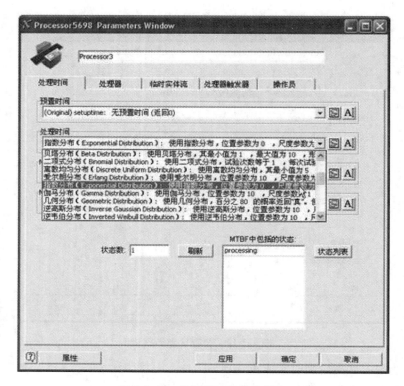

图 1-2-14　处理器 1 的参数视窗

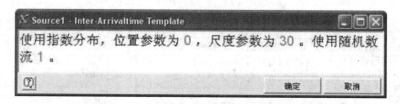

图 1-2-15　改变模板中的形状参数

对其他的处理器重复上述过程。

因为输送机的默认速度已经设为每时间单位为 1,所以这次不需要修改输送机的速度。

接下来可以编译和运行模型了。

步骤 9:编译。

主视窗上的运行控制按钮如图 1-2-16 所示。点击主视窗的 ⚙编译 按钮,完成编译过程后就可以运行模型了。

图 1-2-16　主视窗上的运行控制按钮

步骤 10:重置模型。

为了在运行模型前设置系统和模型参数的初始状态,总是要先点击主视窗底部的 ⏮重置 按钮。

步骤 11：运行模型。

点击 ➤➤运行 按钮使模型运行起来。

可以看到临时实体进入暂存区，并且移动到处理器。实体从处理器出来之后将移动到输送机，然后进入吸收器。可以通过主视窗的速度滑动条改变模型运行速度。

步骤 12：模型导航。

当前，我们是从正投影视图视窗中观察模型的。让我们从透视视图中来观察它。点击正投影视图视窗右上角的"×"来关闭它。选择工具条上的 垚 透视 按钮打开透视视图视窗（图 1-2-17）。

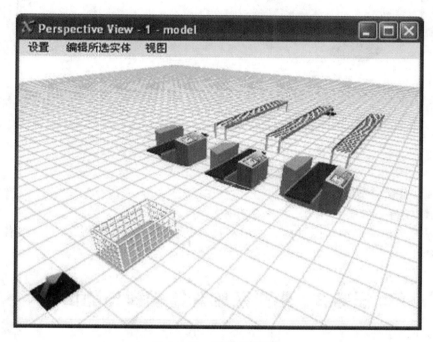

图 1-2-17　透视视图视窗

鼠标左键：在 X-Y 平面内移动模型。在一个实体上按住鼠标左键，然后移动鼠标可以在 X-Y 平面内移动该实体。

鼠标右键：绕 X、Y、Z 轴旋转。在实体上按鼠标右键，然后移动鼠标则可以旋转此实体。

鼠标左右键（或鼠标滚轮）：通过向前和向后旋转鼠标滚轮可以轻松地调整镜头的远近。如果有一个实体被当前选中，则将会改变它的 Z 向高度。如果鼠标有滚轮，则可以转动鼠标滚轮代替鼠标左右键同时点击。

F7 键：利用 F7 键可启动飞行俯瞰模式。在飞行俯瞰模式下，鼠标指针在视窗中心线上方时图形向上移动，鼠标在中心线下方时图形向下移动，鼠标在中心线左边时图形向左旋转，鼠标在中心线右边时图形向右旋转，欲退出飞行俯瞰模式时按 F7 键。这种方式需要通过一些练习才能掌握。如果模型丢失，可以按 F7 键停止飞行俯瞰模式，单击鼠标右键并选择下拉菜单中的"Reset View"重新找到要观察的模型。

步骤 13：查看简单统计数据。

为了观察每个实体的简单统计数据，选择视窗上的设置菜单，取消对"隐藏名称"选项的选择。正投影视图的默认状态是显示名称的（图 1-2-18），而透视视图在默认状态下是隐藏

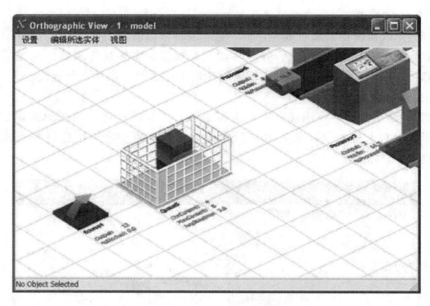

图 1-2-18　正投影视图视窗

名称的。

步骤 14：保存模型。

可选择"文件→模型另存为…"来保存模型。

现在已经完成了模型建模布局。在模型运行的时候，花些时间来回顾一下各个步骤并观察一下模型。

任务3　生产系统建模配置与测试

项目导入

现在更系统地介绍实体属性和参数视窗。每个 Flexsim 实体都有一个属性视窗和一个

图 1-3-1　右键点击模型视图中的一个实体时出现的菜单

参数视窗。建模人员需要透彻理解实体属性和实体参数的不同。要访问属性，右键点击模型视图中的一个实体并选择"属性"（图 1-3-1）。

每个 Flexsim 实体的属性都是相同的。在属性中有 4 个分页：常规、视景、标签和统计。每个分页包含所选的 Flexsim 实体的附属信息。

（1）常规属性。常规属性分页包含实体的常用信息，如名称、类型、位置、端口连接、显示标记和使用者描述（图 1-3-2）。

（2）视景属性。视景属性分页允许建模人员指定视觉特性，如 3D 形状、2D 形状、3D 纹理、颜色、位置、尺寸、转角

和用户绘图代码。位置、尺寸和转角反映实体的当前属性(图1-3-3)。建模人员可在相关字段中修改这些属性值,也可以在模型界面视窗中用鼠标来改变这些属性。

图 1-3-2　常规属性

图 1-3-3　视景属性

(3)标签属性。标签属性分页显示用户定义的给实体指定的标签(图1-3-4)。标签是建模人员用来存放临时数据的一种机制。一个标签有两部分,即名称和标签值。名称可以任意命名,标签值可以是数字或文本。如需添加一个纯数字标签,点击底部的"添加数值标签"按钮。同样地,如果需要添加一个文本标签,则点击"添加文本标签"按钮。然后可以手动修改此标签的名称和标签值,也可以在模型运行中动态地更新、创建或删除标签。标签属性分页将显示所有标签和它们的当前值。所有信息在模型运行中实时显示。这些信息对建模人员测试逻辑、调试模型很有帮助。

(4)统计属性。统计属性分页显示实体上收集到的默认统计信息。此信息在模型运行中动态地更新显示。当选择此分页时,将出现如下4个附属分页(图1-3-5)。

①统计常规属性:显示实体的当前数量、停留时间、状态和吞吐量等基于时间的统计结果。"设置"选项允许用户确定显示在当前数量和停留时间图表中的数据个数。

②统计状态属性:状态属性图表显示实体的各种状态占总时间的百分比(图1-3-6)。状态属性图表在模型运行中被动态更新。也可选择统计常规属性分页中的图表按钮,即可显示带有图表视图的独立视窗。

③统计当前数量属性:当前数量属性图表显示实体当前数量随时间的变化(图1-3-7)。要生成此图表需打开"统计收集"。当前数量属性图表在模型运行中被动态更新。从统计常规属性分页中选择图表按钮,将显示带有此图表视图的独立视窗。

图 1-3-4　标签属性

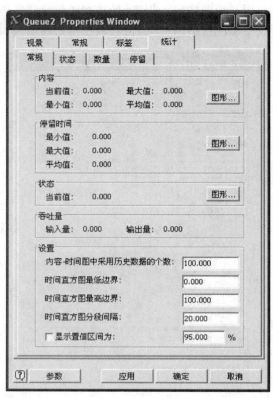

图 1-3-5　统计属性

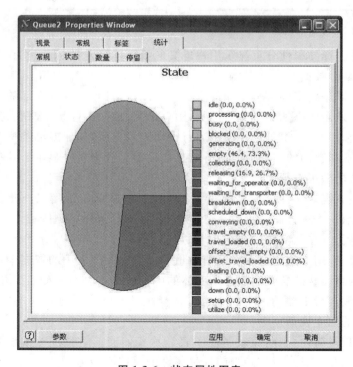

图 1-3-6　状态属性图表

④统计停留时间属性:停留时间属性图表显示一个临时实体停留时间的柱状图(图 1-3-8)。要生成此柱状图需打开"统计收集"。

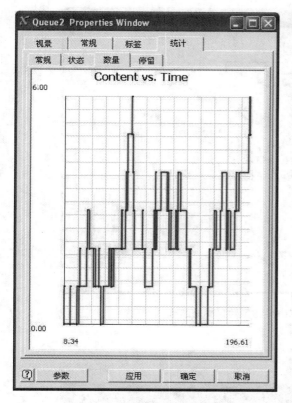

图 1-3-7　当前数量属性图表

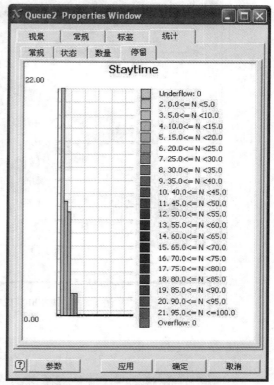

图 1-3-8　停留时间属性图表

停留时间属性图表在模型运行中被动态更新。在统计常规属性分页中选择图表按钮,将显示一个带有图表视图的独立视窗。

一、配置与测试流程

第 1 步:选择实体。

需在模型视窗中选择你想要进行统计记录的实体。按住键盘"Shift"键,拖动鼠标框选要进行统计的实体实现此步骤(图 1-3-9)。按住"Ctrl"键,然后点击一个实体,可以添加到选定集合中,或者从集合中删除。

一旦一个实体被选中,会有一个红色方框将其框住(图 1-3-10)。

第 2 步:开始统计。

要收集所选实体的历史统计记录,点击"统计→统计收集→选定对象打开",并确认已选中"全局打开"(图 1-3-11)。

打开"统计收集"后,将有一个绿色方框框住正在被历史统计记录的实体(图 1-3-12)。可以选择"统计→统计收集→隐藏绿色指示框"来关闭绿色方框的显示(图 1-3-13)。

现在可以运行此模型,并可收集已选定实体的历史统计记录了。

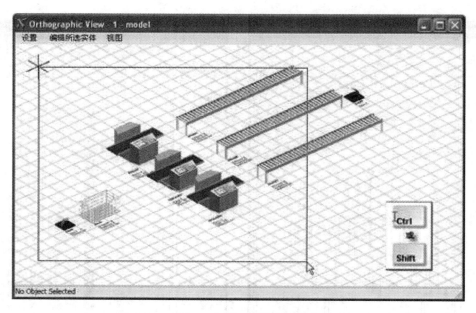

图 1-3-9　按"Shift"或"Ctrl"键拖动鼠标来选择

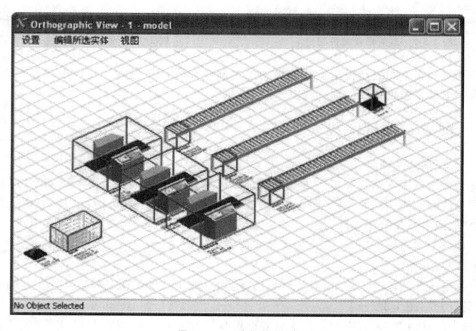

图 1-3-10　选中的实体

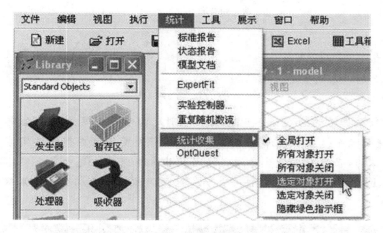

图 1-3-11 "选定对象打开"和"全局打开"

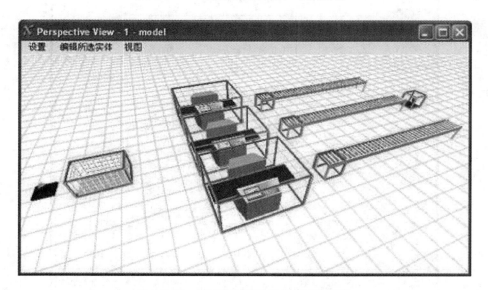

图 1-3-12 打开历史统计记录的选定实体

图 1-3-13 隐藏绿色指示框

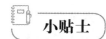

小贴士

实 体 参 数

实体的参数根据所选的实体不同将稍有区别。由于每个实体在模型中都有特定的功能，因此必须使参数个性化以允许建模人员能够尽可能灵活地应用这些实体。所有实体的有些分页是相似的，而另一些分页对该实体则是非常特殊的。关于每个实体所有参数的特定定义可参见 Flexsim 实体库。双击一个实体可访问该实体的参数。实体参数的版面如图 1-3-14 所示。

图 1-3-14　实体参数

二、案例分析

1. 案例介绍

采用一组操作员来为模型中的临时实体的检验流程进行预置操作。预置完成后就可以进行检验了，无须操作员在场操作。操作员还必须在预置开始前将临时实体搬运到检验地点。检验完成后，临时实体转移到输送机上，无须操作员协助。

临时实体到达输送机末端时，将被放置到一个暂存区内，叉车从这里将其拣取并送到吸收器。观察模型的运行，可能会发现有必要使用多辆叉车。当模型完成后，查看默认图表和曲线图并指出关注的瓶颈或效率问题。图 1-3-15 是本案例流程框图。

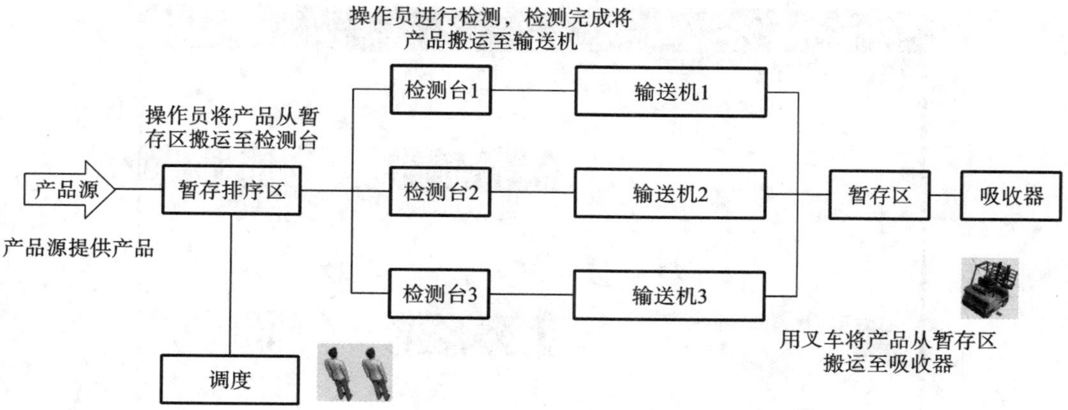

图 1-3-15　案例流程框图

本案例数据如下。

检测器的预置时间：常数值为 10 秒。

产品搬运：操作员从暂存区到检测器。叉车从输送机末端的暂存区到吸收器。

输送机暂存区：容量＝10。

2. 实施步骤

(1)配置与测试案例模型 1。

步骤 1：装载模型 1 并编译。

选用工具条上的 打开 按钮来装载模型 1。装载后，按下工具条上的"编译"按钮。切记，在运行模型前必须进行编译。

步骤 2：向模型中添加一个分配器和两个操作员。

分配器为一组操作员或运输机进行任务序列排队。在本例中，它将与两个操作员同时使用，这两个操作员负责将临时实体从暂存区搬运到检测器。从库中点击相应图标并拖放到模型中，即可添加分配器和操作员，如图 1-3-16 所示。

步骤 3：连接中间和输入/输出端口。

暂存区将要求一个操作员来拣取临时实体并送至某个检测器。临时实体的流动逻辑已经设置好了，无须改变，只需请求一个操作员来完成该任务。由于使用两个操作员，我们将采用一个分配器来对请求进行排队，然后选择一个空闲的操作员来进行这项工作。如果只有一个操作员，就不需要分配器了，可以直接将操作员和暂存区连接在一起。

为了使用分配器指挥一组操作员进行工作，必须将分配器连接到需要操作员的实体的中间端口上。若要将分配器的中间端口连接到暂存区，则按住键盘上的"S"键然后点击分配器拖到暂存区（图 1-3-17），释放鼠标，就建立了一个从分配器中间端口到暂存区中间端口的连接（图 1-3-18）。

中间端口位于实体底部中间位置。很明显它并非输入或输出端口。

为了让分配器将任务发送给操作员，须将分配器的输出端口与操作员的输入端口连接。实现方法是，按住键盘"A"键并点击分配器拖到操作员，必须对每个操作员进行此操作（图 1-3-19）。连接如图 1-3-20 所示。

步骤 4：编辑暂存区临时实体流属性、设置使用操作员。

下一步是修改暂存区临时实体流属性来使用操作员完成搬运任务。可以双击"暂存区"

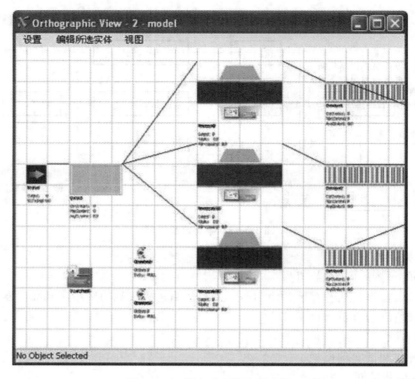

图 1-3-16　添加分配器和操作员

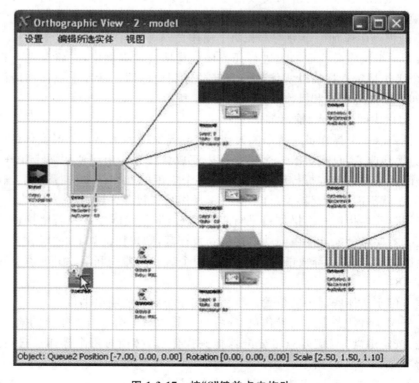

图 1-3-17　按"S"键并点击拖动

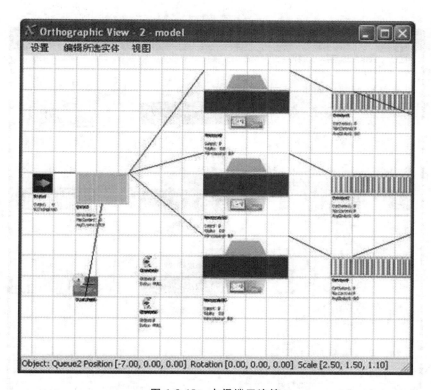

图 1-3-18　中间端口连接

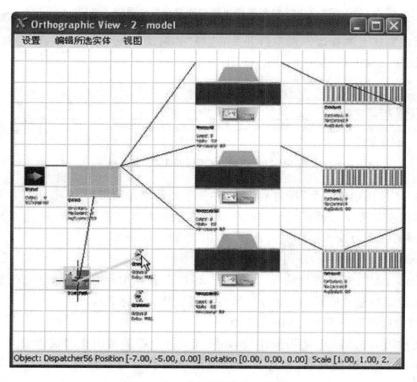

图 1-3-19　按"A"键并点击拖动

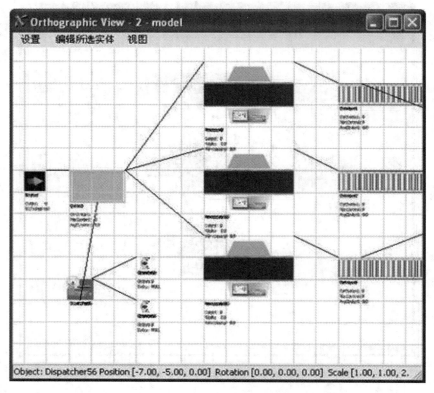

图 1-3-20　分配器输出端口连接到操作员输入端口

打开参数视窗完成上述修改。视窗打开后,选择"临时实体流"分页。选择"送往端口"下拉菜单中的"使用运输工具"复选框(图 1-3-21)。

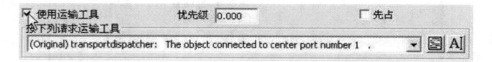

图 1-3-21　选择"使用运输工具"复选框

当选择了"使用运输工具"后将激活一个"按下列请求运输工具"的新下拉菜单。这个下拉菜单将根据端口号来选择运输机或操作员去搬运临时实体。在本例中,它被连接到分配器,由分配器将任务分配给操作员。选择"确认"按钮关闭视窗。

步骤 5:编译、保存模型,并测试运行。

在开始运行前首先要进行编译。编译完成后,重置模型,然后按 💾保存 按钮保存此模型。之后运行模型来验证操作员正在从暂存区搬运临时实体到检测器。

步骤 6:为检测器的预置时刻配置操作员。

为了使检测器在预置时使用操作员,必须连接每个检测器的中间端口和分配器的中间端口。具体操作为:按住键盘"S"键并点击分配器拖到检测器释放。完成后,端口将如图 1-3-22 所示。

现在我们需要为检测器定义预置时间。双击第一个检测器打开其参数视窗(图 1-3-23)。

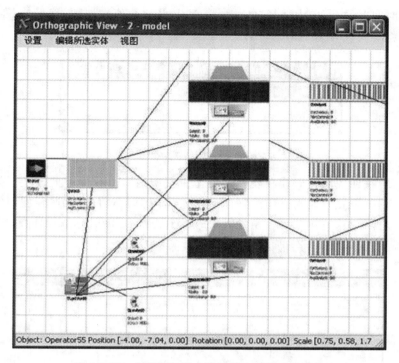

图 1-3-22　分配器与每个检测器中间端口的连接

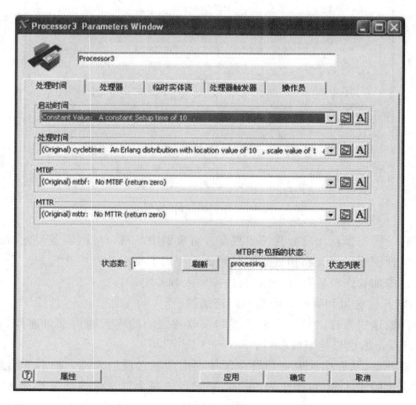

图 1-3-23　参数视窗

在"预置时间"下拉菜单中选择"Constant Value(常数值)"选项,然后按 ☐ 键来打开代码模板视窗,将时间改为10(图1-3-24)。

图 1-3-24　代码模板视窗

点击"确认"按钮关闭代码模板视窗。点击主页中的"应用"保存此改变。然后打开"操作员"分页。选择"设置时使用操作员"前的复选框。选择后,将会看到"设置时需操作员数"编辑区和"选取操作员"下拉菜单。预置所需的操作员数量为1,"选取操作员"的被选内容应设置为中间端口1,如图1-3-25所示。

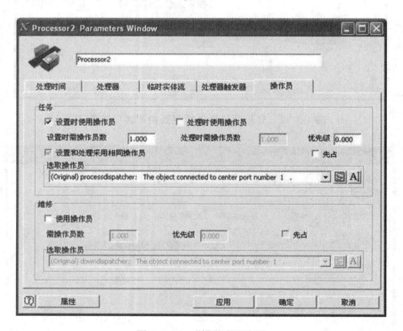

图 1-3-25　"操作员"分页

点击"确认"按钮保存此改变并关闭视窗。对模型中的每个检测器重复此步骤。然后编译、重置,并运行模型以确认在预置时间期间确实使用了操作员。

下一步是添加输送机暂存区,并重新连接输入和输出端口。

步骤7:断开输送机到吸收器的端口间连接。

应在添加输送机暂存区前断开输送机和吸收器之间的输入输出端口连接。操作为:按住键盘"Q"键点击输送机拖至吸收器。

端口被断开后,从库中选取一个暂存区拖到中间输送机的末端。然后连接输送机的输出端口至暂存区的输入端口,操作为:按住"A"键点击每个输送机拖动至暂存区。然后用同样的操作连接暂存区的输出端口至吸收器。完成后,模型的布局应如图1-3-26所示。

现在已修改了模型布局,并创建了端口连接,可以添加叉车了。

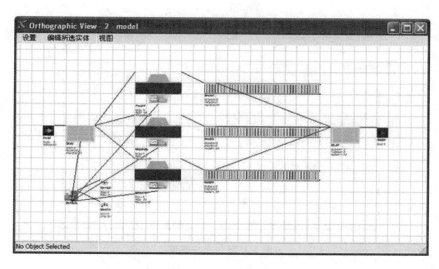

图 1-3-26　连接完成

步骤 8:添加运输机。

在模型中添加叉车,将临时实体从输送机暂存区搬运到吸收器,这和添加操作员来完成输入暂存区到检测器之间的临时实体搬运是一样的。由于此模型中只有一辆叉车,所以不需要使用分配器。直接将叉车连接到暂存器的一个中间端口。

从库中选取一个叉车输送机拖到模型视窗中(图 1-3-27)。

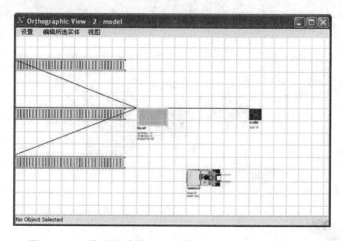

图 1-3-27　从库中选取一个叉车输送机拖到模型视窗中

添加叉车后,将暂存区的中间端口连接到此叉车。按住键盘"S"键点击暂存区拖到叉车。完成后,模型如图 1-3-28 所示。

步骤 9:调整暂存区的临时实体流参数来使用叉车。

双击"暂存区"打开其参数视窗,选择"临时实体流"分页并选中"使用运输工具"复选框(图 1-3-29)。暂存区的中间端口 1 已经被连接上,因此无须调整。点击"确认"按钮关闭视窗。

点击 编译 。模型编译完成后,重置并保存模型。

步骤 10:运行模型。

在模型运行中,可使用动画显示来直观地检查模型,看各部分是否运行正常(图 1-3-30)。

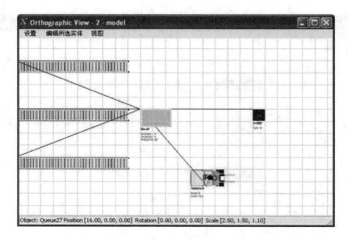

图 1-3-28　添加完成

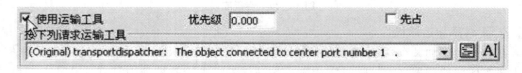

图 1-3-29　暂存区的"使用运输机"复选框

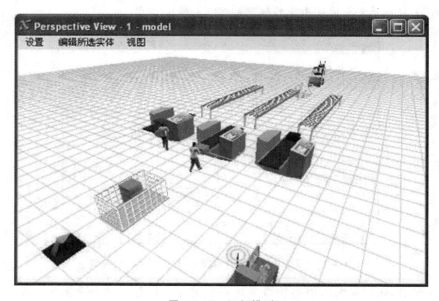

图 1-3-30　运行模型

应能看到操作员来回走动,叉车在暂存区和吸收器之间搬运临时实体。

可注意到当一个检测器在等待操作员进行预置时,一个黄色的方框在检测器下显示。

步骤 11:输出分析。

在属性视窗中查看实体的统计数据,通过观察动画显示和图表(图 1-3-31)判断此模型是否存在瓶颈问题。

运行结果表明如果添加一个或更多操作员,模型运行更好。当添加第三个操作员时,尽

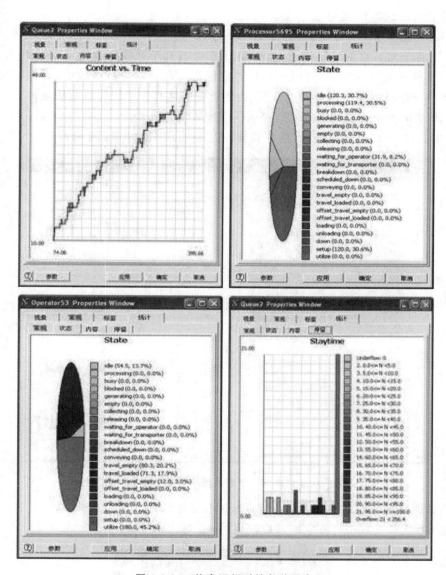

图 1-3-31 仿真运行时的各种图表

管临时实体仍然会在输入处的暂存区中堆积,但却可能是系统的最佳配置。

从库中拖出一个图标即可再添加一个操作员。按住"A"键并点击分配器拖到操作员。编译、重置、保存,然后运行。

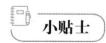 **小贴士**

3D 图表和图形显示

建模有时需要添加一些额外的东西来在模型运行中显示数据和信息,例如添加 3D 图表。

(2)配置与测试案例模型 2。

步骤 1：装载模型 2 并编译。

步骤 2：将模型另存为"Model 2 Extra Mile"，并打开统计收集选项。

选择"文件→另存为"将模型用一个新名称保存。在开始进行修改前，确保已经采用菜单选项"统计→统计收集→所有对象打开"为所有的实体打开了统计收集选项。

步骤 3：添加一个记录器来显示暂存区的当前数量。

从库中选取一个记录器拖到发生器实体的左上方，如图 1-3-32 所示。

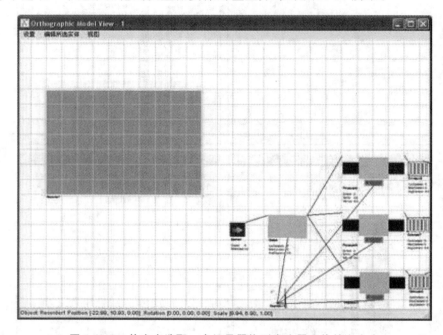

图 1-3-32　从库中选取一个记录器拖到发生器实体的左上方

步骤 4：调整记录器的参数来显示暂存区的数据曲线图。

在记录器实体上双击打开它的参数视窗，如图 1-3-33 所示。

图 1-3-33　记录器参数

按下"数据捕捉设置"按钮。在"数据的类型"域段中,选择"标准数据"。然后在"对象名称"域段中选择暂存区。在"选择捕捉数据"域段中,选择"当前数量"(图1-3-34)。点击"向前"按钮。

步骤5:设定记录器的显示选项。

现在,在记录器视窗上选择"显示选项"按钮。在"图形名称"域段中,键入名称"Queue Content Graph(暂存区当前数量曲线图)"(图1-3-35)。这是一个用户定义的域段,用来定义图形的标题。可以在这里键入任意想要的名称。完成后按"完成"按钮。

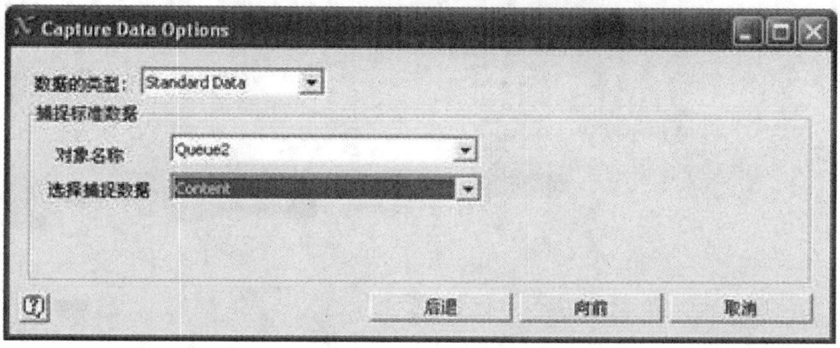

图1-3-34 捕捉数据选项

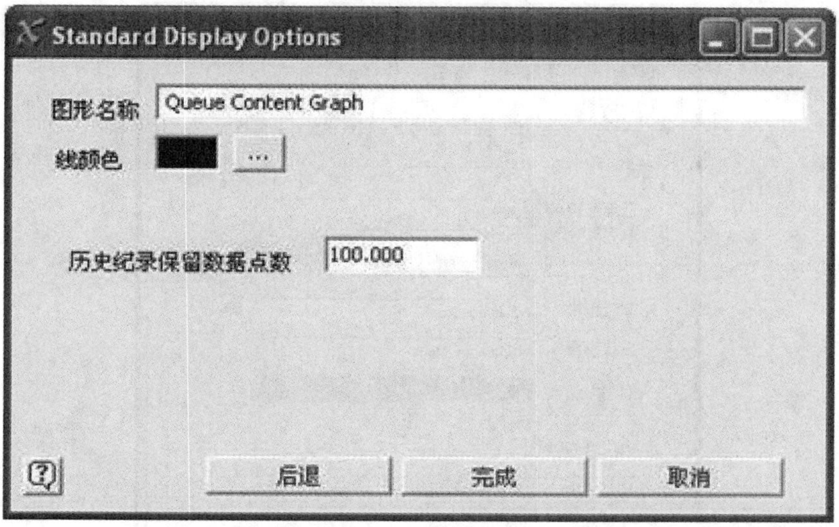

图1-3-35 标准显示选项

步骤6:调整图形的视景属性。

图形的视景属性可以在属性视窗中进行编辑,右键点击记录器并选择属性选项可以打开属性视窗(图1-3-36)。

在默认情况下,图形是平放在模型地板上的。如果将图表旋转90°直立起来,视觉效果将会更好。改变记录器的旋转和高度参数就可以实现(图1-3-37)。

将"Z"(位置)改为7.80,将"RX"(X转角)改为90。此操作将会使图表旋转直立起来,而设定的高度将图表的底部处于地板上(图1-3-38)。

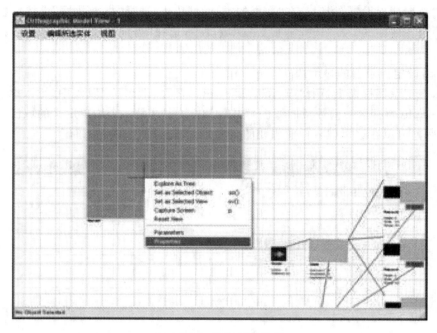

图 1-3-36 选择属性视窗

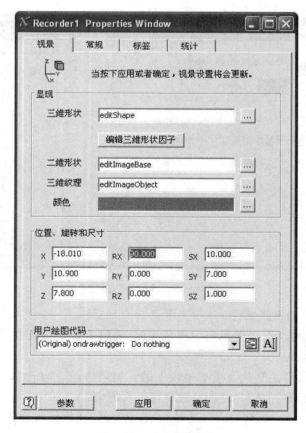

图 1-3-37 记录器属性

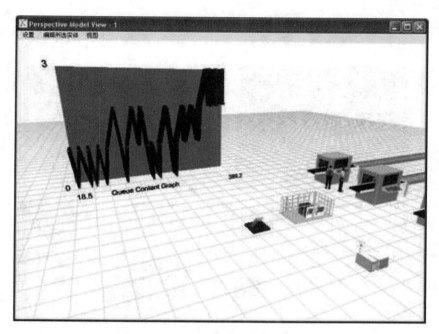

图 1-3-38 调整当前数量图形

编译模型后,进行重置并运行,现在应该看到图形显示了暂存区的当前数量随时间变化的情况。如果没有显示,可能需要从"统计→统计收集→所有对象打开"菜单中打开统计历史数据选项。

步骤 7:添加一个记录器来显示暂存区的停留时间柱状图。

按照和添加当前数量曲线图一样的步骤,往模型中添加一个记录器作为停留时间柱状图。唯一的区别是,在记录器参数的"选择捕捉数据"域段中应该选择"停留时间"选项(图 1-3-39)。

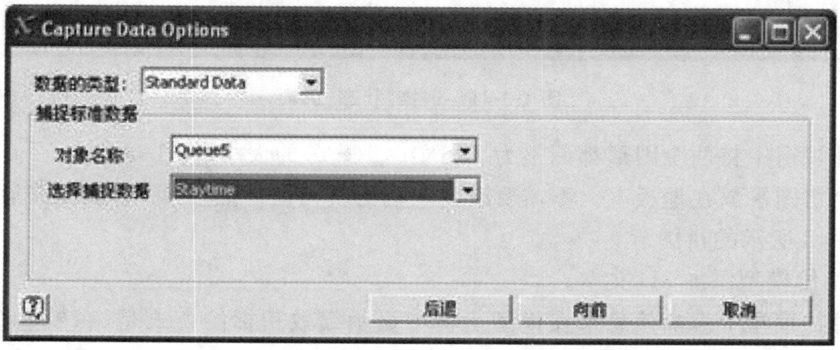

图 1-3-39 选择"停留时间"选项

将记录器放在紧挨着当前数量曲线图的右边。像步骤 6 中那样选择属性,旋转图形,改变高度位置。然后编译、重置并运行,应该看到像图 1-3-40 一样的图形。

步骤 8:为每个操作员添加一个状态饼图。

按照步骤 3 至步骤 5 的同样的程序为每个操作员添加一个状态饼图。唯一的不同是在"选择捕捉数据"域段中选择"状态"选项(图 1-3-41)。

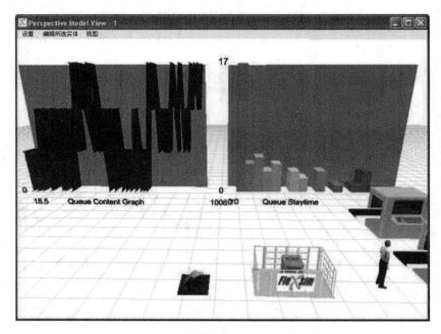

图 1-3-40　当前数量和停留时间图形

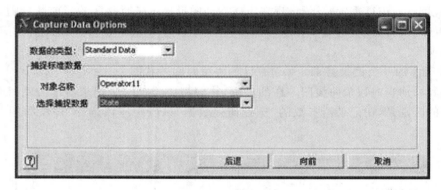

图 1-3-41　选择"状态"选项

从属性视窗中将两个图形都调整为 5(SX)×5(SY)的大小(图 1-3-42)。

让两个饼图平放在地板上。不需要改变它们的转角值。然后编译、重置并运行,可以看到如图 1-3-43 所示的饼图。

步骤 9:给模型添加 3D 文本。

另一种往模型中添加信息来在模型运行中显示绩效指标的方式是,在模型布局的某些战略点上放置 3D 文本。采用可视化实体,在视景显示中选择"文本"选项就可以实现此操作。在这个模型中,将要添加一个 3D 文本来显示"Conveyor Queue"中的临时实体的平均等待时间。

拖出一个可视化工具实体到模型中,并放置到输送机暂存区旁边(图 1-3-44)。

可视化工具的默认显示是一个 Flexsim 标志图案的平面。在可视化工具上双击打开其参数视窗(图 1-3-45)。

在"视景显示"中选择"文本"选项。现在可以定义文本参数了。在"文本显示"下拉菜单

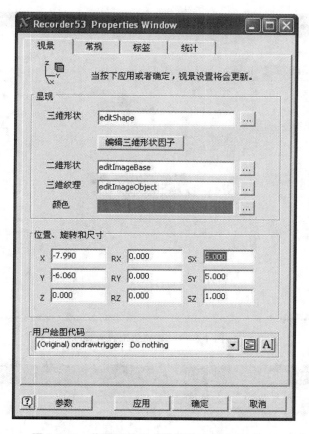

图 1-3-42　将图形的尺寸设定为 5(SX)×5(SY)

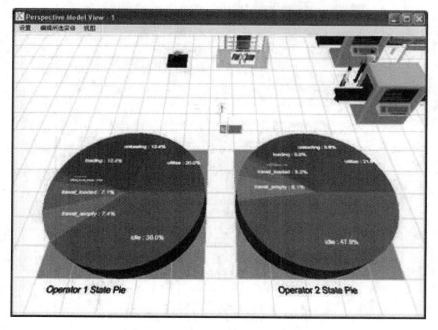

图 1-3-43　操作员 1 和操作员 2 的状态饼图

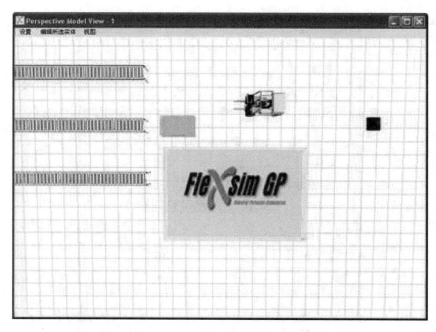

图 1-3-44　可视化工具实体

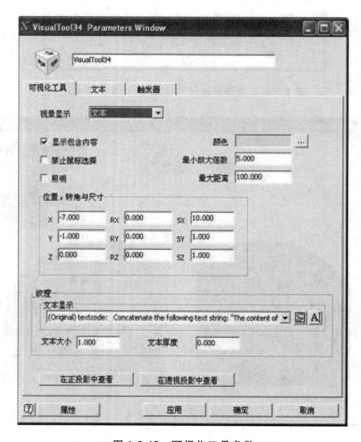

图 1-3-45　可视化工具参数

中选择"Display Avg StayTime"选项（图 1-3-46）。

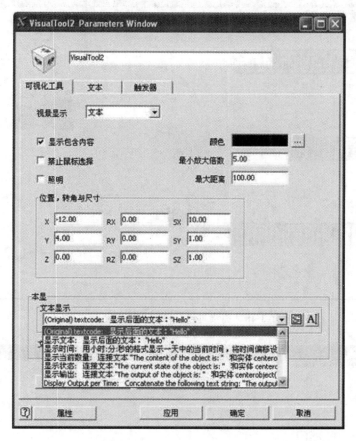

图 1-3-46 "文本显示"下拉菜单

然后选择代表模板按钮来改变显示的文本，改为"The average staytime of the Conveyor Queue is:（输送机的暂存区的平均等待时间是:）"，如图 1-3-47 所示。

图 1-3-47 定义 3D 文本的显示

将会注意到，在显示字符串的末尾有一个指向"centerobject（current,1）"表述的引用。这个引用用来告诉可视化工具查找要显示的数据。centerobject（current,1）的意思是显示连接到可视化工具的第一个中间端口的实体的平均等待时间。这就意味着必须在输送机暂存区和可视化工具实体之间建立一个中间端口连接。这可以通过按住键盘上的"S"键并点击可视化工具拖动到输送机暂存区的操作来实现（图 1-3-48）。要点击可视化工具，可直接点击所显示的 3D 文本。如果点击到字母之间的空白上可能不能正确建立连接。

编译了模型后，将会在模型视图中看到 3D 文本（图 1-3-49）。

到此，用户可能想要调整文本的显示。文本的尺寸默认设置为 1，可能想要让它变小点，

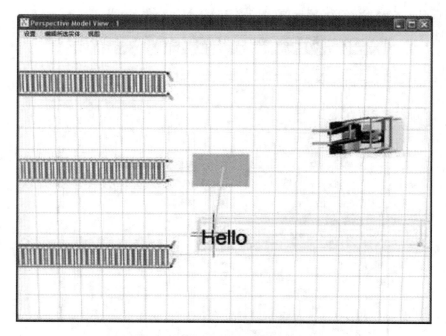

图 1-3-48　连接可视化工具和输送机暂存区

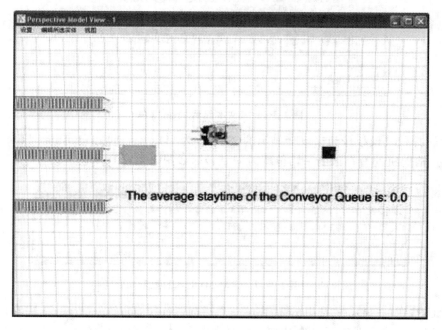

图 1-3-49　模型视图中的 3D 文本

也可能想要文本悬在暂存区上空。

　　要想把文本尺寸变小,在可视化工具的文本参数中键入想要的尺寸,这里为 0.5(图 1-3-50)。同时,将厚度调整到 0.1,这样给文本一个 3D 的外观。

　　在可视化工具视窗的左下角,选择"属性"按钮打开属性视窗(图 1-3-51)。

　　在属性视窗中,用"RX"域段将文本旋转 90°(图 1-3-52)。

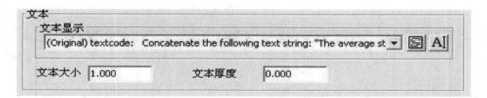

图 1-3-50　调整文本的尺寸和厚度

图 1-3-51　属性按钮

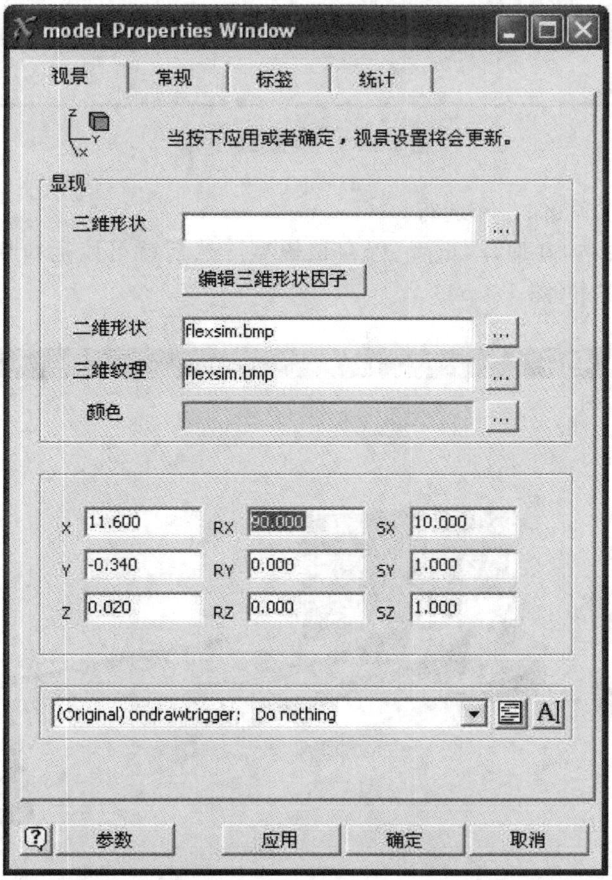

图 1-3-52　将文本旋转 90°

在参数和属性视窗中按"确认"按钮,现在模型中的文本就被旋转了。根据需要用鼠标来选择和放置文本。注意,可以通过鼠标左右键选择文本并前后移动鼠标来控制文本的高度,或者选择文本然后滚动鼠标滚轮来上下移动文本(图 1-3-53)。

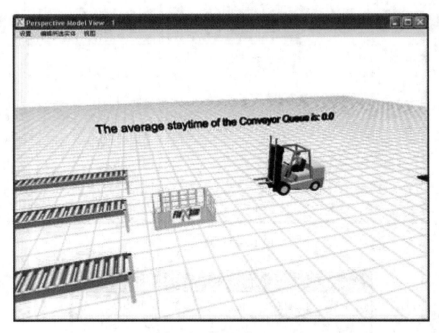

图 1-3-53　放置 3D 文本

步骤 10：编译、重置、保存和运行。

在模型中放置文本，并编译、重置、保存该模型。然后就可以运行模型并查看刚刚添加的图形、图表和 3D 文本（图 1-3-54）。

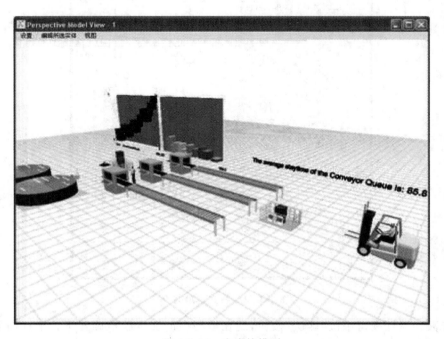

图 1-3-54　完成的模型

◀ 任务4 产线仿真优化 ▶

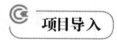 项目导入

1)样条线节点

在 Flexsim 中,在布置行进路径网络的时候使用样条线节点。Flexsim 采用样条线技术提供了一种方便地添加转弯、上升、下降网络路径的方法。

在模型视图中放置两个网络节点,采用按住"A"键并点击拖动方式建立连接,将显示一条绿色的路径(图 1-4-1)。

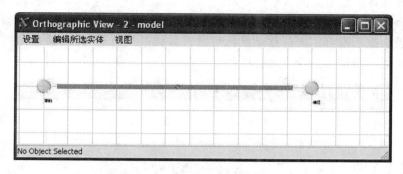

图 1-4-1　连接网络节点

如果将视景推进样条线节点并在样条线节点上点击保持鼠标键,将显示相关信息(图 1-4-2)。

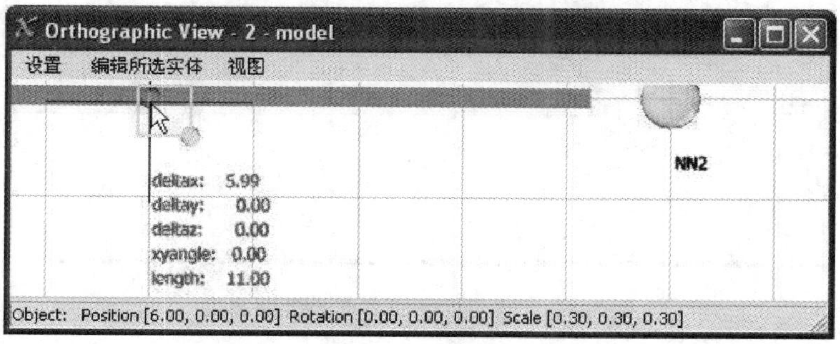

图 1-4-2　"样条线节点"信息视图

(1)样条线节点参数。

deltax:从上一个样条线节点或者网络节点到此节点的 X 方向的差值。

deltay:从上一个样条线节点或者网络节点到此节点的 Y 方向的差值。

deltaz:从上一个样条线节点或者网络节点到此节点的 Z 方向的差值。

xyangle:从上一个样条线节点或者网络节点到此节点的 XY 角度。角度范围为 0~90°。

length:两个网络节点范围之间的样条线的总长。

如要移动样条线节点,用鼠标选中节点球体,将在样条线节点球体周围显示一个黄色的方框(图 1-4-3)。

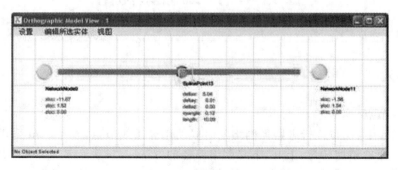

图 1-4-3　选中样条线节点球体

要移动改变样条线节点的 XY 角度,或者给路径添加一个转弯,只要在模型视图视窗中用鼠标左键点击拖动球体就可以了。如要改变样条线节点的 Z 向高度,选中球体并同时用鼠标左右键点击拖动即可。向前移动鼠标可以升高样条线节点,向后移动鼠标可以降低样条线节点。也可以用鼠标滚轮来改变样条线节点的 Z 向高度(图 1-4-4)。

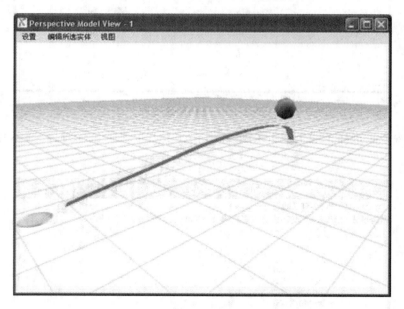

图 1-4-4　改变样条线节点的 Z 向高度

(2)添加附加的样条线节点。

可以按住"X"键然后点击一个已存在的样条线节点来给路径添加附加的样条线节点(图 1-4-5)。新的样条线节点将添加到所点击的样条线节点与相邻的下一个样条线节点或者网络节点之间的中心点位置上(图 1-4-6)。

一旦给路径添加了样条线节点,这些节点可以单独移动来构造样条线的形状(图1-4-7)。样条线和样条线节点之间的张力可以通过"编辑→设定样条线张力"菜单选项来进行调解。张力默认设定为 1。如果将张力改为 0,则样条线路径将从样条线节点的正中心穿过。

可以配置网络节点来指定路径的方向。按住"Q"键然后从一个网络节点到另一个相连

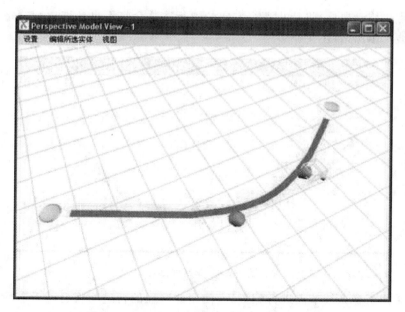

图 1-4-5　给路径添加一个样条线节点

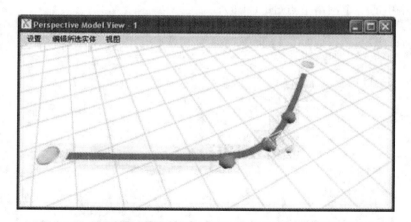

图 1-4-6　在两个样条线节点之间添加一个样条线节点

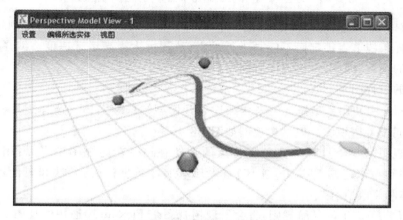

图 1-4-7　移动样条线节点来构造路径的形状

的网络节点点击拖动鼠标,将禁止那个方向的通行。这会将不再允许通行的路径的侧边用一条红色的线标示出来(图1-4-8)。

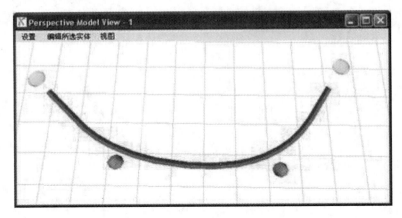

图1-4-8　单行线路径

当路径采用了样条线节点进行配置后,使用此路径的行进物将自动沿着所定义的样条线行进。样条线节点球体的显示可以在打开和关闭选项之间切换,操作方法是按住"X"键并点击路径网络中的一个网络节点(图1-4-9)。

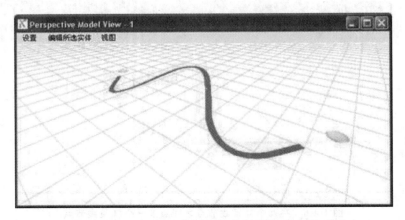

图1-4-9　按住"X"键并点击网络节点来关闭显示样条线节点

注意:当模型中使用多个样条线节点时,很有必要在"编辑"菜单中选择"锁定样条线"选项。这将把样条线节点锁定而不能再进行编辑,从而大大提高运行速度。编译模型将会取消对样条线的锁定,因此,每次编译后都需要再次锁定。

2)模型的树视图

在Flexsim中使用模型树视图来详细地展开模型结构和实体。选择工具栏中的 Tree 按钮可以访问模型树视图。模型树视图如图1-4-10所示。

模型树视图是一个具有许多独特特点的视图视窗。在此视图中可以:用C++或者Flexsim脚本语言来定制Flexsim实体;查看所有实体数据;访问参数和属性视窗;编辑模型、删除实体和修改所有数据。

如果遵循几条简单的导航规则,将会发现树视图是Flexsim中通用的视图之一。Flexsim的底层数据结构包含在一个树中。Flexsim中的许多编辑视窗只不过是从树中过滤的数据

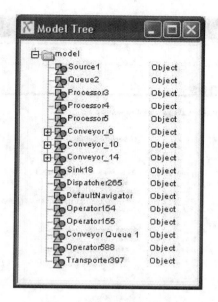

图 1-4-10 模型树视图

的一些图形用户界面(GUI)。由于 Flexsim 中所有树视图的工作方式相同,只要理解了树视图如何工作,就可以理解和导航任意可访问的树的结构。

树视图基础

Flexsim 的设计将所有数据和信息都包含在一个树结构中。这个树结构是面向 Flexsim 实体设计的核心数据结构。熟悉 C++面向实体编程的人员将会立即把 Flexsim 的树视图认作面向实体数据管理的 C++标准。

在树视图中有几个符号能够在导航过程中帮助理解树的结构。

整个主树被称为一个项目。一个项目包含库和实体。一个视图树包含所有的视图和 GUI 定义。当保存一个整体(session)时,就是将主树和视图树一起保存。

文件夹图标标示了一个完整项目的主要组件。模型是一个主项目的一个组件。库是主项目的另一个组件。

在树视图中,实体图标用来代表 Flexsim 实体。

节点图标用来指定一个实体内的节点数据。数据节点可以在它们内部包含附加的节点数据。如果一个数据节点的图标左侧有一个"+",表示它有一个或更多的附加数据节点。数据节点可以包含数字的或者字母数字的值。

一些特定的数据节点被指定为 C++数据节点,它们包含 C++代码。可以从一个 C++数据节点直接键入 C++代码。当按下"编译"按钮时,此代码将被编译。

数据节点也可以被指定为"Flexscript(Flexsim 脚本)"节点。这样的节点可以包含 Flexsim 脚本语言代码,并在运行模型时自动编译。Flexsim 脚本语言命令是预编译的 C++函数。Flexsim 脚本语言命令可以在工具栏中选择相应按钮加以查看(图 1-4-11)。大

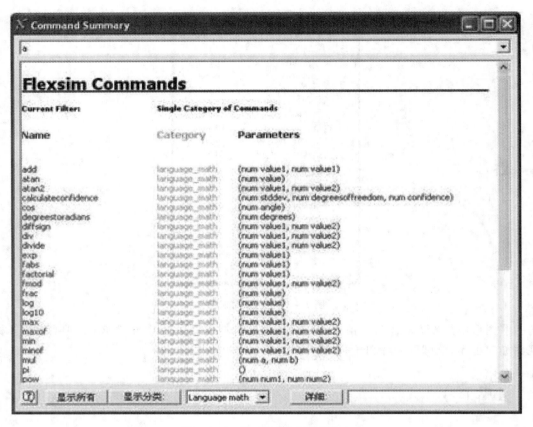

图 1-4-11　Flexsim 脚本语言命令

多数 Flexsim 脚本语言命令也可以在 C++代码中使用。

当在树视图中用鼠标点击一个图标从而选择一个实体时,将在实体图标周围显示一个高亮方框,并且在实体图标左边放一个展开树符号。如果选择了这个展开树符号,那个实体的数据节点显示将如图 1-4-12 所示。

随着实体和数据节点的展开,树视图将很快增长到此树视图视窗的查看限制之外。Flexsim 允许使用鼠标在视窗中随意移动树。如要在视窗中随意移动树,只要在树的左边点击拖动鼠标,或者使用鼠标滚轮来上下滚动即可。

点击节点图标左边的"+",可以展开数据节点。由于数据节点可以包含数值或者文本,可以在节点右边看到这些文本信息或者数据的值(图 1-4-13)。

如果选中了某个实体或者数据节点,可能就不能移动树。点击视图中的空白区域,然后拖动鼠标就可以移动树了。也可以使用鼠标滚轮或者 PageUp/PageDown 按钮来上下移动树。

选择想要编辑的节点可以直接编辑数据。如果是一个数字数据节点,可以在这个域段中编辑这个数字(图 1-4-14)。如果是一个文本数据节点,将会在视窗的右边看到一个文本编辑域段,用来编辑文本(图 1-4-15)。

可见,树是模型所有数据的贮藏室。参数和属性视窗用来提供一个更友好的方式来操作树中的数据。虽然从树中完成模型的编辑是可能的,但还是建议用户使用参数和属性视窗,这样可以避免误删模型数据。像在正投影视窗中那样,右键点击或者双击实体图标,可

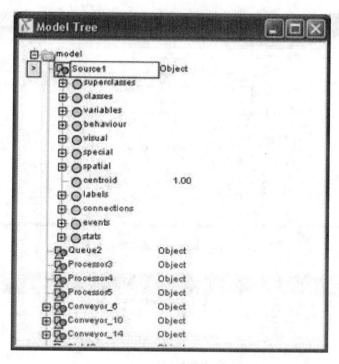

图 1-4-12　展开的树视图

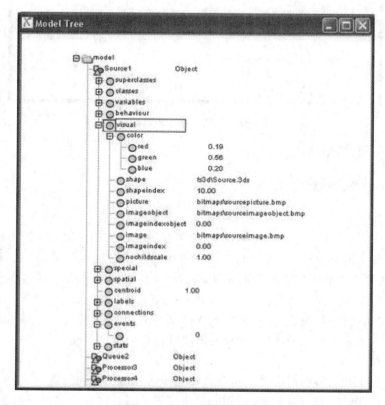

图 1-4-13　文本和数值数据节点

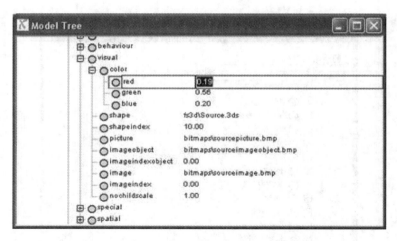

图 1-4-14　编辑一个数字数据节点

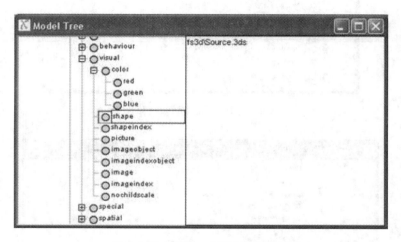

图 1-4-15　编辑一个文本数据节点

以在树视图中访问参数和属性视窗。

一、仿真优化流程

系统描述如下。

在模型 3 中，将用 3 个货架代替吸收器，用来存储装运前的临时实体（图 1-4-16）。需要改变输送机 1 和 3 的物理布局，使它们的末端弯曲以接近暂存区。采用一个全局表作为参考，所有实体类型 1 的临时实体都送到货架 2，所有实体类型 2 的临时实体都送到货架 3，所有实体类型 3 的临时实体都送到货架 1。采用网络节点实体，可以为一个叉车建立一个路径网络，当它从输送机暂存区往货架运输临时实体时使用此路径网络。还要用实验控制器设定多次运行仿真来显示统计差异，并计算关键绩效指标的置信区间。

系统数据如下。

修改输送机 1 和 3 将临时实体输送到离输送机暂存区更近的位置。

从输送机暂存区寻径到货架去：使用一个全局表给临时实体指定如下的路径。

实体类型 1 到货架 2。

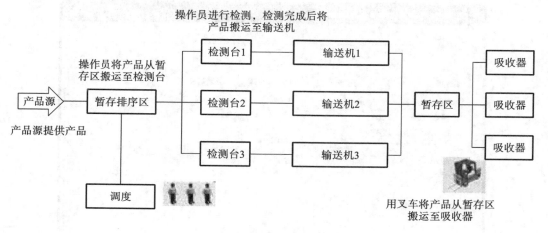

图 1-4-16　模型 3 流程框图

实体类型 2 到货架 3。

实体类型 3 到货架 1。

为叉车设定一个路径网络,沿此网络在输送机暂存区和货架之间行进。

为漫游式模型展示生成一个漫游路径。

二、案例分析

步骤 1:装载模型 2 并编译。

装载模型后,在工具栏上按"编译"按钮。

步骤 2:重新配置输送机 1 和 3 的布局。

使用输送机 1 和 3 的参数视窗中的布局分页,改变其布局,使输送机在末端有一个弧段,将临时实体输送到离输送机暂存区更近的位置(图 1-4-17 和图 1-4-18)。至少需要添加一个附加的弧段来实现此目的。注意,第 2 个分段的"类型"的值是 2,表示它是一个弧形分段。对于类型 1 的分段,可以使用长度、上升高度和支柱数目等参数。对于类型 2 的分段,可以使用上升高度、弯曲角度、半径和支柱数目等参数。假如有兴趣在此布局分页中创建一些复杂的弯曲和倾斜上升的布局,将很有意思!

步骤 3:删除吸收器。

为模型添加货架做准备,先要把模型 2 中的最后的吸收器删除。选中吸收器,使它成为黄色高亮显示,并按键盘上的"Delete"键即可将其删除。当删除一个实体后,所有从此实体连接出和连接入的连接都同时将被删除。当心,这可能会影响到与被删除实体相连的实体的端口编号。

步骤 4:给模型添加 3 个货架。

在库中选择货架实体,往模型中拖放 3 个货架。模型中放入货架后,创建从输送机暂存区到每个货架的端口连接,方法是按住"A"键然后从这个暂存区到每个货架进行点击拖动操作(图 1-4-19)。

将货架放置得离暂存区有足够的距离,以便让叉车在到达货架时需要行进一定的距离。

步骤 5:设定用来安排临时实体从暂存区到货架的路径的全局表。

下一步是设定一个全局表,用来查找每个临时实体将被送到哪个货架(或者,更确切的

图 1-4-17　添加分段来重新配置输送机 1 和 3

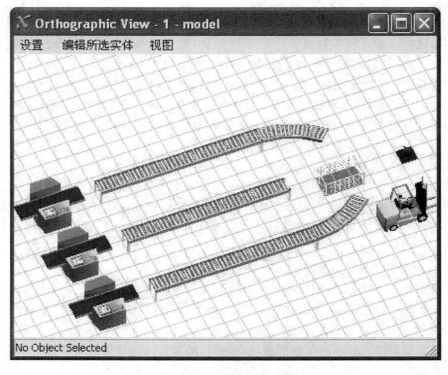

图 1-4-18　配置好输送机后安排布局

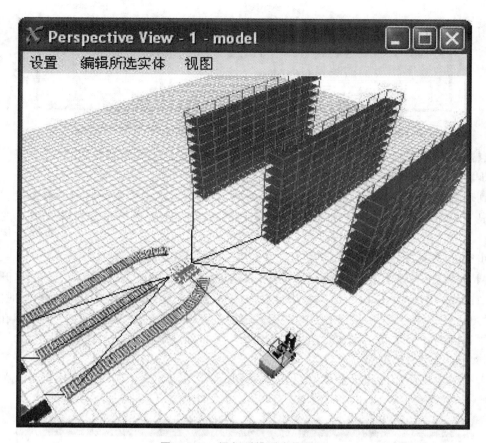

图 1-4-19　添加到模型中的货架

表述为,临时实体将从输送机暂存区的哪个输出端口发送出去)。这里假设条件是,输出端口 1 连接到货架 1,输出端口 2 连接到货架 2,输出端口 3 连接到货架 3。本模型将把所有实体类型为 1 的临时实体送到货架 2,所有实体类型为 2 的临时实体送到货架 3,所有实体类型为 3 的临时实体送到货架 1。下面是设定一个全局表的步骤。

在工具栏中点击"全局表"按钮。

打开全局建模工具视窗后,点击"全局表"旁边的按钮。"全局表"的下拉菜单中将会出现默认的表名称。

在全局表参数视窗中,将表的名称改为"rout"。

设定此表有 3 行 1 列,然后点击"应用"按钮。

将 3 行分别命名为"item1""item2"和"item3",然后填入相应的临时实体要被送到的输出端口号(货架号)。

点击视窗底部的"确认"按钮。点击全局建模工具视窗底部的"关闭"按钮。

现在,已定义了全局表,可以调整暂存区上的"送往端口"选项。

步骤 6:调整输送机暂存区上的"送往端口"选项。

在输送机暂存区上双击打开其产生视窗。选择临时实体流分页。在"送往端口"下拉菜单中,选择"By Lookup Table(通过查表)"选项。选择了查表选项后,选择代码模板按钮。编辑代码模板来使用名为"rout"的表(图 1-4-20)。

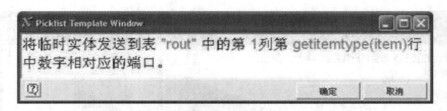

图 1-4-20 编辑代码模板来使用名为"rout"的表

点击"确认"按钮关闭模板视窗,然后再点击"确认"按钮来关闭参数视窗。

步骤 7:编译、重置、保存和运行。

到现在为止,最好编译、重置、保存一下模型,然后运行模型来验证对模型的改动。模型应该显示用叉车往货架中搬运临时实体,送往的货架的选择基于在全局表中定义的实体类型。

步骤 8:为叉车添加网络节点来为叉车开发一条路径。

网络节点用来为任何任务执行器实体,如运输工具、操作员、堆垛机、起重机等,开发一个路径网络。在前面几课中,已经采用过操作员和运输工具来在模型中任意运输临时实体。到此为止,任务执行器可以在模型中在实体之间的直线上自由地移动。现在,当叉车在从输送机暂存区到货架之间运输临时实体时,想将叉车的行进限制在一个特定的路径上。下面的步骤用来设定简单的路径。

①在输送机暂存区和每个货架旁边拖放添加网络节点。这些节点将在模型中成为捡取点和放下点(图 1-4-21)。也可以在这些节点之间添加附加节点,但是没有必要。

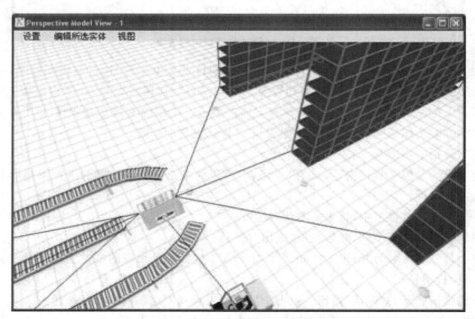

图 1-4-21 拖放网络节点(黄色点)到模型中

②按住"A"键并在每个网络节点之间点击拖动一条连线,可以将这些网络节点彼此连接起来(图 1-4-22)。建立连接后将会显示一条绿色的连线,表示这两个节点之间的路径在两个方向上都是可以通行的。

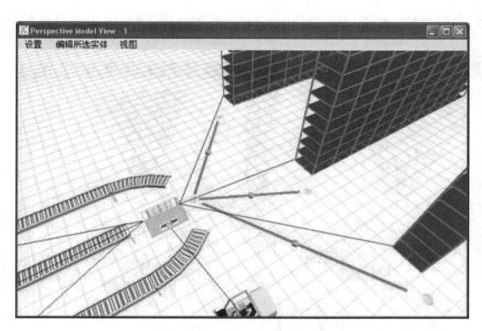

图 1-4-22 网络节点之间的连接

③现在,给输送机暂存区连接一个节点,并给 3 个货架的每一个都连接一个节点。必须这样做,叉车才能知道与模型中每个捡取和放下地点相连的是哪一个网络节点。此连接也是用按住键盘"A"键然后在网络节点和实体之间点击拖动一条连线的方式来实现。正确建立了连接后将显示一条细蓝线(图 1-4-23)。

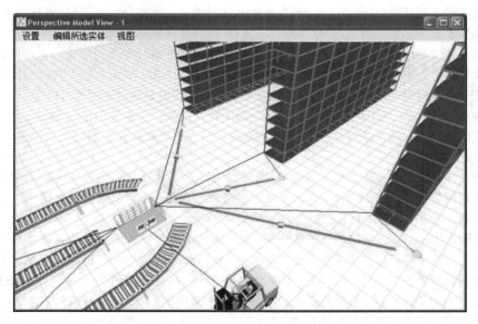

图 1-4-23 从网络节点到实体的连接

④最后一步是将叉车连接到网络节点上。为了让叉车采用路径行进,必须把它连接到路径网络中的某个节点上。按住键盘"A"键然后在叉车到一个网络节点之间进行点击拖动

操作可以实现连接。建立连接后将显示一条红色的连线(图1-4-24)。所选择的连接到叉车的那个节点将成为每次重置和运行模型时叉车的起始位置。

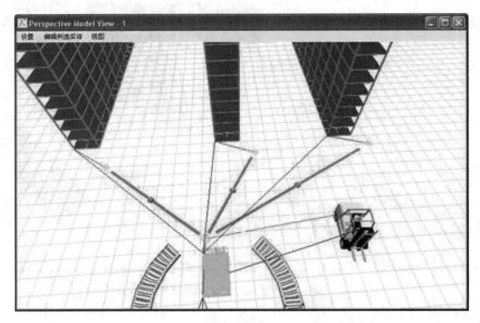

图1-4-24　将叉车连接到网络节点

步骤9:编译、重置、保存并运行模型。

现在,可以编译、重置、保存,然后允许模型来查看叉车是否在使用路径网络。

在模型运行的时候,可以注意到,在捡取和放下临时实体时,叉车会行进离开网络节点。这是选择了叉车参数中的"装卸时采用行进偏移"选项的结果(图1-4-25)。

偏移被叉车用来进行定位到模型中需要捡取或者放下临时实体的位置。这可以使叉车行进到暂存区内来捡取一个临时实体,并在行进到特定的货架单元后放下临时实体。如要强制叉车待在网络节点而不离开路径网络,只要不选中行进偏移复选框就可以了。

注意,当连接了两个网络节点时,显示一条绿色连接线。在连线的中间有一个样条线节点。可以添加附加的样条线节点,并随意移动这些节点来形成路径上的复杂的弯曲、转弯和斜坡(图1-4-26)。

路径样条线节点带来了极大的灵活性,同时也减少了建立复杂路径所需要的网络节点数。路径网络自动采用Dijkstra算法来确定网络中任意两个节点之间的最短路径。

步骤10:使用报告来查看输出结果。

如要在Flexsim中获得相应的特征报告,就必须在模型中选中想要包含在报告中的实体。在运行结束后可以获得报告。要选中实体,可以按住键盘"Shift"键然后用鼠标拖动一个选择框包围要报告的实体。当一个实体被选中时,在它周围将显示一个红色方框(图1-4-27)。也可以使用"Ctrl"键并点击实体来实现向选中的集合中添加和移除实体。

选择了想要进行报告的实体后,选择菜单选项"统计→标准报告"(图1-4-28),将会看到Standard Report Setup(标准报告设置)视窗(图1-4-29)。

点击"生成报告"可以生成一个基本报告(图1-4-30)。如果只需要生成关于所选实体的报告,就不要选择"整个模型的信息报告"复选框。如果需要向报告中添加其他的属性,可以

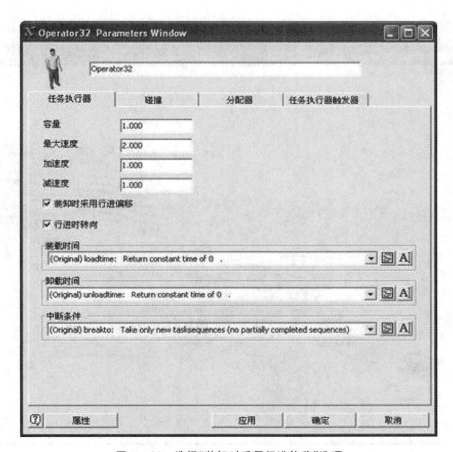

图 1-4-25　选择"装卸时采用行进偏移"选项

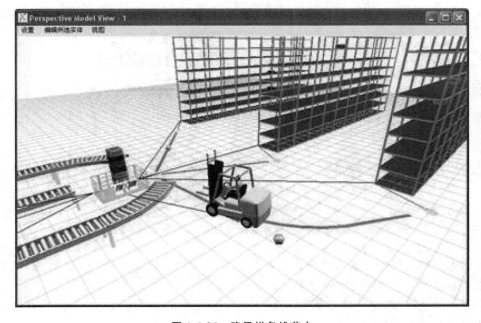

图 1-4-26　路径样条线节点

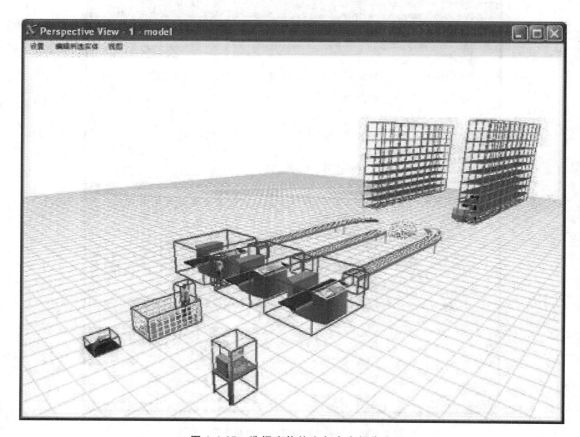

图 1-4-27　选择实体使它包含在报告中

图 1-4-28　选择菜单选项"统计→标准报告"

在此界面中添加。报告将输出到一个 csv 文档，并自动用表格显示，或者用用户机器上所默认的用来显示 csv 文档的应用程序来显示。

选择菜单选项"统计→状态报告"可以创建状态报告。这将生成一个包括模型中所有选定实体的状态报告（图 1-4-31）。

图 1-4-29　Standard Report Setup 视窗

图 1-4-30　基本报告（Micrsoft Excel）

步骤 11：使用实验控制器进行多次允许。

要获取 Flexsim 的实验控制器，可以选择主视窗右底部的"实验控制器"按钮，按下按钮后，将出现 Simulation Experiment Control（仿真实验控制）视窗（图 1-4-32）。

Simulation Experiment Control 视窗用来设定一个特定模型的多次重复运行，以及一个模型的多个场景运行。当运行多个场景时，可以声明几个实验变量，以及每个场景下想要运行的各个变量的取值。系统会计算并显示在绩效指标分页中定义的每个绩效指标的置信区间。打开实验控制器部分的帮助文档，可以获得更多关于实验控制器的信息。

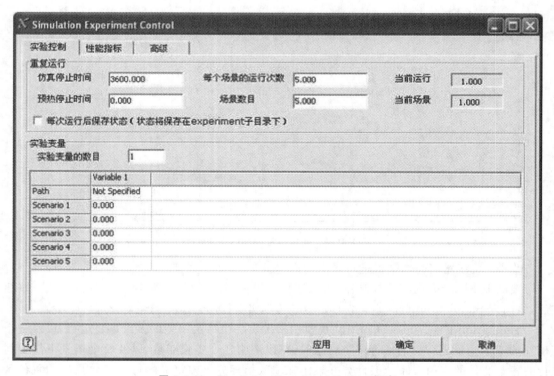

图 1-4-31　状态报告（Microsoft Excel）

图 1-4-32　Simulation Experiment Control 视窗

项目二
自动化生产线单元构建

◀ 任务1 PLC与ABB工业机器人PROFINET基本设定 ▶

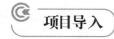 项目导入

PROFINET由PROFIBUS国际组织(PROFIBUS International,PI)推出,是新一代基于工业以太网技术的自动化总线标准。作为一项战略性的技术创新,PROFINET为自动化通信领域提供了一个完整的网络解决方案,囊括了诸如实时以太网、运动控制、分布式自动化、故障安全以及网络安全等当前自动化领域的热点话题,并且,作为跨供应商的技术,可以完全兼容工业以太网和现有的现场总线(如PROFIBUS)技术,保护现有投资。

PROFINET是适用于不同需求的完整解决方案,其功能包括8个主要的模块,依次为实时通信、分布式现场设备、运动控制、分布式自动化、网络安装、IT标准和信息安全、故障安全和过程自动化。基于以太网技术的网络拓扑形式,就是节点的互联形式,常见的是:总线型、环形、星形和树形等。

①总线型(或线形):通过一条总线电缆作为传输介质,各节点通过接口接入总线,是工业通信网络中最常用的一种拓扑形式(图2-1-1)。

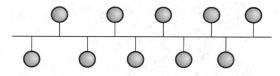

图2-1-1 总线型网络拓扑形式

②星形与树形:在星形拓扑中,每个节点通过点对点连接到中央节点(通常为交换机),任何节点之间的通信都通过中央节点进行。树形拓扑是星形拓扑的变种,常用于节点密集的地方(图2-1-2)。

③环形:通过网络节点点对点的链路的连接,构成一个环路(图2-1-3)。信号在环路上从一个设备到另一个设备单向传输,直到信号到达目的地为止。

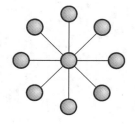 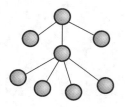 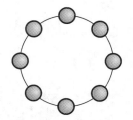

图2-1-2 星形与树形网络拓扑形式　　　　**图2-1-3 环形网络拓扑形式**

ABB IRB1410与西门子S7-1200PLC PN网络拓扑图如图2-1-4所示。

ABB IRB1410机器人由IRB1410本体和IRC5控制柜组成,其中完成通信数据交互功能的硬件是IRC5控制柜。机器人的系统选项配置:888-2PROFINETController/Device。

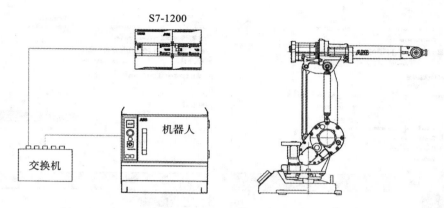

图 2-1-4　ABB IRB1410 与西门子 S7-1200PLC PN 网络拓扑图

知识图谱

ABB 工业机器人 PROFINET 通信配置的一般步骤

西门子 S7-1200PLC PN 通信配置的一般步骤

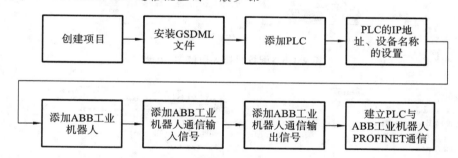

一、ABB 机器人 PROFINET 通信配置过程

1. 配置机器人通信 IP 地址

步骤 1:在"控制面板-配置-主题"选择"Communication"[图 2-1-5(a)]。

步骤 2:选择"IP Setting"显示全部[图 2-1-5(b)]。

步骤 3:设置 IP 地址和子网,此处的 IP 地址和子网一定要和 TIA 软件组态一致。IP:192.168.0.2。Subnet:255.255.255.0. 确定后不重启[图 2-1-5(c)]。

2. 设定机器人通信物理端口

步骤 1:在"Communication"界面下选择"Static VLAN"[图 2-1-6(a)]。

步骤 2:在"Static VLAN"界面设置 X5 为"VLAN",确定后不重启[图 2-1-6(b)]。

3. 配置机器人 PROFINET 站数据

步骤 1:切换至"控制面板-配置-I/O"界面[图 2-1-7(a)]。

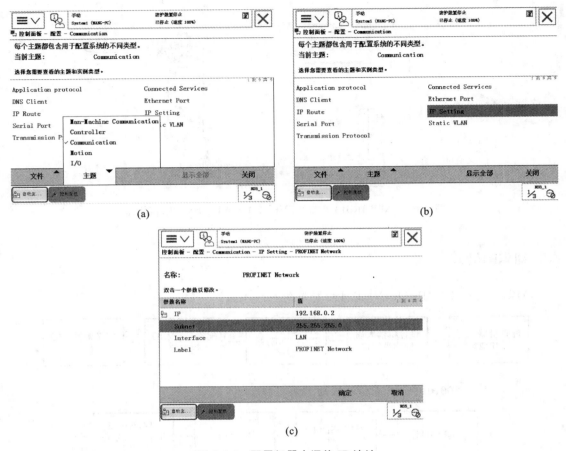

图 2-1-5 配置机器人通信 IP 地址

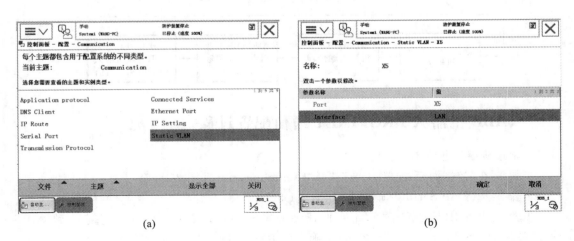

图 2-1-6 设定机器人通信物理端口

步骤 2：切换至"控制面板-配置-I/O-Industrial Network-PROFINET"界面［图 2-1-7 (b)］。

步骤 3：编辑"PROFINET Station Name"为"irc5_pnio_device"，次站名一定要和 TIA 软件组态 PROFINET 设备名称一致，单击"确定"不重启［图 2-1-7(c)］。

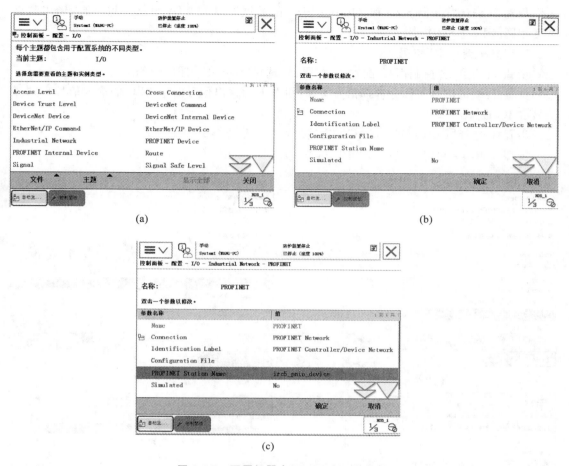

图 2-1-7　配置机器人 PROFINET 站数据

4.配置机器人 IO 板参数

步骤1：切换至"控制面板-配置-I/O"界面，选择"PROFINET Internal Device"创建 PLC 对应虚拟 IO 板[图 2-1-8(a)]。

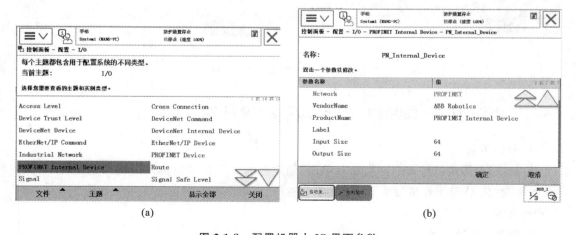

图 2-1-8　配置机器人 IO 界面参数

步骤 2:确认"Input Size"和"Output Size"的数据宽度和 TIA 组态一致,输入输出数据宽度相同[图 2-1-8(b)]。

5.定义机器人 IO 信号

步骤 1:切换至"控制面板-配置-I/O"界面,选择"Signal"[图 2-1-9(a)]。

步骤 2:编辑信号名称并选择信号类型(机器人的输出信号对应 PLC 的输入信号),选择信号的 IO 板[图 2-1-9(b)]。

步骤 3:选择"Device Mapping"配置地址为"0"[图 2-1-9(c)]。

步骤 4:单击"确定"重启生效[图 2-1-9(d)]。

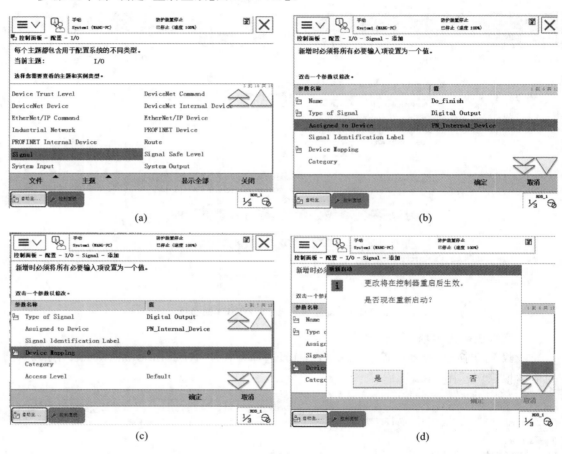

图 2-1-9　定义机器人 IO 信号

二、西门子 S7-1200PLC PN 通信配置过程

1.创建项目

打开 TIA 博途软件,选择"启动",单击"创建新项目",在"项目名称"输入创建的项目名称(本例为"PLC 与工业机器人 PROFINET 通信"),单击"创建"按钮。步骤如图 2-1-10～图 2-1-12 所示。

2.安装 GSDML 文件

博途软件需要配置第三方设备进行 PROFINET 通信时(例如和 ABB 工业机器人通

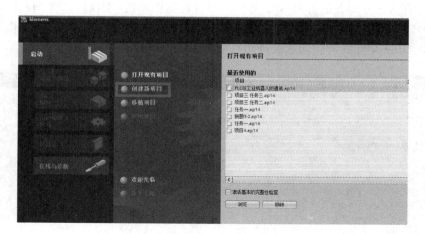

图 2-1-10 单击"创建新项目"

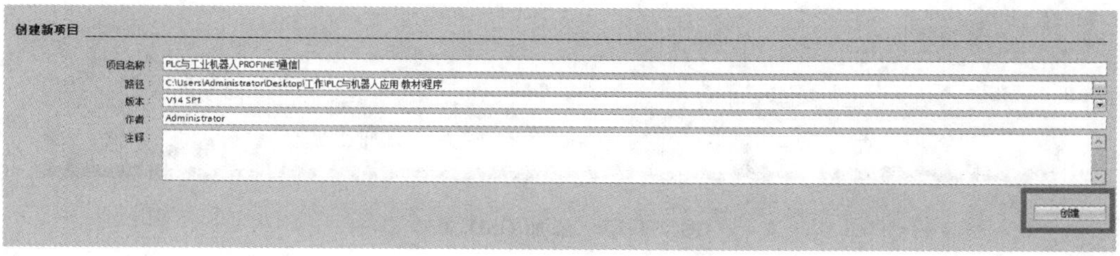

图 2-1-11 输入项目名称

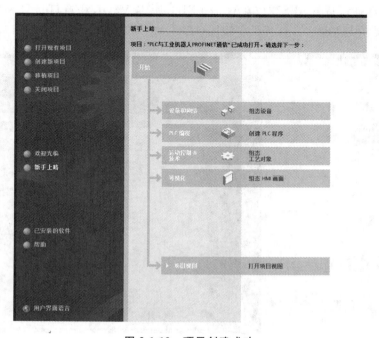

图 2-1-12 项目创建成功

信),需要安装第三方设备的 GSDML 文件。项目视图中单击"选项",选择"管理通用站描叙文件(GSD)"命令,选中"GSDML-V2.0-PNET-FA-20100510.xml",单击"安装",将 ABB 工业机器人的 GSD 文件安装到博途软件中(图 2-1-13)。

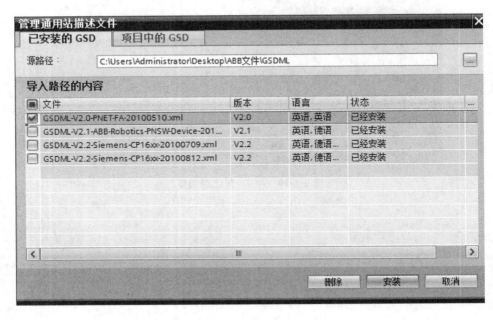

图 2-1-13　添加 GSD 文件

3. 添加 PLC

单击"添加新设备",选择"控制器",本例选择 SIMATIC S7-1200 中的 CPU 1212C-2DC/DC/DC,选择订货号 6ES7212-1AE31-0XB0,版本 V3.0,注意订货号和版本号要与实际的 PLC 一致,单击"确定",打开设备视图(图 2-1-14)。

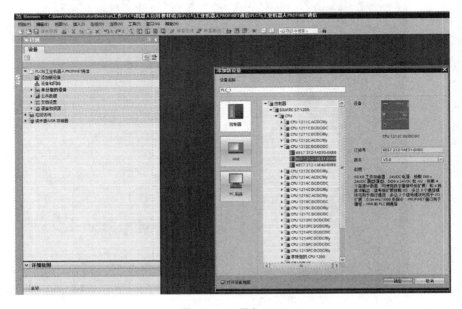

图 2-1-14　添加 PLC

4. PLC 的 IP 地址、设备名称的设置

单击 PLC 绿色的 PROFINET 接口，在"属性"中设置以太网地址"192.168.0.1"、"255.255.255.0"和 PROFINET 设备名称"plc_1"（图 2-1-15）。

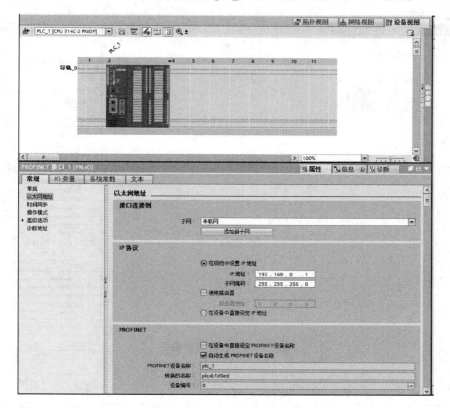

图 2-1-15 PLC 的 IP 地址设置

5. 添加 ABB 工业机器人

在"网络视图"中，选择"其他现场设备"，选择"PROFINET IO"，单击"General"，单击"ABB Robotics"，选择"Fieldbus Adapter"，将图标"DSQC688"拖入"网络视图"中（图2-1-16）。"属性"中设置"以太网地址"的"IP 地址"设为"192.168.0.2"（图 2-1-17）。

注意与 ABB 工业机器人示教器设置的 IP 地址相同，在图 2-1-17 中 DSQC688 已被拖入"网络视图"。

"DSQC688"的 IP 地址"192.168.0.2"和 PROFINET 设备名称"abbplc"在博途软件的"在线与诊断"窗口进行分配，"在线与诊断"界面中，有"分配名称"和"分配 IP 地址"按钮（图2-1-18）。

6. 添加 ABB 工业机器人通信输入信号

选择"设备视图"，选择"目录"下的"Input 4 byte"，即输入 4 个字节，包含 32 个输入信号，与 ABB 工业机器人示教器设置的输出信号 do0～do31 对应（图 2-1-19）。

7. 添加 ABB 工业机器人通信输出信号

选择"设备视图"，选择"目录"下的"Output 4 byte"，即输出 4 个字节，包含 32 输出个信号，与 ABB 工业机器人示教器设置的输入信号 di0～di31 对应（图 2-1-20）。

图 2-1-16　打开网络视图

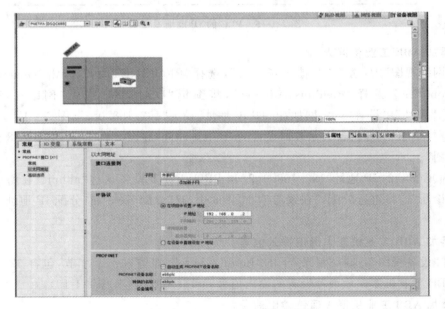

图 2-1-17　修改 GSD 里的 IP 地址

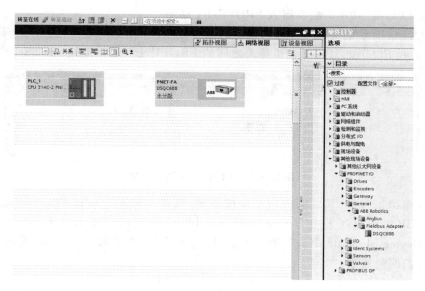

图 2-1-18 连接组网

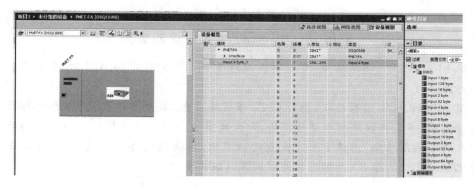

图 2-1-19 设置输入区域

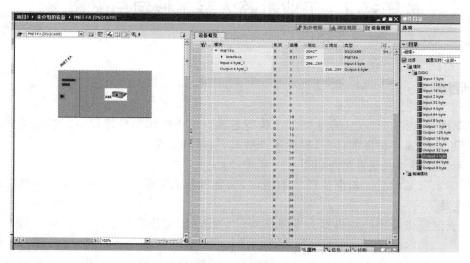

图 2-1-20 设置输出区域

8.建立 PLC 与 ABB 工业机器人 PROFINET 通信

用鼠标点击 PLC 的绿色 PROFINET 通信口,拖至"DSQC688"绿色 PROFINET 通信口上,即建立起 PLC 和 ABB 工业机器人之间的 PROFINET 通信连接(图 2-1-21)。

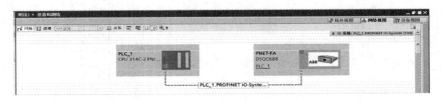

图 2-1-21　PROFINET 通信连接

机器人输出信号和 PLC 输入信号地址等效,机器人输入信号和 PLC 输出信号地址等效。例如 ABB 工业机器人中 Device Mapping 中为 0 的输出信号 do0 和 PLC 中的 I256.0 信号等效,Device Mapping 中为 0 的输入信号 di0 和 PLC 中的 Q256.0 信号等效,所谓信号等效是指它们同时通断。

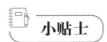

采用 PROFINET 通信协议的优势

采用 PROFINET 通信协议,可以实现西门子 S7-1200 PLC 和 ABB 工业机器人的控制数据稳定通信。

采用 PROFINET 通信协议,信号稳定,通信速度快,抗外界干扰能力强,同时通信网络硬件连接简单,不需要额外配以通信模块,大大减少了实际应用中机器人掉线的问题。优化了机器人网络通信结构,保证了生产设备的稳定运行,提高设备生产效率,有力促进了制造业自动化和信息化的融合,为智能制造提供基础数据支持。

任务2　工业机器人基本设定与配置

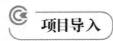

工业机器人是一种在工业生产线上执行各种自动化操作的机器设备。它能够代替人类完成危险、重复或高精度的任务,提高生产效率、质量和安全性。

安装工业机器人通常需要以下几个步骤。

(1)确定安装位置。根据生产线的需求,确定机器人安装的位置和方向,并确保周围环境空间充足。

(2)安装基础设施。如机器人支撑结构、电气连接、工作区域安全防护和机器人控制系统等。

(3)安装机械臂和末端执行器。按照机器人的技术参数和工作要求,安装机械臂和末端执行器,并进行相关调试和测试。

（4）安装传感器和视觉系统。根据生产线的需要安装相应的传感器和视觉系统，并进行联调和校准。

（5）连接电源和网络。将机器人连接到电源和网络，确保各个部件能够正常供电和通信。

在完成机器人的安装后，还需要进行调试和测试，以确保机器人能够正常工作。通常的调试步骤包括如下。

①加载机器人软件。根据机器人的型号和品牌，加载相应的控制软件和系统，进行基本设置和配置。

②校准机器人姿态和精度。对机器人的各个关节进行姿态校准和位置校准，确保机器人能够准确执行指令。

③联调机器人控制系统。对机器人的控制系统进行联调和测试，包括网络通信、控制程序和传感器等。

④进行工艺测试。根据实际生产线的要求，进行机器人的工艺测试，如速度、精度、稳定性等各项指标的测试和评估。

⑤完善操作手册和培训。编写机器人的操作手册，并为操作人员提供相关培训，以确保机器人能够正常执行工作任务。

总之，安装工业机器人需要严格按照技术规范进行操作，并进行相应的调试和测试，以确保机器人能够满足生产线的需求。

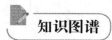

知识图谱

工业机器人系统安装调试的一般步骤

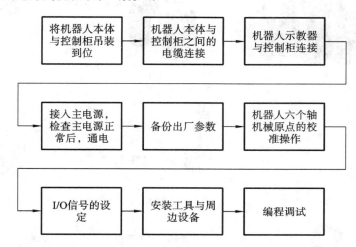

一、将机器人本体与控制柜吊装到位

在工业生产领域中，工业机器人的安装至为重要，若是安装出现问题，不仅会影响机器人设备的使用性能，同时导致工业机器人使用寿命降低，对工业生产安全造成影响，对企业的经济效益造成损害，因此做好工业机器人的安装工作十分重要，结合以往的工作经验，笔者认为在工业机器人安装过程中，必须要做好以下三个方面的工作。

了解程序：在实际安装前，相关人员要对工业机器人的工作程序有详细的了解，明确工业机器人设备零部件之间有哪些关系，哪些设备之间的尺寸位置要做到丝毫不差而哪些可以适当放宽标准。此外还需对安装图纸进行细化分析，要掌握工业机器人的工作原理和功能结构，并在安装前寻找适当的工具和设备，这样才能更好地为安装效果提供保障。

制定方案：要结合现场的实际生产情况，对每台工业机器人安装制定详细的方案，同时还应该制定相关的应急方案，确保面面俱到，放矢有度。此外在实际安装前，还应该制定相关的作业指导书，要在作业指导书中明确具体的操作规程、操作要点、需要人员和自检要求等，从而为工业机器人设备安全提供统一依据。同时作业指导书一式多份，如生产公司、监理部门、安装调试部门、现场安装部门等，都应该各自保留一份，若是今后出现相关问题，才能有责可追。

执行：主要是指每安装完一条工业机器人设备，都需要进行详细的复查，如在安装完工业机器人的连接设备时，就需要对已经安装好的零部件进行关键尺寸的详细复查，这样可以避免因尺寸变化而造成整体返工的问题出现。而在所有的工业机器人设备全部安装结束后，还应该进行一次全面的自检，要尽量在后期调试之前，及时发现问题，并针对性地提出措施，达到安装验收一次性合格的高标准，从而为工业机器人设备安装进度提供保障，确保工业机器人设备安装可以在规定的工期内完成。

1. 拆除工业机器人外包装使用工具的准备

工欲善其事，必先利其器。提前准备所需要的工具（图 2-2-1），能够有效地确保工作计划进度，同时避免不必要的工伤事故。

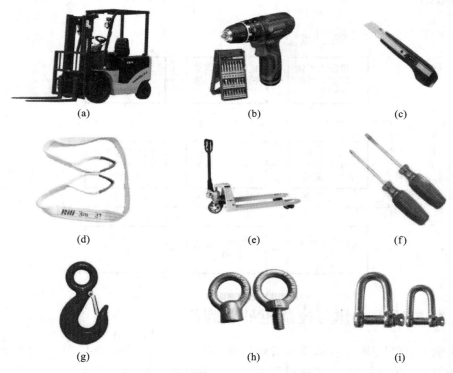

(a)　　　　　　　　　(b)　　　　　　　　　(c)

(d)　　　　　　　　　(e)　　　　　　　　　(f)

(g)　　　　　　　　　(h)　　　　　　　　　(i)

图 2-2-1　工业机器人外包装拆除使用工具
（a）柴油叉车；（b）电动螺丝刀；（c）美工刀；（d）起重吊带；（e）手动推车；
（f）十字螺丝刀；（g）起重吊勾；（h）起重圆形吊环；（i）起重 U 形吊环

2.拆除工业机器人外包装流程与注意事项

第1步:检查。检查货物包装外表面是否完好无损,如有异常,应采取方式记录留依据,并向领导汇报。

检查的主要内容有:

①外包装是否有明显损坏;

②工业机器人本体与控制柜系列号是否一致;

③确认产品信息是否有误;

④确认防振标签状态是否正常(图2-2-2)。

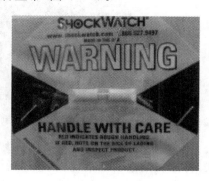

图2-2-2 防振标签

第2步:了解。了解工业机器人包装整体净重、毛重,选择合适的起运工具,并选择合适的吊运起重及重心位置(包装箱常见标识符号见图2-2-3)。

向　　上　　由此吊起　　怕　　湿　　重心点　　禁止翻滚　　小心轻放

图2-2-3 外包装箱常见标识符号

第3步:吊运。吊运时,选择合适的吊运工具,必须注意工业机器人本体及控制柜包装箱的吊运位置及重心位置。

第4步:搬运。利用工具移动工业机器人本体及控制柜包装箱至宽敞位置。

第5步:拆外包装箱。外包装箱体由托盘、四个包装面组合而成,在拆箱过程中有两种方法可采用。

第6步:拆箱后本体检查。拆箱后检查主要内容有:

①观察本体表面油漆有无划伤;

②手扶本体各轴,轻微沿各轴运动方向晃动,看轴结构有无装配间隙不良;

③本体电缆及接口有无明显异常;

④本体有无机械固定件(仅限部分机型);

⑤本体装配螺丝有无异常。

第7步:拆箱后控制柜检查。控制柜拆除内外包装后(图2-2-4),将柜体保护海绵取掉,主要检查电缆线、纸箱内物品(示教器固定架、安全说明书、示教器纸箱、出货清单等),见图2-2-5)。

图 2-2-4　控制柜拆除包装图　　　　　　　　图 2-2-5　控制柜包装箱内物品

3. 控制柜的搬运移动

按照图 2-2-6 的吊装方式,将控制柜移动到指定安装位置。搬运移动时注意事项:①在起吊前确保吊带长度及承载重量合适;②不合适的吊带使用时,注意其捆绑长度及正确方式,避免在起吊过程中摆动。

工业机器人的控制柜一般与其他通信柜放在一起,确保控制柜周边有足够空间便于检修维护及制作专用底座,避免清洁地面时水进入柜内(图 2-2-7、图 2-2-8)。

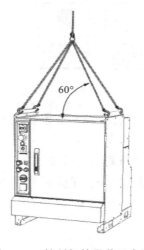

图 2-2-6　控制柜的吊装示意图　　　　　　　图 2-2-7　控制柜专用底座

4. 本体移位方式

由于本体较重,通常采取柴油叉车移位及天车移位两种移位方式。

根据图 2-2-9 所示,将轴 2、轴 3 和轴 5 运动至移位姿态(任何品牌工业机器人,任何移位方式,必须操作此步)。

①柴油叉车移位方式,需安装专用工具,如图 2-2-10、图 2-2-11 所示(A 为专用工具,B 为固定螺丝)。

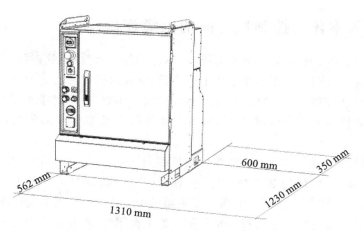

图 2-2-8 控制柜摆放周边检修维护空间尺寸

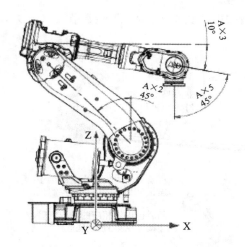

图 2-2-9 本体移位姿态参考图

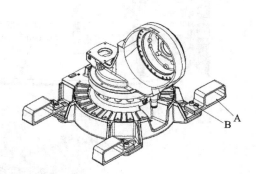

图 2-2-10 柴油叉车移位专用工具安装图

②天车移位方式,如图 2-2-12 所示(在 A、B 和 C 处应添加覆盖物,预防线索或吊带对本体的损坏)。

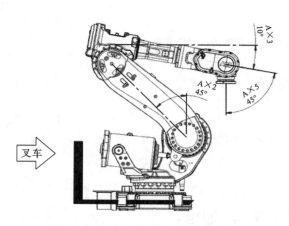

图 2-2-11 使用柴油叉车移位示意图

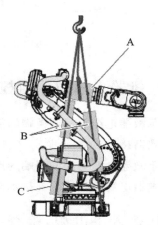

图 2-2-12 使用天车移位示意图

二、机器人本体与控制柜之间的电缆连接

在调试安装现场,工业机器人基本组成(本体、控制柜、示教器)的连接,出现最多的异常是不够熟悉相关接口的特性,在连接过程中效率低、重载快插针插弯等异常。由于工业机器人连接电缆重载与电缆是一次性成型,异常不仅影响工作效率,同时带来不必要的损失。本任务以 ABB 工业机器人 IRB1410 为例,介绍工业机器人基本组成部分的接口连接及供电接入。

本体与控制柜的编码器线、驱动电缆标配长度是 5 m,如因工作单元 LAYOUT 布局要求,在采购时可要求厂商延长电缆的长度(注意:延长电缆时,要综合考虑是否影响信号速率、电流波等,建议本体与控制柜的电缆长度不超过 18 m)。示教器电缆标配长度为 10 m。

在生产应用中,如遇到工业机器人原厂配套的电缆损坏,不建议重新连接或锡焊连接使用,会直接影响本体伺服电机或导致示教器屏幕异常。

在进行控制柜和机器人之间的电缆连接时,请按电缆接头上的标识连接(图 2-2-13)。

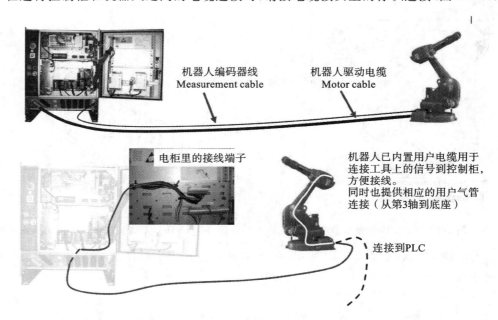

机器人编码器线 Measurement cable

机器人驱动电缆 Motor cable

电柜里的接线端子

机器人已内置用户电缆用于连接工具上的信号到控制柜,方便接线。同时也提供相应的用户气管连接(从第3轴到底座)

连接到PLC

图 2-2-13　控制柜和机器人之间的电缆连接

三、机器人示教器与控制柜连接

1. 示教器电缆与控制柜端的接口说明
示教器接头示意图见图 2-2-14,连接标记示意图见图 2-2-15。

2. 示教器电缆与控制柜端的连接
示教器电缆与控制柜连接示意图见图 2-2-16。

四、接入主电源,检查主电源正常后,通电

在控制柜门内侧,贴有一张主电源连接指引。ABB 机器人使用 380 V 三相 4 线制。

图 2-2-14　示教器接头示意图

图 2-2-15　连接标记示意图

NO.01示教器电缆连接到控制柜端接口

图 2-2-16　示教器电缆与控制柜连接示意图

第 1 步：观察电源连接指引[图 2-2-17(a)]。

第 2 步：主电源电缆从此接口接入[图 2-2-17(b)]。

第 3 步：主电源接地[图 2-2-17(c)]。

第 4 步：主电源开关接入 380 V 三相电线[图 2-2-17(d)]。

在连接到电源之前，请务必检查接头是否有污垢或损坏。清洁或更换任何损坏的部件。在检查主电源输入正常后，合上控制柜上的主电源开关，开始进行调试工作。

五、备份出厂参数

对 ABB 工业机器人的数据进行备份，是保证 ABB 工业机器人正常工作的良好习惯。

ABB 工业机器人数据备份的对象是所有正在系统内存运行的 PARID 程序和系统参数。当机器人系统出现错乱或者重新安装系统以后，可以通过备份快速地把机器人恢复到备份时的状态。一般在安装新的 RobotWare 之前或对指令或参数进行重要改动之前，都可考虑执行系统备份。

备份功能可保存上下文中的所有系统参数、系统模块和程序模块。

数据保存于用户指定的目录中。默认路径可加以设置。目录分为四个子目录：Backinfo、Home、Rapid 和 Syspar。System.xml 也保存于包含用户设置的"../backup"（根目录）中。

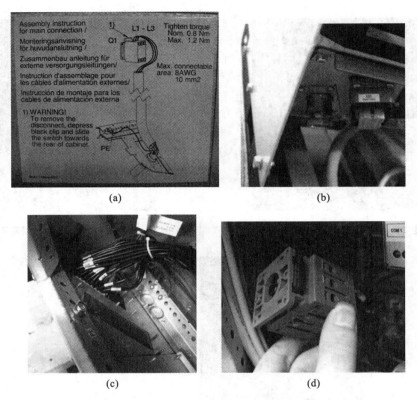

图 2-2-17 接入主电源，检查主电源正常后，通电

　　Backinfo 包含的文件有 backinfo. txt、key. txt、program. id 和 system. guid. txt、template. guid. txt、keystr. txt。恢复系统时，恢复部分将使用 backinfo. txt。该文件必须未被用户编辑过。文件 key. txt 和 program. id 由 RobotStudio Online 用于重新创建系统，该系统将包含与备份系统中相同的选项。system. guid. txt 用于识别提取备份的独一无二的系统。system. guid. txt 和/或 template. guid. txt 用于在恢复过程中检查备份是否加载到正确的系统。如果 system. guid. txt 和/或 template. guid. txt 不匹配，用户将被告知这一情况。具体见图 2-2-18。

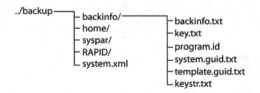

图 2-2-18 备份文件目录

六、机器人六个轴机械原点的校准操作

　　机器人在安装出厂后，工业机器人各轴未必是归零的，各轴的重心可能没有准确地固定在支撑点上，这样的机器人若是直接投入生产使用，生产过程中就有可能倾斜，这不仅会对正常的工业生产造成影响，同时可能还会危及工作人员的生命安全，因此对工业机器人各轴进行归零调试是十分必要的。通常情况下，工业机器人的各个轴臂上会留下回零点的标志，

只需操作各轴回到该位置,就表示各轴调试归零,另外在机器人的底座上也会贴有各轴对应的角度,这都是调试中的重要参考依据。但具体的调试还需根据现场环境和需要完成的任务做出特定的分析,如在这个过程中,相关的调试人员可以特定规划出一条合理的归零"路线",再通过示教器依次将机器人移动到各个点,然后对相关数据进行记录,最后调试人员结合自身的校对经验反复实验,将工业机器人各轴按照实际生产作业要求进行归零调试。标定参考值见图 2-2-19。

①校准前,必须手动将机器人六个轴调整到原点(机械刻度处)。

②查找到轴校准的数据。

③在示教器中的"控制面板→校准→校准参数"中输入校准数据。

④更新完校准参数后,还需要更新转数计数器。

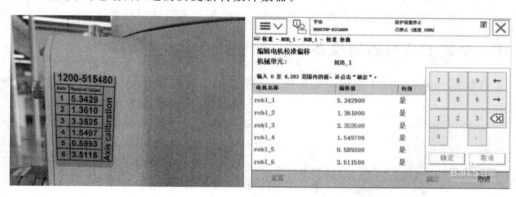

图 2-2-19　标定参考值

七、I/O 信号的设定

现代该改良版的工业机器人可按照人工智能的方式,根据指定的原则纲领自动化操作,如可根据接收到的信号,完成信号指令规定的运行轨迹,从而快速适应新的环境。而工业机器人系统并不是单独使用的,在工业机器人投入生产的过程中,必须要与其他外围设备联系在一起,而这些外围设备上的信号必须要通过通信和工业生产机器人系统信号联系在一起。因此在机器人安装出厂后,投入实际生产使用前,对工业机器人进行信号处理调试是十分必要的一个环节。具体而言,调试的过程中,需要对通信进行设置,但需要注意的是,调试人员设置的通信信号必须要与 PLC 的型号、主站、从站、站信息保持一致,同时在信号设置结束后,还需要对所有信号进行列表化处理,并且在 PLC 编程时进行注释,要经过这样的信号调试后,工业机器人才能正式投入生产使用。

I/O 板是机器人主机与外界交换信息接口。主机与外界的信息交换是通过输入/输出设备进行的。一般的输入/输出设备都是机械的或机电相结合的产物,比如常规的传感器、按钮、电磁阀,它们相对于高速的中央处理器来说,速度要慢得多。此外,不同外设的信号形式、数据格式也各不相同。因此,外部设备不能与 CPU 直接相连,需要通过相应的 I/O 板来完成它们之间的速度匹配、信号转换,并完成某些控制功能。

机器人通常拥有一个或多个 I/O 板,每个 I/O 板根据功能型号不会拥有多个数字信号和模拟通道,这些物理通道只有匹配正确的地址和逻辑信号后才能使用。在完成 I/O 信号的配置连接后编程期间,建议一个物理通道只对应一个逻辑信号以防止微动作。例如 ABB

的标准 I/O 板都是下挂于 Device Net 总线上,一个 I/O 的信号的定义首先要确认信号总线,然后配置 I/O 模块单元,然后设定 I/O 信号,系统重启后生效。在配置信号的时候我们还要注意以下事项:

(1)所有输入输出板及信号的名称不允许重复;

(2)模拟信号不允许使用脉冲或延迟功能;

(3)每个总线上最多配置 20 块输入输出板,每台机器人最多配置 40 块输入输出板;

(4)每台机器人最多可定义 1024 个输入输出信号;

(5)Cross Connections 不允许循环定义;

(6)在一个 Cross Connections 中最多定义 5 个操作;

(7)组合信号最大长度为 16;

(8)系统配置修改后(包含更改输入输出信号)必须重新启动以使改动生效。

八、安装工具与周边设备

工具数据 tooldata 用于描述安装在机器人第六轴上的工具的 TCP、质量、重心等参数数据。一般不同的机器人应用配置不同的工具,比如弧焊机器人就使用弧焊枪作为工具,而用于搬运板材的机器就会使用吸盘式夹具作为工具(图 2-2-20),规则末端操作器的安装方向建议工具的物理特征与机器人 tool0 相平行。

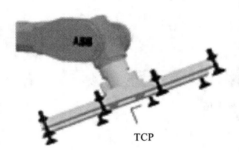

TCP

图 2-2-20　吸盘式夹具

默认工具(tool0)的工具中心点(tool center point)位于机器人安装法兰的中心,如图 2-2-21 所示。焊枪 TCP 示意图见图 2-2-22。

几种测量 TCP 点的方法如下(前三个点的姿态相差尽量大些,有利于 TCP 精度的提高)。

图 2-2-21　默认工具(tool0)的工具中心点

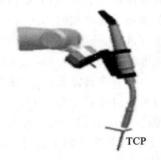

TCP

图 2-2-22　焊枪 TCP 示意图

①4 点法,不改变 tool0 的坐标方向。

②5 点法,改变 tool0 的 Z 方向。

③6 点法,改变 tool0 的 X 方向和 Z 方向。

确认工具的重心和载荷数据,可以调用例行程序中的 loadIdentify 来进行检测(准确率在 90% 以上才可以使用该次的数据,否则需要重新调用)。

采用三点法确认工件坐标系(确认 X1,X2,Y1 三点)。

在对象的平面上,只需要定义三个点,就可以建立一个工件坐标。X 轴将通过 X1-X2,Y 轴通过 Y1,见图 2-2-23。工件坐标系符合右手定则,见图 2-2-24。

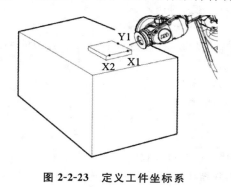

图 2-2-23 定义工件坐标系

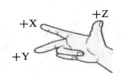

图 2-2-24 右手定则

九、编程调试

RAPID 程序的架构说明如下。

(1)RAPID 程序由程序模块与系统模块组成。一般地,只通过新建程序模块来构建机器人的程序,而系统模块多用于系统方面的控制。

(2)可以根据不同的用途创建多个程序模块,如专门用于主控制的程序模块,用于位置计算的程序模块,用于存放数据的程序模块,这样便于归类管理不同用途的例行程序与数据。

(3)每一个程序模块都可能包含数据、例行程序、中断程序和功能四种对象,但不一定在一个程序模块中同时具有这四种对象,程序模块之间的数据、例行程序、中断程序和功能是可以互相调用的。

(4)在 RAPID 程序中,只有一个主程序 main,并且存在于任意一个程序模块中,作为整个 RAPID 程序执行的起点。

RAPID 程序的编程说明如下。

(1)设定关键程序数据。

在进行正式编程前,需要构建必要的编程环境,其中工具数据 tooldata、工件坐标 wobjdata 和载荷数据 loaddata 这三个必要的程序数据需要在编程前进行定义。

(2)确定运动轨迹方案和示教目标点。

在确定机器人的运动轨迹方案之前,确保在机器人系统安装过程中设置了基坐标系和大地坐标系,同时确保附加轴已设置。示教目标点要设计在相关的坐标系中,以便后续工作中对轨迹的整体偏移调整。

(3)编写程序与参数设置。

选择配置程序所需要的参数,合理定义数据的格式和类型。根据工艺要求编辑程序的逻辑、流程、结构。编写程序可以在示教器上进行,也可以通过离线编程的方式进行。

(4)调试。

程序编写完成,检查无误后,进行调试。在手动模式下试运行程序检测其正确性。

程序样板如下。

```
%%%
VERSION:1
```

```
LANGUAGE:ENGLISH
%%%
MODULE mainprg                              程序模块名
"存放数据"
```
CONSTrobtargetpHome:=[[517.87,-0.01,708.53],[0.506292,-0.4935,0.509881,-0.490049],[-1,
0,-1,1],[9E+09,9E+09,9E+09,9E+09,9E+09,9E+09]];
```
    PROC main()                             主程序
    !*******************************
    !   Main program for
    !*******************************
    Initall;                                调用 Initall 子程序
    WHILE TRUE DO                           程序循环执行

IF DI_StartBotton1=1 THEN                   如果 DI_StartBotton1=1 则执行 rP1 子程序
        rP1;
ELSEIF DI_StartBotton2=1 THEN               如果 DI_StartBotton2=1 则执行 rP2 子程序
        rP2;
        ENDIF
        WaitTime 0.3;                       时间等待指令
    ENDWHILE
    ENDPROC
PROC Initall()                              子程序,用于初始化所有数据和状态
    AccSet 100,100;                         加速度设定指令
    VelSet 100,2000;                        速度设定指令
    rCheckHOMEPos;                          调用 rCheckHOMEPos 子程序
    ENDPROC
PROC rCheckHOMEPos()                        子程序,用于判断机器人是否在等待位置
    IF NOT CurrentPos(pHome,tool0) THEN
        TPErase;
        TPWrite "Robot is not in the Wait-Position";
        TPWrite "Please jog the robot around the Wait-position in manual";
        TPWrite "And execute the aHome routine.";
        WaitTime 0.5;
        EXIT;
    ENDIF
ENDPROC
FUNC bool CurrentPos(
    robtarget ComparePos,
    INOUT tooldata TCP)                     功能,用于检测机器人是否在某个位置上
    VAR num Counter:=0;                     数据,只用于本功能的局部变量
    VAR robtarget ActualPos;
    !
    !-------------------------------------------------------------
    !Abstract : Function to compare current manipulator position with a given position
```

```
    !-----------------------------------------------------------------
    !
    ActualPos:=CRobT(\Tool:=tool0\WObj:=wobj0);
    IF ActualPos.trans.x> ComparePos.trans.x- 25 AND ActualPos.trans.x< ComparePos.trans.x
+ 25 Counter:=Counter+ 1;
    IF ActualPos.trans.y> ComparePos.trans.y- 25 AND ActualPos.trans.y< ComparePos.trans.y
+ 25 Counter:=Counter+ 1;
    IF ActualPos.trans.z> ComparePos.trans.z- 25 AND ActualPos.trans.z< ComparePos.trans.z
+ 25 Counter:=Counter+ 1;
    IF ActualPos.rot.q1> ComparePos.rot.q1- 0.1 AND ActualPos.rot.q1< ComparePos.rot.q1 +
0.1 Counter:=Counter+ 1;
    IF ActualPos.rot.q2> ComparePos.rot.q2- 0.1 AND ActualPos.rot.q2< ComparePos.rot.q2 +
0.1 Counter:=Counter+ 1;
    IF ActualPos.rot.q3> ComparePos.rot.q3- 0.1 AND ActualPos.rot.q3< ComparePos.rot.q3 +
0.1 Counter:=Counter+ 1;
    IF ActualPos.rot.q4> ComparePos.rot.q4- 0.1 AND ActualPos.rot.q4< ComparePos.rot.q4 +
0.1 Counter:=Counter+ 1;
    RETURN Counter=7;
    ENDFUNC
    PROC aHome()                      子程序，机器人回等待位置用
    MoveJ pHome,v30,fine,tool0;
    ENDPROC
    PROC rP1()                        子程序，存放工作轨迹指令
    ! Insert the moving routine to here
    ENDPROC
    PROC rP2()                        子程序，存放工作轨迹指令
    ! Insert the moving routine to here
    ENDPROC
    ENDMODULE
```

◀ 任务 3　数控加工中心基本操作与环境配置 ▶

项目导入

加工中心是从数控铣床发展而来的。与数控铣床的最大区别在于加工中心具有自动交换加工刀具的能力,通过在刀库上安装不同用途的刀具,可在一次装夹中通过自动换刀装置改变主轴上的加工刀具,实现多种加工功能。

数控加工中心(图 2-3-1)是由机械设备与数控系统组成的适用于加工复杂零件的高效率自动化机床。数控加工中心是世界上产量最高、应用最广泛的数控机床之一。它的综合加工能力较强,工件一次装夹后能完成较多的加工内容,加工精度较高,就中等加工难度的批量工件而言,其效率是普通设备的 5～10 倍,特别是它能完成许多普通设备不能完成的加

图 2-3-1 数控加工中心

工任务,对形状较复杂,精度要求高的单件加工或中小批量多品种生产更为适用。它把铣削、镗削、钻削、攻螺纹和切削螺纹等功能集中在一台设备上,使其具有多种加工工序和工艺手段。加工中心按照主轴加工时的空间位置分类有卧式加工中心和立式加工中心;按工艺用途分类有镗铣加工中心、复合加工中心;按工作台的数量和功能分类有单工作台加工中心、双工作台加工中心和多工作台加工中心;按主轴结构特征分类有单轴、双轴、三轴及可换主轴箱的加工中心;按照导轨分类有线轨加工中心、硬轨加工中心等;按加工中心立柱的数量分类有单柱式加工中心和双柱式(龙门式)加工中心。

加工中心常按主轴在空间所处的状态分为立式加工中心和卧式加工中心,加工中心的主轴在空间处于垂直状态的称为立式加工中心,主轴在空间处于水平状态的称为卧式加工中心。主轴可作垂直和水平转换的,称为立卧式加工中心或五面加工中心,也称复合加工中心。

加工中心按运动坐标数和同时控制的坐标数分类有三轴二联动、三轴三联动、四轴三联动、五轴四联动、六轴五联动等。三轴、四轴是指加工中心具有的运动坐标数,联动是指控制系统可以同时控制运动的坐标数,从而实现刀具相对工件的位置和速度控制。

加工中心按加工精度分类有普通加工中心和高精度加工中心。普通加工中心分辨率为 $1~\mu m$,最大进给速度为 $15 \sim 25~m/min$,定位精度为 $10~\mu m$ 左右。高精度加工中心分辨率为 $0.1~\mu m$,最大进给速度为 $15 \sim 100~m/min$,定位精度为 $2~\mu m$ 左右。

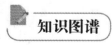

数控加工中心基本操作与环境配置

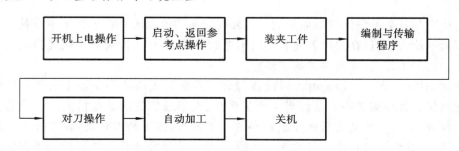

一、数控机床的基本操作

1. 开机上电操作

（1）打开外部总电源，启动空气压缩机。

（2）按下 POWER 的"ON"按钮，加工中心上电。

（3）系统上电。

2. 启动、返回参考点操作

机床防护罩顶部三色指示灯亮。

（1）顺时针旋开"急停"按钮，红色指示灯灭。

（2）检查机床 CPU 风扇运转及面板指示灯是否正常。

（3）手动返回参考点：

①确定 X、Y、Z 各坐标值小于－50；

②工作方式选择回参考点方式，先选择 Z 轴按下正方向，再分别按下 X 轴、Y 轴正方向，机床各轴分别回零。黄色指示灯灭；机床指示灯亮绿色。

3. 装夹工件

为便于工件安装，用手动方式尽量把 Z 轴抬高，用压块、螺杆、扳手等工具将工件锁紧在工作台上或平口钳上。

4. 编制与传输程序

（1）按零件图技术要求，选择合理加工工艺，编制程序。

（2）输入程序。

输入程序有如下两种方式。

方法一：在 EDIT 程序编辑方式下输入。

①按下"PROG"键，输入地址键"O"，再输入程序号，如"1314"，分别按下"INSERT"键和"EOB"键，确认程序名。

②后输入每一段程序，须按下"EOB"和"INSERT"键，直到程序输入结束。

方法二：在计算机上输入后传输到机床。

①先在计算机上利用 CIMICO EDIT 软件输入程序内容。

②在机床系统 EDIT 程序编辑方式下，分别按下"PROG"键、"操作"软键、"?"软键、"READ"软键、"EXEC"软键，界面显示"标头 SKP"。

③在计算机上利用 CIMICO EDIT 软件的发送功能将程序传输到机床。

④程序输入结束，按"RESET"键，将光标上移至程序头。

5. 对刀操作

（1）在手动进给 JOG 方式下，分别按下 X、Y、Z 轴负方向，移动刀具到所需要位置。

（2）在 MDI 手动数据输入方式下，按下"PORG"键，输入 M、S 数值，如"M3S200"，分别按下"EOB""INSERT"，循环启动，再选择回到手动方式，机床可在手动方式下启动主轴转动或停止。

（3）以立铣刀为例。根据工件原点的工艺位置，在手轮方式下操作，使铣刀与工件各所需面轻微接触（注意观察有无切屑溅出或刀具与工件接触时发出的"嚓""嚓"响声），确认工件原点在机床坐标系下的 X、Y、Z 的坐标值。

（4）确定工件坐标系。在系统操作中，即以该点为工件坐标原点（即编程原点）建立工件坐标系(G54):分别按下"OFFSET SETTING"、软键"坐标系",光标下移至(G54)X轴坐标值处,输入"X0",按下"测量"软键,光标再下移至Y轴坐标值处,输入"Y0",按下"测量"软键,光标再下移至Z轴坐标值处,输入"Z0",按下"测量"软键。

6. 自动加工

自动加工执行前,须将光标移动到程序头,确认是加工程序。再选择自动加工方式,按下循环启动按钮,铣床进行自动加工。加工过程中要注意观察切削情况,并随时调整进给速率,保证在最佳条件下切削,直至运行结束。

7. 关机

(1)卸下工件,清理加工中心中的切屑。

(2)在"JOG"方式,使工作台处在比较中间的位置,主轴尽量处于较高的位置。

(3)按下控制面板上的"急停"按钮。

(4)断开数控系统电源。

(5)按下POWER的"OFF"按钮。

(6)关闭空气压缩机,关闭外部总电源。

 小贴士

注 意 事 项

①返回参考点时应先走Z轴,待提升到一定高度后再走向X、Y轴,以免碰撞刀、夹具。

②启动系统后,必须用MDI执行M19实施主轴准停操作,而后才可以进行换刀操作。

③手动或自动移动过程中若出现超程报警,必须转换到"手动"方式,然后按反方向轴移动按钮,退出超程位置,再按"RESET"复位键解除报警。

④机床碰撞对机床的精度是很大的损害,对于不同类型机床影响也不一样,一般来说,对于刚性不强的机床影响较大。所以对于高精度数控机床来说,绝对要杜绝碰撞,只要操作者细心和掌握一定的防碰撞方法,碰撞是完全可以预防的。碰撞发生的最主要的原因:一是对刀具的直径和长度输入错误;二是对工件的尺寸和其他相关的几何尺寸输入错误以及工件的初始位置定位错误;三是机床的工件坐标系设置错误,或者机床零点在加工过程中被重置而产生变化。机床碰撞大多发生在机床快速移动过程中,这时候发生的碰撞的危害也最大,应绝对防止。所以操作者要特别注意机床在执行程序的初始阶段和机床在更换刀具的时候,此时一旦程序编辑错误,刀具的直径和长度输入错误,那么就很容易发生碰撞。在程序结束阶段,数控轴的退刀动作顺序错误,那么也可能发生碰撞。为了防止上述碰撞,操作者在操作机床时,要注意观察机床有无异常动作,有无火花,有无噪声和异常的响动,有无振动,有无焦味。发现异常情况应立即停止程序,待机床问题解决后,机床才能继续工作。

二、数控加工中的对刀

工件在机床上定位装夹后,必须确定工件在机床上的正确位置,以便与机床原有的坐标系联系起来。确定工件具体位置的过程就是通过对刀来实现的,而这个过程的确定也就是在确定工件的编程坐标系(即工件坐标系),编程加工都是参照这个坐标系来进行的。在零件图纸上建立工件坐标系,使零件上的所有几何元素都有确定的位置,而工件坐标系原点是以零件图上的某一特征点为原点建立坐标系,使得编程坐标系与工件坐标系重合。

对刀操作实质包含三方面内容:第一方面是刀具上的刀位点与对刀点重合;第二方面是编程原点与机床参考点之间建立某种联系;第三方面是通过数控代码指令确定刀位点与工件坐标系位置。其中刀位点是刀具上的一个基准点(车刀的刀位点为刀尖,平头立铣刀的刀位点为端面中心,球头刀的刀位点通常为球心),刀位点相对运动的轨迹就是编程轨迹,而对刀点就是加工零件时,刀具上的刀位点相对于工件运动的起点。一般来说,对刀点应选在工件坐标系的原点上,这样有利于保证对刀精度,也可以将对刀点或对刀基准设在夹具定位元件上,这样有利于零件的批量加工。

在数控立式铣加工中心加工操作中,对刀的方法比较多,下面介绍常用的几种机内对刀操作方法(图 2-3-2)。

图 2-3-2 机内对刀操作

立式铣加工中心 XY 方向对刀和 Z 方向对刀的方法以及对刀仪器是不相同的,为使其区分开来,下面分别进行描述。在实际对刀之前,要确保机床已经返回了机床参考点(机床参考点是数控机床上的一个固定基准点),各坐标轴回零,这样才能建立起机床坐标系,对刀以后才能将机床坐标系和编程坐标系有机结合起来。

1. XY 方向机内对刀

XY 方向机内对刀主要有寻边器对刀、分中法对刀、试切法对刀和杠杆百分表对刀等几种方法。

(1)寻边器对刀。

寻边器对刀精度较高,操作简便、直观、应用广泛。采用寻边器对刀要求定位基准面应有较好的表面粗糙度和直线度,确保对刀精度。常用的寻边器有标准棒(结构简单、成本低、校正精度不高)、机械寻边器(要求主轴转速设定在 500 r/min 左右)(精度高、无需维护、成本适中)和光电寻边器(主轴要求不转)(精度高、需维护、成本较高)等。在实际加工过程中考虑到成本和加工精度问题一般选用机械寻边器来进行对刀找正。

(2)分中法对刀。

当工件原点在工件中心时通常采用分中法对刀,其步骤如下。

①装夹工件,将机械寻边器装上主轴。

②在 MDI 模式下输入"S500 M03"并启动,使主轴转速为 S500。

③用"手轮"方式,通过不断改变倍率使机械寻边器靠近工件 X 负向表面(操作者左侧),测量记录 X1,同样运动机械寻边器至工件 X 正向表面(操作者右侧),测量记录 X2(测量记录 X 值时,必须在"POS→综合→机械坐标系"中读取)。

④采用同样的方法分别在 Y 正向(远离操作者)、负向(正对操作者)表面找正,记录 Y1、Y2。

⑤计算(X1+X2)/2、(Y1+Y2)/2,分别将计算结果填入"OFFSET SETTING→坐标系→G54"的 X 和 Y 中。

⑥提升主轴,在 MDI 模式下运行"G90 G54 G0 X0 Y0",检查找正是否正确。

当工件原点在工件某角(两棱边交接处)时,其步骤如下。

①如果四边均为精基准,或者要求被加工形状与工件毛坯有较高的位置度要求,采用先对称分中、后平移原点的方法。

②只有两个侧面为精基准时,采用单边推算法。

(3)试切法对刀。

试切法对刀方法简单,但会在工件上留下痕迹,对刀精度较低,适用于零件粗加工时的对刀。其对刀方法与机械寻边器相同。

(4)杠杆百分表对刀。

杠杆百分表的对刀精度较高,但是这种操作方法比较麻烦,效率较低,适用于精加工孔(面)对刀,而在粗加工孔则不宜使用。对刀方法为:用磁性表座将杠杆百分表吸在加工中心主轴上,使表头靠近孔壁(或圆柱面),当表头旋转一周时,其指针的跳动量在允许的对刀误差内,如 0.02,此时可认为主轴的旋转中心与被测孔中心重合,输入此时机械坐标系中 X 和 Y 的坐标值到 G54 中。

2.Z 方向机内对刀

考虑到对刀的工艺性,通常将工件的上表面作为工件坐标系 Z 方向的原点。当零件的上表面比较粗糙不能用作对刀精基准时,也有以虎钳或工作台为基准作为工件坐标系 Z 方向的原点,然后在 G54 或扩展坐标系中向上补正工件高度填入。Z 方向机内对刀主要有 Z 向测量仪对刀、对刀块对刀和试切法对刀等几种方法。

(1)Z 向测量仪对刀。

Z 向测量仪对刀精度较高,特别在铣削加工中心多把刀具在机上对刀时,对刀效率较高,投资少,适用于单件零件加工。

加工中心单刀加工时 Z 向对刀。加工中心单刀加工,类似于数控铣床对刀,不存在长度补偿的问题,步骤如下:①换上将用于加工的刀具;②运动刀具到工件正上方,用 Z 向测量仪测量工件与刀具之间的距离,记录下当前机床(机械)坐标系的 Z 轴读数 Z;③将 Z 值扣除此时 Z 向测量仪的高度(如 50.03 mm),然后将测量值填入"OFFSET SETTING→坐标系→G54"的 Z 项中;④运行"G90 G54 G0 X0 Y0 Z100",检查找正是否正确。

加工中心多刀加工时 Z 向对刀和长度补偿方法一。

①XY 方向找正设定如前,将 G54 中的 XY 项输入偏置值,Z 项值置零。

②将用于加工的刀具 T1 换上主轴,用 Z 向测量仪找正 Z 向值,记录下当前机床坐标系 Z 项值 Z1,扣除 Z 向测量仪高度后,填入长度补偿值 H1 中。

③将刀具 T2 装上主轴,用 Z 向测量仪找正读取 Z2,扣除 Z 向测量仪高度后填入 H2。

④依次类推将所有刀具 Ti 用 Z 向测量仪找正,将 Zi 扣除 Z 向测量仪高度后填入 Hi。

⑤编程时,采用如下方法补偿:

G91 G28 Z0;

T1 M6;

G43 H1;

G90 G54 G0 X0 Y0 Z100;(一号刀加工内容)

G91 G28 Z0;

T2 M6;

G43 H2;

G90 G54 G00 X0 Y0 Z100;(二号刀加工内容)

……M5;

M30;

检查多刀找正结果:

G91 G28 Z0;

T1 M6;

G43 H1;

G90 G54 G0 X0 Y0 Z100;

M1;……(根据刀具数量,分别编写相应类似程序段)

加工中心多刀加工时 Z 向对刀和长度补偿方法二。

①事先在刀具测量仪上测量并记录刀具(连刀柄)长度 h1、h2、h3 等。

②找正时将上述刀具选择其一 Ti,装上主轴(通常选择端铣刀)。

③移动 Z 向位置,用 Z 向测量仪找正 Z 向值,记录当前机床坐标系中的 Z 向读数 Z1。

④将 Z1 扣除 Z 向测量仪高度,再扣除 Ti 的长度 hi,将计算结果填入 G54 的 Z 项中。

⑤将各刀长度 h1、h2、h3(与 H1 的差值算出)等,分别填入机床长度补偿存储器 H1、H2、H3 等中。

⑥编程方法及刀具长度补偿调用格式同前述。

多刀加工方法一简便,无须购买额外设备,但当加工程序刀具较多时,稍显麻烦,每次更换零件需要多次重复对刀。多刀加工方法一的工件坐标系原点为工件中心正上方,当长度补偿取消后相对安全。多刀加工方法二的工件坐标系原点位于工件上表面与主轴底端紧贴时的位置,当长度补偿取消后存在潜在危险。

(2)对刀块对刀。

为了避免损伤已加工的工件表面,在刀具和工件之间采用标准芯轴和块规对刀,其对刀过程类似 Z 向测量仪对刀,凭经验使对刀块与工件表面轻微接触,计算时应将对刀块的厚度扣除,可见对刀精度不够高。

(3)试切法对刀。

采用试切法对刀方法简单,但会在工件上留下痕迹,且对刀精度较低,适用于零件粗加工时对刀操作。其对刀方法与 Z 向测量仪相同。

小贴士

注 意 事 项

①对刀操作以前,必须先执行机床回参考点操作,否则容易出现危险情况。
②计算必须准确。
③用 G54 设定工件坐标系,应在 MDI 方式下进行。
④使用对刀程序,可以防止由于对刀不准确等原因出现危险情况。

◀ 任务4　数控加工中心简单编程 ▶

项目导入

　　数控编程是数控加工准备阶段的主要内容之一,通常包括分析零件图样,确定加工工艺过程;计算走刀轨迹,得出刀位数据;编写数控加工程序;制作控制介质;校对程序及首件试切。数控编程有手工编程和自动编程两种方法(图 2-4-1)。它是从零件图纸到获得数控加工程序的全过程。数控编程同计算机编程一样也有自己的"语言",但有一点不同的是,现在计算机发展到了以微软的 Windows 为绝对优势占领全球市场,而数控机床还没发展到相互通用的程度,也就是说,数控机床在硬件上的差距导致它们的数控系统一时还不能达到相互兼容。所以,当要对一个毛坯进行加工时,首先要确定现有的数控机床采用的是什么型号的系统。常用的编程软件如下。

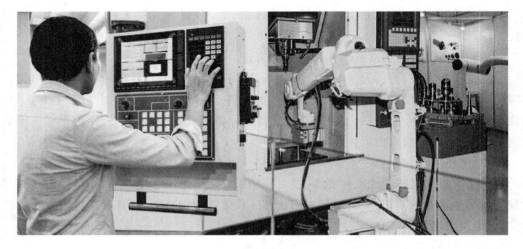

图 2-4-1　数控编程操作

　　UG 软件在 CAM 领域处于领先的地位,产生于美国麦道飞机公司,是飞机零件数控加工首选编程工具。

CATIA 软件具有较强的编程能力,可满足复杂零件的数控加工要求。一些领域采取 CATIA 设计建模,UG 编程加工,二者结合,搭配使用。

Pro/E 软件在中国南方地区企业中被大量使用,设计建模采用 Pro/E,编程加工采用 MasterCAM 和 Cimatron 是通行的做法。

数控编程的基本策略如下。

(1)首先应进行合理的工艺分析和工艺设计。合理地安排各工序加工的顺序,能为程序编制提供有利条件。

(2)根据加工批量等情况,确定采用自动换刀或手动换刀。

(3)为提高机床利用率,尽量采用刀具机外预调,并将测量尺寸填写到刀具卡片中,以便操作者在运行程序前确定刀具补偿参数。

(4)尽量把不同工序内容的程序分别安排到不同的子程序中。这种安排便于按每一工步独立地调试程序,也便于加工顺序的调整。

(5)除换刀程序外,加工中心的编程方法与数控铣床基本相同。

知识图谱

数控加工中心编程一般步骤

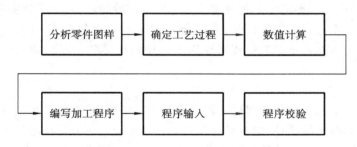

一、数控加工中心编程步骤

数控加工中心编程是由分析零件图样和工艺要求开始到程序检验合格为止的全部过程。

1.分析零件图样

根据零件图样,通过对零件的材料、形状、尺寸和精度、表面质量、毛坯情况和热处理等要求进行分析,明确加工内容和要求,选择合适的数控机床。

此步骤内容包括以下几个方面。

(1)确定该零件应安排在哪类或哪台机床上进行加工。

(2)采用何种装夹具或何种装卡位方法。

(3)确定采用何种刀具或采用多少把刀进行加工。

(4)确定加工路线,即选择对刀点、程序起点(又称加工起点,加工起点常与对刀点重合)、走刀路线、程序终点(程序终点常与程序起点重合)。

(5)确定切削深度和宽度、进给速度、主轴转速等切削参数。

2.确定工艺过程

在分析零件图样的基础上,确定零件的加工工艺(如确定定位方式、选用工装夹具等)和加工路线(如确定对刀点、走刀路线等),并确定切削用量。

工艺处理涉及内容较多,主要有以下几点。

(1)加工方法和工艺路线的确定。按照能充分发挥数控机床功能的原则,确定合理的加工方法和工艺路线。

(2)刀具、夹具的设计和选择。数控加工刀具确定时要综合考虑加工方法、切削用量、工件材料等因素,满足调整方便、刚性好、精度高、耐用度好等要求。数控加工夹具设计和选用时,应能迅速完成工件的定位和夹紧过程,以减少辅助时间。尽量使用组合夹具,以缩短生产准备周期。此外,所用夹具应便于安装在机床上,便于协调工件和机床坐标系的尺寸关系。

(3)对刀点的选择。对刀点是程序执行的起点,选择时应以简化程序编制、容易找正、在加工过程中便于检查、减小加工误差为原则。

对刀点可以设置在被加工工件上,也可以设置在夹具或机床上。为了提高零件的加工精度,对刀点应尽量设置在零件的设计基准或工艺基准上。

(4)加工路线的确定。加工路线确定时要保证被加工零件的精度和表面粗糙度的要求;尽量缩短走刀路线,减少空走刀行程;尽量简化数值计算,减少程序段的数目和编程工作量。

(5)切削用量的确定。切削用量涉及切削深度、主轴转速及进给速度等参数。切削用量的具体数值应根据数控机床使用说明书的规定、被加工工件材料、加工内容以及其他工艺要求,并结合经验数据综合考虑。

(6)冷却液的确定。确定加工过程中是否需要提供冷却液、是否需要换刀、何时换刀。

由于数控加工中心上加工零件时,工序十分集中,在一次装夹下,往往需要完成粗加工、半精加工和精加工。在确定工艺过程时要周密合理地安排各工序的加工顺序,提高加工精度和生产效率。

3. 数值计算

数值计算就是根据零件的几何尺寸和确定的加工路线,计算数控加工所需的输入数据。一般数控系统都具有直线插补、圆弧插补和刀具补偿功能。对形状简单的零件(如直线和圆弧组成的零件)的轮廓加工,计算几何元素的起点、终点,圆弧的圆心、两元素的交点或切点的坐标值等。对形状复杂的零件(如非圆曲线、曲面组成的零件),用直线段或圆弧段逼近,由精度要求计算出节点坐标值。这种情况需要借助计算机并使用相关软件进行计算。

4. 编写加工程序

在完成工艺处理和数学处理工作后,应根据所使用机床的数控系统的指令、程序段格式、工艺过程、数值计算结果以及辅助操作要求,按照数控系统规定的程序指令及格式要求,逐段编写零件加工程序。编程前,编程人员要了解数控机床的性能、功能以及程序指令,才能编写出正确的数控加工程序。

5. 程序输入

把编写好的程序输入数控系统中,常用的方法有以下两种。

①在数控铣床操作面板上进行手工输入。

②利用DNC(数据传输)功能,先把程序录入计算机,再由专用的CNC传输软件把加工程序输入数控系统,然后再调出执行或边传输边加工。

6. 程序校验

编制好的程序必须进行程序运行检查。加工程序一般应经过校验和试切削才能用于正式加工。可以采用空走刀、空运转画图等方式检查机床运动轨迹与动作的正确性。在具有图形显示功能和动态模拟功能的数控机床上或 CAD/CAM 软件中,采用图形模拟刀具切削工件的方法进行检验更为方便。但这些方法只能检验出运动轨迹是否正确,不能检查被加工零件的加工精度。

因此,在正式加工前一般还应进行零件的试切削。当发现有加工误差时,应分析误差产生的原因,及时采取措施对程序进行修改和调整,这往往要经过多次反复,直到获得完全满足加工要求的程序为止。

二、数控加工中编程技巧

1. M00、M01、M02 和 M30 的区别与联系

学生在初学加工中心编程时,对 M 代码容易混淆,主要原因是学生对加工中心加工缺乏认识。它们的区别与联系如下。

M00 为程序暂停指令。程序执行到此进给停止,主轴停转。重新按启动按钮后,再继续执行后面的程序段。主要用于编程者想在加工中使机床暂停(检验工件、调整、排屑等)。

M01 为程序选择性暂停指令。程序执行时控制面板上"选择停止"键处于"ON"状态时此功能才能有效,否则该指令无效。执行后的效果与 M00 相同,常用于关键尺寸的检验或临时暂停。

M02 为主程序结束指令。执行到此指令,进给停止,主轴停止,冷却液关闭。但程序光标停在程序末尾。

M30 为主程序结束指令。功能同 M02,不同之处是,光标返回程序头位置,不管 M30 后是否还有其他程序段。

2. 刀具补偿参数地址 D、H 的应用

在部分数控系统(如 FANUC)中,刀具补偿参数 D、H 具有相同的功能,可以任意互换,它们都表示数控系统中补偿寄存器的地址名称,但具体补偿值是多少,关键是由它们后面补偿号地址中的数值来决定。所以在加工中心中,为了防止出错,一般人为规定 H 为刀具长度补偿地址,补偿号为 1～20 号,D 为刀具半径补偿地址,补偿号从 21 号开始(20 把刀的刀库)。

例如:G00G43H1Z60.0;

G01G41D21X30.0Y45.0F150。

3. G92 与 G54～G59 的应用

G54～G59 是调用加工前设定好的坐标系,而 G92 是在程序中设定的坐标系,用了 G54～G59 就没有必要再使用 G92,否则 G54～G59 会被替换。

注意:(1)一旦使用了 G92 设定坐标系,再使用 G54～G59 不起任何作用,除非断电重新启动系统,或接着用 G92 设定所需新的工件坐标系。(2)使用 G92 的程序结束后,若机床没有回到 G92 设定的原点,就再次启动此程序,机床当前所在位置就成为新的工件坐标原点,易发生事故。所以,一定要慎用。

4. 暂停指令

G04X_/P_ 是指刀具暂停时间(进给停止,主轴不停止),地址 P 或 X 后的数值是暂停时间。X 后面的数值要带小数点,否则以此数值的千分之一计算,以秒(s)为单位,P 后面数值不能带小数点(即整数表示),以毫秒(ms)为单位。

例如:G04 X2.0;或 G04 X2000; 暂停 2 秒

G04 P2000。

但在某些孔系加工指令中（如 G82、G88 及 G89），为了保证孔底的粗糙度，当刀具加工至孔底时需有暂停时间，此时只能用地址 P 表示，若用地址 X 表示，则控制系统认为 X 是 X 轴坐标值进行执行。

例如：G82X80.0Y60.0Z-20.0R5.0F200P2000；

钻孔（80.0，60.0）至孔底暂停 2 秒

G82X80.0Y60.0Z-20.0R5.0F200X2.0；

钻孔（2.0，60.0）至孔底不会暂停。

5. 同一条程序段中，相同指令（相同地址符）或同一组指令，后出现的起作用

例如：G01G90Z30.0Z20.0F200；执行的是 Z20.0，Z 轴直接到达 Z20.0，而不是 Z30.0。

G01G00X30.0Y20.0F200；执行的是 G00（虽有 F 值，但也不执行 G01）。

但不同一组的指令代码，在同一程序段中互换先后顺序执行效果相同。

例如：G90G54G00X0Y0Z60.0；G00G90G54X0Y0Z60.0；相同。

6. 程序段顺序号

程序段顺序号，用地址 N 表示。一般数控装置本身存储器空间有限（64 K），为了节省存储空间，程序段顺序号都省略不要。N 只表示程序段标号，可以方便查找编辑程序，对加工过程不起任何作用，顺序号可以递增也可递减，也不要求数值有连续性。但在使用某些循环指令、跳转指令、调用子程序及镜像指令时不可以省略。

三、数控加工中碰撞规避

数控机床的加工过程中，有一点至关重要，那就是在编制程序和操作加工时，一定要避免使机床发生碰撞。因为数控机床的价格非常昂贵，少则几十万元，多则上百万元，维修难度大且费用高。但是，碰撞的发生是能够避免的，可以总结为以下几点。

1. 利用计算机模拟仿真系统

随着计算机技术的发展，数控加工模拟仿真系统越来越多，其功能日趋完善。因此可用于初步检查程序，观察刀具的运动，以确定是否有可能碰撞。

2. 利用机床自带的图形模拟显示功能

一般较为先进的数控机床具有图形模拟显示功能。当输入程序后，可以调用图形模拟显示功能，详细地观察刀具的运动轨迹，以便检查刀具与工件或夹具是否有可能碰撞。

3. 利用机床的空运行功能

利用机床的空运行功能可以检查走刀轨迹的正确性。当程序输入机床后，可以装上刀具或工件，然后按下空运行按钮，此时主轴不转，工作台按程序轨迹自动运行，便可以发现刀具是否有可能与工件或夹具相碰。但是，在这种情况下必须要保证装有工件时，不能装刀具；装刀具时，就不能装工件，否则会发生碰撞。

4. 利用机床的锁定功能

一般的数控机床都具有锁定功能（全锁或单轴锁）。当输入程序后，锁定 Z 轴，可通过 Z 轴的坐标值判断是否会发生碰撞。此功能的应用应避开换刀等运作，否则无法使程序通过。

5. 坐标系、刀补的设置必须正确

在启动机床时，一定要设置机床参考点。机床工作坐标系应与编程时保持一致，尤其是 Z 轴方向，如果出错，铣刀与工件相碰的可能性就非常大。此外，刀具长度补偿的设置必须正确，否则，要么空加工，要么发生碰撞。

6.提高编程技巧

程序编制是数控加工至关重要的环节,提高编程技巧可以在很大程度上避免一些不必要的碰撞。

例如:铣削工件内腔,当铣削完成时,需要铣刀快速退回至工件上方 100 mm 处,如果用 N50 G00 X0 Y0 Z100 编程,这时机床将三轴联动,铣刀有可能会与工件发生碰撞,造成刀具与工件损坏,严重影响机床精度,这时可采用下列程序 N40 G00 Z100;N50 X0 Y0;即刀具先退至工件上方 100 mm 处,然后再返回编程零点,这样便不会碰撞。

总之,掌握加工中心的编程技巧,能够更好地提高加工效率、加工质量,避免加工中出现不必要的错误。这需要我们在实践中不断总结经验,不断提高,从而增强编程、加工能力,为数控加工事业的发展做出贡献。

四、加工案例

加工路线:粗铣凸台(ϕ20 立铣刀、1♯)→精铣凸台(ϕ20 立铣刀、2♯)→钻 4-ϕ12 孔(ϕ12 钻头、3♯)。

加工案例图纸见图 2-4-2。

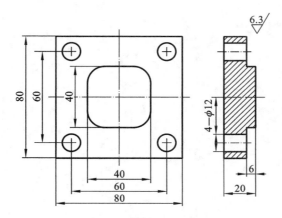

图 2-4-2 加工案例图纸(单位:mm)

主程序如下。

```
O5000;
G21;
G90 G17 G40 G49 G80;
T01 M06;
G00 G90 G54 X-60.Y-60.M03 S300;
G43 G00 Z50.H01;
Z5.;
G01 Z-5.5 F200;
G41 G01 X-30.Y-55.D01 M08;
M98 P5001;/粗铣凸台,高度留余量 0.5
G91 G28 Z0.;
G28 X0.Y0.;
T02 M06;
G43 G00 G90 Z50.H02 M03 S500;
```

```
Z5.;
G01 Z-6.0 F200.;
G41 G01 X-30.Y-55.D02 M08;
M98 P5001;/精铣凸台
G91 G28 Z0.;
G28 X0 Y0;
T03 M06;
G43 G00 G90 Z50.H03;
G99 G81 X30.0 Y30.0 Z-25.R-3.F50;
Y-30.;
X-30.;
Y30.;
G80 G49 G00 Z50.M09;
M05;
M30;
```

子程序如下。

```
O5001
G01 Y33.F120;
X33.;
Y-33.;
X-30.;
Y10.;
G02 X-10.Y20.R10.;
G01 X10.;
G02 X20.Y10.R10.;
G01 Y-10.;
G02 X10.Y-20.R10.;
G01 X-10.;
G02 X-20.Y-10.R10.;
G03 X-40.Y-10.R10.;
G00 G40 X-60.Y-60.;
G49 Z50.;
M05;
M99;
```

◀ 任务5 基本逻辑控制 ▶

 项目导入

1. 可编程逻辑控制器

可编程逻辑控制器(programmable logic controller,简称 PLC)(图 2-5-1),是一种具有微处理机的数字电子设备,可以将控制指令随时加载入内存内储存与执行。可编程逻辑控

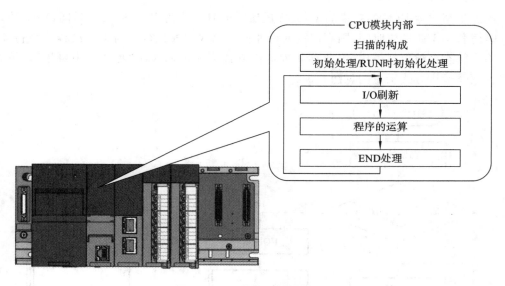

图 2-5-1 可编程逻辑控制器

制器由内部 CPU、指令及资料内存、输入输出单元、电源模组、数字模拟等模块组成。

可编程逻辑控制器广泛应用于工业控制领域。在可编程逻辑控制器出现之前,一般要使用成百上千的继电器以及计数器才能组成具有相同功能的自动化系统,而现在,经过编程的简单的可编程逻辑控制器模块基本上已经代替了这些大型装置。可编程逻辑控制器的系统程序一般在出厂前已经初始化完毕,用户可以根据自己的需要自行编辑相应的用户程序来满足不同的自动化生产要求。

最初的可编程逻辑控制器只有电路逻辑控制的功能,后来随着不断的发展,这些当初功能简单的计算机模块已经有了包括逻辑控制、时序控制、模拟控制、多机通信等许多的功能,名称也改为可编程控制器(programmable controller),但是由于它的简写也是 PC,与个人电脑(personal computer)的简写容易混淆,且由于多年来的使用习惯,人们还是经常使用可编程逻辑控制器这一称呼,并在术语中仍沿用 PLC 这一缩写。

2. 运作方式

虽然 PLC 所使用的阶梯图程式中往往使用到许多继电器、计时器与计数器等,但 PLC 内部并非实体上具有这些硬件,而是以内存与程式编程方式做逻辑控制编辑,并借由输出元件连接外部机械装置做实体控制,因此能大大减少控制器所需的硬件空间。实际上 PLC 执行阶梯图程式的运作方式是逐行地先将阶梯图程式码以扫描方式读入 CPU 中并最后执行控制运作。整个扫描过程包括三大步骤,即"输入状态检查""程式执行""输出状态更新",具体说明如下。

步骤一"输入状态检查":PLC 首先检查输入端元件所连接的各点开关或传感器状态(1 或 0 代表开或关),并将其状态写入内存中对应的位置 Xn。

步骤二"程式执行":将阶梯图程式逐行取入 CPU 中运算,若程式执行中需要输入接点状态,CPU 直接自内存中查询取出。输出线圈的运算结果则存入内存中对应的位置,暂不反应至输出端 Yn。

步骤三"输出状态更新":将步骤二中的输出状态更新至 PLC 输出部接点,并且重回步骤一。

此三步骤称为 PLC 的扫描周期,而完成所需的时间称为 PLC 的反应时间,PLC 输入信号的时间若小于此反应时间,则有误读的可能性。每次程式执行后与下一次程式执行前,输出与输入状态会被更新一次,因此称此种运作方式为输出输入端"程式结束再生"。可编程逻辑控制器运作方式示意图见图 2-5-2。

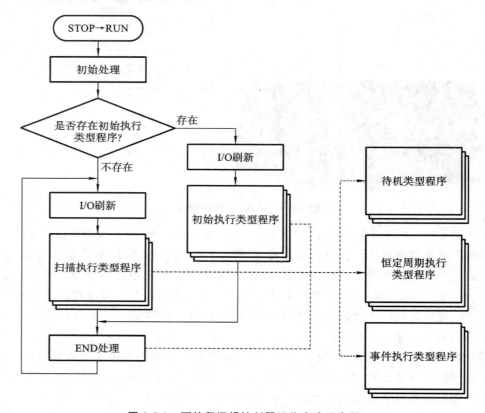

图 2-5-2　可编程逻辑控制器运作方式示意图

3. PLC 的基本指令

1)位操作类指令

位操作类指令依靠两个数字 1 和 0 进行工作,这两个数字组成了二进制系统,数字 1 和 0 称为二进制数或简称位。在触点与线圈中,1 表示启动或通电,0 表示未启动或未通电。

(1)标准触点指令。

梯形图表示:

常开触点 ——| bit |——　　　常闭触点 ——| bit / |——

语句表表示:"LD　bit";"LDN　bit"。

Bit 触点的范围:V、I、Q、M、SM、T、C、S、L(位)。

功能及说明如下。

常开触点在其线圈不带电时,触点是断开的,触点的状态为"Off"或"0"。当线圈带电时,其触点是闭合的,触点的状态为"ON"或"1"。该指令用于网络块逻辑运算开始的常开触点与母线的连接。

常闭触点在其线圈不带电时,触点是闭合的,触点的状态为"ON"或"1"。当线圈带电时,其触点是断开的,触点的状态为"OFF"或"0"。该指令用于网络块逻辑运算开始的常闭触点与母线的连接。

(2)立即触点指令。

梯形图表示:

$$立即常开触点 \ ——| \ \text{I} \ |—— \qquad 立即常闭触点 \ ——| \ /\text{I} \ |——$$

语句表表示:"LDI　bit";"LDNI　bit"。

Bit 触点的范围:I(位)。

功能及说明如下。

当常开立即触点位值为 1 时,表示该触点闭合。当常闭立即触点位值为 0 时,表示该触点断开。指令中的"I"表示立即的意思。执行立即指令时,CPU 直接读取其物理输入点的值,而不是更新映像寄存器。在程序执行过程中,立即触点起开关的触点作用。

(3)输出操作指令(线圈驱动指令)。

梯形图表示:

$$——(\ )$$

语句表表示:"=　bit"。

Bit 触点的范围:V、I、Q、M、SM、T、C、S、L(位)。

功能及说明如下。

输出操作是把前面各逻辑运算的结果复制到输出线圈,从而使输出线圈驱动的输出常开触点闭合,常闭触点断开。输出操作时,CPU 是通过输入/输出映像区来读/写输出操作的。

(4)立即输出操作指令。

梯形图表示:

$$——(\ \text{I} \ )$$

语句表表示:"　=　I　bit"。

Bit 的范围:Q(位)。

功能及说明如下。

立即输出操作是把前面各逻辑运算的结果复制到输出线圈,从而使立即输出线圈驱动的输出常开触点闭合,常闭触点断开。当立即输出操作时,CPU 立即输出。除将结果写到输出映像区外直接驱动实际输出。

(5)逻辑与、或操作指令。

梯形图表示:逻辑与操作由标准触点或立即触点串联构成;逻辑或操作由标准触点或立即触点的并联构成。

语句表表示:"A　bit""O　bit""AN　bit""ON　bit""AI　bit""OI　bit""ANI　bit""ONI　bit"。

Bit 的范围：V、I、Q、M、SM、T、C、S、L(位)。

功能及说明如下。

逻辑与是指两个器件的状态都是 1 时才有输出，两个器件中只要有一个为 0，就没有输出。逻辑或是指两个器件的状态只要有一个是 1 就有输出，只有当两个器件都是 0 时才没有输出。

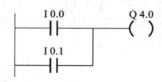

语句表(STL)语言如下：

L D　I 0.0

A　　I 0.1

＝　　Q 4.0

语句表(STL)语言如下：

LD　I 0.0

O　　I 0.1

＝　　Q 4.0

(6)逻辑非操作指令。

梯形图表示：取非操作是在一般触点上加写 NOT 字符

————|NOT|————

语句表表示："NOT"。

功能及说明如下。

取非操作就是把源操作数的状态去反作为目标操作数输出。当操作数的状态为"OFF"(或"0")时，取非操作的结果状态为"ON"(或"1")；反之一样。非操作数只能和其他操作数联合使用，本身没有操作数。

(7)串联电路的并联操作指令。

梯形图表示：只是一个由多个触点的串联构成一条支路，一系列这样的支路再相互并联构成复杂电路。

语句表表示："OLD"。

功能及说明如下。

串联电路的并联连接就是指多个串联电路之间又构成了或的逻辑操作，串联电路的并联连接的语句表示，是在两个与逻辑的语句后面用操作码。在执行程序时，先算出各个串联支路(与逻辑)的结果，然后再把这些结果的或传送到输出。

(8)并联电路的串联操作指令。

梯形图表示：由多个触点的并联构成一部分电路，多个这样的部分电路再相互串联构成复杂电路。

语句表表示："ALD"。

功能及说明如下。

在执行程序时,先算出各个并联支路(或的逻辑)结果,然后再把这些结果进行与再传送到输出。

(9)置位、复位(S/R)指令。

梯形图表示:

$$\text{—}(\text{S})_n^{bit} \qquad \text{—}(\text{R})_n^{bit}$$

语句表表示:置位操作"S bit,n" 复位操作"R bit,n"。

Bit 的范围:V、I、Q、M、SM、T、C、S、L(位)。

N 的范围:VB、IB、QB、AC、SB、LB、常量、VD、LD。

功能及说明如下。

置位操作:当置位信号为 1 时,被置位线圈置 1,当置位信号变为 0 时,被置位位的状态可以保持,直到使其复位信号的到来,在执行置位指令时,注意被置位的线圈数目应是从指令中指定的位器件开始共有 n 个。

复位操作:当复位信号为 1 时,被复位位置 1,当复位信号变为 0 时,被复位位的状态可以保持,直到使其置位信号的到来,在执行置位指令时,注意被复位的线圈数目应是从指令中指定的位器件开始共有 n 个。

举例如下。

梯形图:

$$\begin{array}{cc} I0.0 & Q0.0 \\ \text{—}| |\text{—} & \text{—}(\text{S})_1 \\ I0.1 & Q0.0 \\ \text{—}| |\text{—} & \text{—}(\text{R})_1 \end{array}$$

语句表:　　LD　I0.0

　　　　　　S　　Q0.0,1

　　　　　　LD　I0.1

　　　　　　R　　Q0.0,1

时序图:

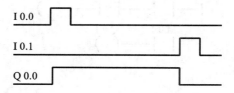

（10）立即置位与立即复位操作指令。

梯形图表示：

$$\text{---}(\overset{\text{bit}}{\underset{n}{SI}})\qquad\text{---}(\overset{\text{bit}}{\underset{n}{RI}})$$

语句表表示：立即置位指令"SI　bit,n"，立即复位指令"RI　bit,n"。

Bit 的范围：Q（位）。

N 的范围：VB、IB、QB、AC、SB、LB、常量、VD、LD。

功能及说明如下。

立即置位操作：当置位信号为 1 时，被置位线圈置 1，当置位信号变为 0 时，被置位位的状态可以保持，直到使其复位信号的到来，在执行置位指令时，注意被置位的线圈数目应是从指令中指定的位器件开始共有 n 个。

立即复位操作：当复位信号为 1 时，被复位位置 1，当复位信号变为 0 时，被复位位的状态可以保持，直到使其置位信号的到来，在执行置位指令时，注意被复位的线圈数目应是从指令中指定的位器件开始共有 n 个。

（11）上、下微分操作指令。

梯形图表示：

$$\text{---}|N|\text{---}\qquad\text{---}|P|\text{---}$$

语句表表示：上微分"EU"；下微分"ED"。

功能及说明如下。

上微分是指某一位操作数的状态由 0 变为 1 的过程，即出现上升沿的过程，上微分指令在这种情况下可以形成一个 ON、一个扫描周期的脉冲。

下微分是指某一位操作数的状态由 1 变为 0 的过程，即出现下降沿的过程，下微分指令在这种情况下可以形成一个 ON、一个扫描周期的脉冲。这个脉冲可以用来启动下一个控制程序、启动一个运算过程、结束一段控制等。

注意上、下微分脉冲只存在一个扫描周期，接受这一脉冲控制的器件应写在这一脉冲出现的语句之后。

举例如下。

梯形图：

```
  I 0.0                 M 0.0
---| |---| P |---       ( )

  M 0.0       Q 0.0
---| |---      ( )

  I 0.1                 M 0.1
---| |---| N |---       ( )

  M 0.1       Q 0.1
---| |---      ( )
```

语句表：　　　　LD　　　　I0.0

　　　　　　　　S　　　　Q0.0,1

```
LD      I0.1
R       Q0.0,1
LD      I0.0
EU
=       M0.0
LD      M0.0
S       Q0.0,1
LD      I0.1
ED
=       M0.1
LD      M0.1
R       Q0.1,1
```

2)定时器指令

定时器是 PLC 中最常用的部件之一。S7-1200PLC 为用户提供了三种类型的定时器：接通延时定时器（TON）、记忆接通延时定时器（TONR）和断电延时定时器（TOF）。S7-1200PLC 定时器有 1 ms、10 ms、100 ms 3 个精度等级。

定时器定时时间 T 的计算：T＝设定值×精度等级。

（1）接通延时定时器（TON）。

梯形图表示：接通延时定时器由定时器标识符 TON、定时器的启动电平输入端 IN、时间设定值输入端 PT 和接通延时定时器编号 Tn 构成。

语句表表示："TON   Tn，   PT"。

定时器 T 编号 n 范围：0～255。

IN 信号范围：I、Q、M、SM、T、C、V、S、L(位)。

PT 范围：VW、IW、QW、MW、SMW、AC、AIW、SW、LW、常量、VD、LD(字)。

功能及说明如下。

接通延时定时器用于单一时间间隔的定时。当定时器的启动信号 IN 的状态为 0 时，定时器的当前值为 0，定时器 Tn 的状态也是 0，定时器没有工作。当 Tn 的启动信号由 0 变成 1 时，定时器开始工作，每过一个基本时间间隔，定时器的当前值加 1。当定时器的当前值大于等于定时器的设定值 PT 时，定时器的延时时间到了，这时定时器的状态由 0 变为 1，在定时器输出状态改变后，定时器继续计时直到 32767（最大值）时，才停止计时。当前值将保持不变，只要当前值大于 PT 值，定时器的状态就为 1，如果不满足这个条件，定时器的状态为 0。

当 IN 信号由 1 变为 0 时，则当前值复位（置 0），Tn 状态也为 0。当 IN 从 0 变为 1 后，维持的时间不足以使得当前值达到 PT 值时，Tn 的状态也不会由 0 变为 1。

举例如下。

梯形图：

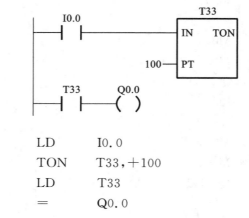

语句表：

$$\begin{array}{ll} \text{LD} & \text{I0.0} \\ \text{TON} & \text{T33,}+100 \\ \text{LD} & \text{T33} \\ = & \text{Q0.0} \end{array}$$

时序图：

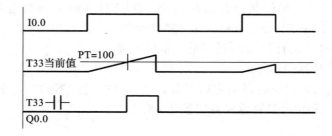

（2）记忆接通延时定时器（TONR）。

梯形图表示：记忆接通延时定时器由定时器标识符 TONR、定时器的启动电平输入端 IN、时间设定值输入端 PT 和记忆接通延时定时器编号 Tn 构成。

语句表表示："TONR　Tn，　PT"。

定时器 T 编号 n 范围：0～255。

IN 信号范围：V、I、Q、M、SM、T、C、V、S、L（位）。

PT 范围：VW、IW、QW、MW、SMW、AC、AIW、SW、LW、常量、VD、LD（字）。

功能及说明如下。

记忆接通延时定时器具有记忆功能，它用于许多间隔的累计定时。

带有记忆接通延时定时器的原理与接通延时定时器基本相同。不同之处在于，带有记忆接通延时定时器的当前值是可以记忆的。当 IN 从 0 变为 1 后，维持的时间不足使得当前值达到 PT 值时，IN 从 1 变为 0，这时当前值可以记忆保持；当 IN 再次从 0 变为 1 时，当前值将在记忆的基础上累积，当当前值大于等于 PT 值时，Tn 的状态仍可由 0 变为 1。

需要注意的是 TONR 定时器只能用复位指令 R 对其进行复位操作。掌握好对 TONR

的复位及启动是使用好 TONR 指令的关键。

举例如下。

梯形图：

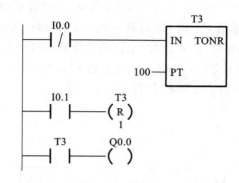

语句表：

$$
\begin{array}{ll}
\text{LDN} & \text{I0.0} \\
\text{TONR} & \text{T3,+100} \\
\text{LD} & \text{I0.1} \\
\text{R} & \text{T3,1} \\
\text{LD} & \text{T3} \\
= & \text{Q0.0}
\end{array}
$$

时序图：

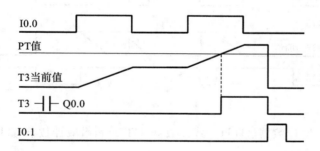

(3)断开延时定时器(TOF)。

梯形图表示：断开延时定时器由定时器标识符 TOF、定时器的启动电平输入端 IN、时间设定值输入端 PT 和断开延时定时器编号 Tn 构成。

语句表表示："TOF Tn,PT"。

定时器编号 n 范围：0～255。

IN 信号范围：V、I、Q、M、SM、T、C、V、S、L(位)。

PT 范围：VW、IW、QW、MW、SMW、AC、AIW、SW、LW、常量、VD、LD(字)。

功能及说明如下。

断开延时定时器用于断电后的单一间隔时间计时。当定时器的启动信号 IN 的状态为 1 时,定时器的当前值为 0,定时器 Tn 的状态也是 1,定时器没有工作。当 Tn 的启动信号由 1 变为 0 时,定时器开始工作,每过一个基本时间间隔,定时器的当前值加 1;当定时器的当前值大于等于定时器的设定值 PT 时,定时器的延时时间到。这时定时器的状态由 1 转换为 0,在定时器输出状态改变后,停止计时,当前值将保持不变,定时器的状态就为 0。当 IN 信号由 0 变为 1 时,则当前值复位(置 0),Tn 状态也为 1;当 IN 从 1 变为 0 后维持的时间不足以使得当前值达到 PT 值时,Tn 的状态不会由 1 变为 0。

举例如下。

梯形图:

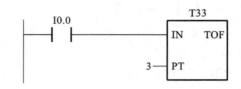

语句表:　　　 LD　　　　I0.0

　　　　　　　 TOF　　　 T33, 3

时序图:

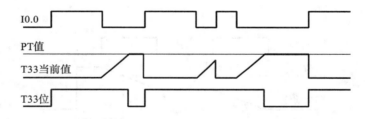

3)计数器指令

计数器有 3 种:增计数器(CTU)、减计数器(CTD)和增减计数器(CTUD)。

(1)增计数器(CTU)。

梯形图表示:增计数器由增计数器标识符 CTU、计数脉冲输入端 CU、增计数器的复位信号输入端 R、增计数器的设定值 PV 和计数器编号 Cn 构成。

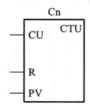

语句表表示:"CTU　Cn,PV"。

定时器编号 n 范围:0～255。

CU、R 信号范围:I、Q、M、SM、T、C、V、S、L(位)。

PV 范围:VW、IW、QW、MW、SMW、AC、AIW、SW、LW、常量、VD、LD(字)。

功能及说明如下。

增计数器在复位端信号为 1 时,其计数器的当前值为 0,计数器的状态也为 0。当复位端的信号为 0 时,计数器工作。每当一个输入脉冲到来时,计数器的当前值进行加 1 操作。当当前值大于等于设定值 PV 时,计数器的状态变为 1,这时再来计数器脉冲时,计数器的当前值仍不断累加,直到 32767 时,停止计数。直到复位信号到来,计数器的值等于 0,计数器的状态变为 0。

(2)减计数器(CTD)。

梯形图表示:减计数器由减计数器标识符 CTD、计数脉冲输入端 CD、减计数器的装载输入端 LD、减计数器的设定值 PV 和计数器编号 Cn 构成。

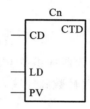

语句表表示:"CTD　Cn,PV"。

定时器编号 n 范围:0~255。

CU、LD 信号范围:I、Q、M、SM、T、C、V、S、L(位)。

PV 范围:VW、IW、QW、MW、SMW、AC、AIW、SW、LW、常量、VD、LD(字)。

功能及说明如下。

减计数器在装载输入端信号为 1 时,其计数器的设定值 PV 被装入计数器的当前值寄存器,此时当前值为 PV,计数器的状态为 0。当装载输入端的信号为 0 时,其计数器可以工作。每当一个输入脉冲到来时,计数器的当前值进行减 1 操作。当当前值等于 0 时,计数器的状态变为 1,并停止计数。这种状态一直保持到装载输入端变为 1,再次装入 PV 值之后,计数器的状态为 0,才能重新计数,只有当前值为 0 时,计数器的状态才为 1。

举例如下。

梯形图:

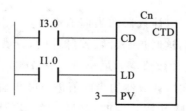

语句表:　　　LD　　I3.0

　　　　　　　LD　　I1.0

　　　　　　　CTD　C50,　3

时序图：

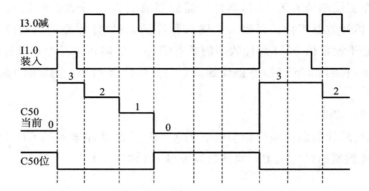

（3）增减计数器（CTUD）。

梯形图表示：增减计数器由增减计数器标识符 CTUD、增减计数器复位信号输入端 R、增计数器计数脉冲输入端 CU、减计数器计数脉冲输入端 CD、增减计数器的设定值 PV 和计数器编号 Cn 构成。

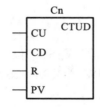

语句表表示："CTUD Cn,PV"。

定时器编号 n 范围：0～255。

CU、CD、R 信号范围：I、Q、M、SM、T、C、V、S、L（位）。

PV 范围：VW、IW、QW、MW、SMW、AC、AIW、SW、LW、常量、VD、LD（字）。

功能及说明如下。

增计数器在复位端信号为 1 时，其计数器值为当前值，计数器的状态为 0。当复位端的信号为 0 时，计数器可以工作。

每当一个增计数脉冲到来时，计数器的当前值进行加 1 操作。当当前值大于等于设定值 PV 时，计数器的状态变为 1，这时再来计数器脉冲时，计数器的当前值仍不断累加，直到 32767 后，下一个 CU 脉冲将使计数值变为最小值（−32768）后停止计数。

每当一个减计数脉冲到来时，计数器的当前值进行减 1 操作。当当前值小于设定值 PV 时，计数器的状态变为 0，再来减计数脉冲时，计数器的当前值仍不断地递减，达到最小值 −32768 后，下一个 CD 脉冲使计数值变为最大值（32767）后停止计数。

注意：用语句表表示时，要注意指令的先后顺序不能颠倒。第一个 LD 语句为增计数输入，第二个 LD 语句为减计数输入，第三个 LD 语句为复位信号输入。

举例如下。

梯形图：

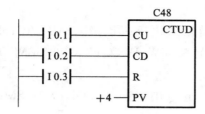

语句表：　　LD　　I 0.1

　　　　　　LD　　I 0.2

　　　　　　LD　　I 0.3

　　　　　　CTUD　C48,+4

时序图：

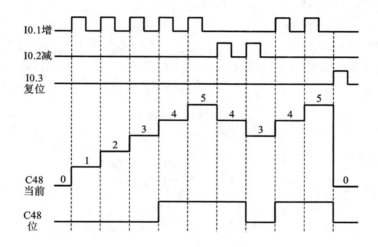

4)比较指令

比较指令是将两个操作数按指定的条件进行比较。条件成立,触点就闭合,所以比较指令也是一种位指令。在实际应用中,使用比较指令为上下限控制以及数值条件判断提供了方便。

比较指令的类型有字节比较、整数比较、双字比较和实数比较。字节比较是无符号的,其他类型是有符号的。

比较指令的关系符有等于=、大于>、小于<、不等<>、大于等于>=、小于等于<=6种。

比较指令可进行 LD、A 和 O 编程。比较指令共有 72 种。

等于关系符比较指令如下。

梯形图表示：

```
    IN1              IN1              IN1              IN1
---| ==B |---    ---| ==I |---    ---| ==D |---    ---| ==R |---
    IN2              IN2              IN2              IN2
```

语句表示：比较指令由操作码（LD 加上数据类型 B/W/D/R）、比较关系符（等于＝、大于＞、小于＜、不等＜＞、大于等于＞＝、小于等于＜＝）、比较数 1（IN1）和比较数 2（IN2）构成。例如：LDB＝IN1,IN2。

字节输入 IN1 和 IN2 的范围：VB、IB、QB、MB、SMB、AC、SB、LB、常数、VD、LD。

数据输入 IN1 和 IN2 的范围：VW、IW、QW、MW、SMW、T、AC、AIW、C、SW、LW、常数、VD、LD。

双整数输入 IN1 和 IN2 的范围：VD、ID、QD、MD、SMD、AC、SD、LD、HC、常数、VD、LD。

实数输入 IN1 和 IN2 的范围：VD、ID、QD、MD、SMD、AC、SD、LD、HC、常数、VD、LD。

功能及说明如下。

当比较数 1 和比较数 2 的关系符合比较符的条件时，比较触点闭合，后面的电路被接通。否则比较触点断开、后面的电路不接通。换句话说，比较触点相当于一行条件的常开触点，当关系符成立时，触点闭合；不成立时，触点断开。

举例如下。

计数器 C30 中的当前值大于等于 30 时，Q 0.0 为 ON；VD1 中的实数小于 95.8 且 I 0.0 为 ON 时，Q 0.1 为 ON；VB1 中的值大于 VB2 中的值或 I0.1 为 ON 时，Q0.2 为 ON。

梯形图：

语句表：

IDW ＞＝	C30,＋30
＝	Q0.0
LD	I0.0
AR ＜	VD1,95.8
＝	Q0.1
LD	I0.1
OB ＞	VB1,VB2
＝	Q0.2

知识图谱

基本逻辑控制应用一般步骤

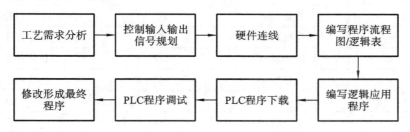

传送带简单控制案例如下。

1. 动作描述

(1)在模拟软件上搭建了一个简单传送带,并配置了控制面板。

(2)通过模式选择开关,可以选择自动/手动模式。

(3)自动模式下按自动启动按钮,引入传送带自动运行,当货物触碰 A 传感器时,长传送带正方向运转,当货物触碰 B 传感器时,长传送带反方向运转。

(4)按下停止按钮,传送带停止。

(5)手动模式下,按前进按钮,传送带正方向点动运转,按后退按钮,传送带反方向点动运转。

(6)另有指示灯显示当前运行状态。

硬件场景见图 2-5-3。

图 2-5-3 硬件场景

2. 硬件设备

一台装有博途及其仿真软件、FACTORY IO 软件的 PC。

3. 软件

(1)西门子 PLC 编程软件:TIA 博途 V16。

(2)博途仿真软件:PLCSIM V16。

(3)FACTORY IO 软件。

4. I/O分配

I/O分配见表2-5-1。

表 2-5-1 I/O分配表

输入点	注释	输出点	注释
I0.0	开始按钮	Q0.0	开始指示灯
I0.1	停止按钮	Q0.1	停止指示灯
I0.2	传感器 A	Q0.2	长传送带正方向
I0.3	传感器 B	Q0.3	长传送带反方向
I0.4	手动前进	Q0.4	引入传送带运行
I0.5	手动后退	Q0.5	塔灯绿
I0.6	自动模式	Q0.6	塔灯黄
I0.7	手动模式		

5. 程序编写及思路

为便于后期修改,我们把外围设备统一做成 DB 数据块,见图 2-5-4。

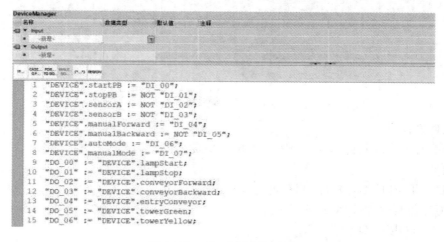

图 2-5-4 DB 数据块

通过一个 FC 块,来完成 DB 数据块和实际 I/O 变量表的映射,见图 2-5-5。

```
1    "DEVICE".startPB := "DI_00";
2    "DEVICE".stopPB := NOT "DI_01";
3    "DEVICE".sensorA := NOT "DI_02";
4    "DEVICE".sensorB := NOT "DI_03";
5    "DEVICE".manualForward := "DI_04";
6    "DEVICE".manualBackward := NOT "DI_05";
7    "DEVICE".autoMode := "DI_06";
8    "DEVICE".manualMode := "DI_07";
9    "DO_00" := "DEVICE".lampStart;
10   "DO_01" := "DEVICE".lampStop;
11   "DO_02" := "DEVICE".conveyorForward;
12   "DO_03" := "DEVICE".conveyorBackward;
13   "DO_04" := "DEVICE".entryConveyor;
14   "DO_05" := "DEVICE".towerGreen;
15   "DO_06" := "DEVICE".towerYellow;
```

图 2-5-5 I/O 变量表的映射

接下来我们开始写程序。

首先我们定义两个传感器的上升沿：

```
1  #R_TRIG_sensorA(CLK:="DEVICE".sensorA);
2  #R_TRIG_sensorB(CLK:="DEVICE".sensorB);
```

然后通过旋钮选择运行模式：

```
3  //模式选择
4  #statAutoMode := "DEVICE".autoMode AND NOT "DEVICE".manualMode;
5  #statManualMode := "DEVICE".manualMode AND NOT "DEVICE".autoMode;
```

分自动模式和手动模式分别编写程序，首先编写自动程序。

在自动模式下按下"启动"按钮，则启动自动运行；按下"停止"按钮，则停止自动运行。

```
7  IF #statAutoMode THEN
8      //大家喜欢的起保停
9      IF "DEVICE".startPB THEN
10         #statAutoStart := TRUE;
11     END_IF;
12     IF "DEVICE".stopPB THEN
13         #statAutoStart := FALSE;
14     END_IF;
15
```

在自动运行模式下，引入传送带直接运行，然后判断货物是否触碰传感器。触碰传感器A，则传送带正方向运行；触碰传感器B，则传送带反方向运行；如果自动运行模式丢失，则停止所有传送带运行。

```
16     //开始进入传送带
17     IF #statAutoStart THEN
18         "DEVICE".entryConveyor := TRUE;
19         IF #R_TRIG_sensorA.Q THEN
20             "DEVICE".conveyorForward := TRUE;
21             "DEVICE".conveyorBackward := FALSE;
22         END_IF;
23         IF #R_TRIG_sensorB.Q THEN
24             "DEVICE".conveyorForward := FALSE;
25             "DEVICE".conveyorBackward := TRUE;
26         END_IF;
27     ELSE
28         "DEVICE".entryConveyor := FALSE;
29         "DEVICE".conveyorForward := FALSE;
30         "DEVICE".conveyorBackward := FALSE;
31     END_IF;
32  END_IF;
```

接着写手动模式，手动模式简单用按钮控制。

```
//手动模式
IF #statManualMode THEN
    "DEVICE".conveyorForward := "DEVICE".manualForward AND NOT "DEVICE".manualBackward;
    "DEVICE".conveyorBackward := "DEVICE".manualBackward AND NOT "DEVICE".manualForward;
    "DEVICE".entryConveyor := "DEVICE".manualForward AND NOT "DEVICE".manualBackward;
END_IF;
```

最后相应信号输出指示灯。

```
39  //指示灯
40  "DEVICE".lampStart := #statAutoMode AND #statAutoStart;
41  "DEVICE".lampStop := #statAutoMode AND NOT #statAutoStart;
42  "DEVICE".towerGreen := #statAutoMode;
43  "DEVICE".towerYellow := #statManualMode;
```

程序完成,在主程序里调用(图 2-5-6)即可。

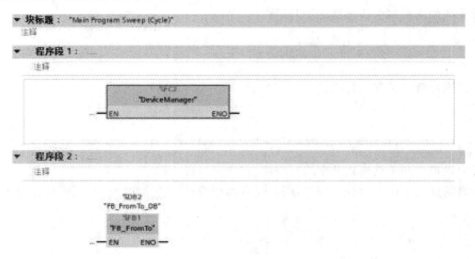

图 2-5-6 在主程序里调用功能函数

◀ 任务 6 PLC 运动控制 ▶

项目导入

运动控制(MC)是自动化的一个分支,它使用通称为伺服机构的一些设备如液压泵、线性执行器或者是电机来控制机器的位置或速度。运动控制在机器人和数控机床的领域内的应用要比在专用机器中的应用更复杂,因为后者运动形式更简单,通常被称为通用运动控制(GMC)。运动控制被广泛应用在包装、印刷、纺织和装配工业中。运动控制定位示意图见图 2-6-1。

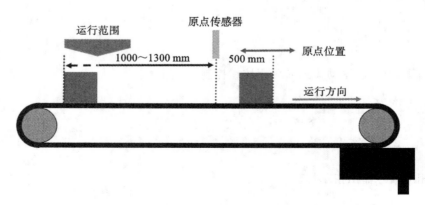

图 2-6-1 运动控制定位示意图

定位的基本概念:使指定对象按指定速度和轨迹运动到指定位置。

运动控制需要有控制器(PLC)、驱动器、电机、机械等。机械需要将位置和速度反馈给控制器形成一种闭环控制,这样控制器就能知道机械的动态和位置信息。电机将速度和位置反馈给驱动器也是一种闭环控制,电机和驱动器之间形成一个闭环,或者电机将位置和速度反馈给控制器作为一个闭环(图 2-6-2)。

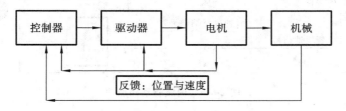

图 2-6-2　运动控制逻辑

运动控制中关键要素的位置和速度示意见图 2-6-3。

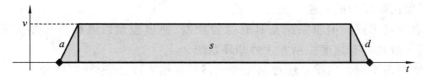

图 2-6-3　运动控制中关键要素的位置和速度示意

a—加速度;d—减速度;s—运行距离(位置)

1. 伺服系统的概念和组成

什么是伺服系统?伺服系统是以物体的位置、方向、状态等为控制量,以跟踪输入目标值(或给定值)的任意变化为目的,所构成的自动控制系统。

伺服系统具有反馈闭环的自动控制系统,由控制器、伺服驱动器、伺服电机和反馈装置组成(图 2-6-4)。

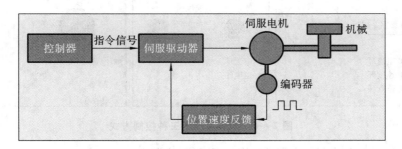

图 2-6-4　伺服系统组成

2. 伺服驱动器的原理

伺服驱动器的原理见图 2-6-5。

(1)位置环:根据编码器脉冲生成的位置反馈信号,进行位置控制的环。

(2)速度环:根据编码器脉冲生成的速度反馈信号,进行速度控制的环。

(3)电流环:检测伺服驱动器的电流,根据生成的电流反馈信号,进行转矩控制的环。

各环都朝着使指令信号与反馈信号之差为零的目标进行控制。各环的响应速度大小如下:位置环<速度环<电流环。

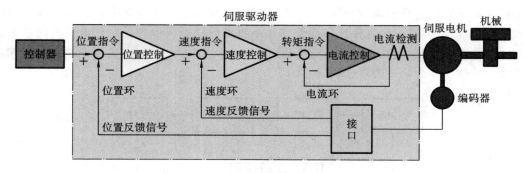

图 2-6-5　伺服驱动器原理

3. 伺服系统与变频器的区别

伺服系统与变频器的区别如下。

(1)应用场合不同。伺服系统主要用于频繁起停、高速高精度要求的场合。变频器主要用于控制对象比较缓和的调速系统。

(2)控制方式不同。伺服系统是具有位置控制、速度控制以及转矩控制方式的闭环系统。变频器一般是具有速度控制方式的开环系统。

(3)性能表现不同。伺服系统控制比变频器控制精度高、低速转矩性能好。

(4)电机类型不同。伺服电机通常是交流同步电机,需要编码器,体积较小。变频器一般使用交流异步电机,可以不用编码器,体积相对较大。

4. 伺服系统的三种控制方式

伺服系统的三种控制方式见图 2-6-6。

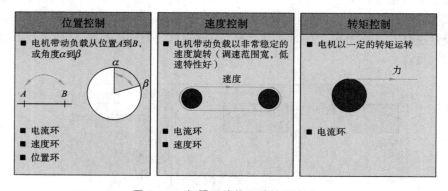

图 2-6-6　伺服系统的三种控制方式

位置控制:以位置为目标的控制,从位置 A 到位置 B。

速度控制:以速度为目标的控制,以恒定的速度持续运转。

转矩控制:以转矩或者力矩为目标的控制,输出恒定的转矩。

小型自动化产品的运动控制方式有三种,分别是 S7-200、S7-200 SMART、S7-1200(图 2-6-7)。

5. S7-1200 运动控制

S7-1200 运动控制连接驱动方式见图 2-6-8。

PROFIdrive:S7-1200 PLC 通过基于 PROFIBUS/PROFINET 的 PROFIdrive 方式与支持 PROFIdrive 的驱动器连接,进行运动控制。

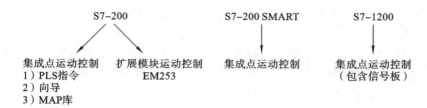

图 2-6-7　小型自动化产品的运动控制方式

PTO：S7-1200 PLC 本体通过发送 PTO 脉冲的方式控制驱动器，可以是脉冲＋方向、A/B 正交，也可以是正/反脉冲的方式。

模拟量（Analog）：S7-1200 PLC 通过输出模拟量来控制驱动器。

（1）S7-1200 运动控制——PROFIdrive 控制方式。

PROFIdrive 是通过 PROFIBUS DP 和 PROFINET IO 连接驱动装置和编码器的标准化驱动技术配置文件。

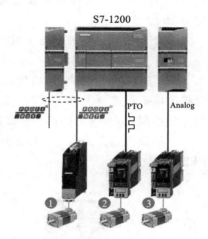

图 2-6-8　S7-1200 运动控制连接驱动方式

支持 PROFIdrive 配置文件的驱动装置都可根据 PROFIdrive 标准进行连接。控制器和驱动装置/编码器之间通过各种 PROFIdrive 消息帧进行通信。

每个消息帧都有一个标准结构。可根据具体应用，选择相应的消息帧。通过 PROFIdrive 消息帧，可传输控制字、状态字、设定值和实际值。

这种控制方式可以实现闭环控制。最常见的应用是使用标准报文 3，连接 V90 PN、S120、S210 等。

PROFIdrive 连接如图 2-6-9 所示。

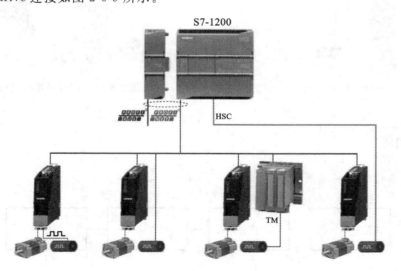

图 2-6-9　PROFIdrive 连接

固件 V4.1 开始的 S7-1200 CPU 才具有 PROFIdrive 的控制方式。

S7-1200 可以通过分布式的方式连接 ET200SP 的 TM PTO2 模块，或者连接 ET200MP

的 TM PTO 4 模块，使用脉冲控制驱动器，这也属于 PROFIdrive 控制方式，并非 PTO 方式。

此外，S7-1200 还可以通过分布式的方式连接控制 ET200SP 的 TM Drive 系列的模块（例如：F-TM ServoDrive ST、F-TM ServoDrive HF、F-TM StepDrive ST 等）。

（2）S7-1200 运动控制——PTO 控制方式。

PTO 的控制方式是所有版本的 S7-1200 CPU 都有的控制方式，该控制方式属于开环控制，由 CPU 本体向轴驱动器发送高速脉冲信号（以及方向信号）来控制轴的运行。PTO 连接见图 2-6-10。

（3）S7-1200 运动控制——模拟量控制方式。

固件 V4.1 开始的 S7-1200 PLC 的另外一种运动控制方式是模拟量控制方式。

以 CPU1215C 为例，本机集成了 2 个 AO 点，如果用户只需要 1 或 2 轴的控制，则不需要扩展模拟量模块。然而，CPU1214C 这样的 CPU，本机没有集成 AO 点，如果用户想采用模拟量控制方式，则需要扩展模拟量模块。

模拟量控制方式也是一种闭环控制，编码器信号有 3 种方式反馈到 S7-1200 CPU 中，见图 2-6-11。

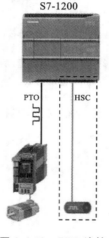

图 2-6-10　PTO 连接

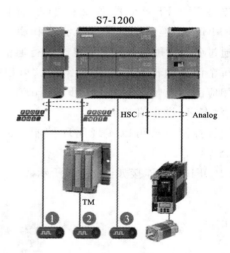

图 2-6-11　模拟量控制连接

 知识图谱

PLC 伺服控制应用一般步骤

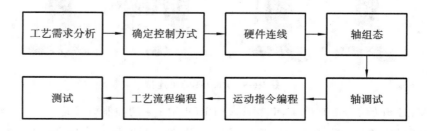

西门子 S7-1200 运动控制基本组态配置如下。

1. 硬件组态

以 DC/DC/DC 类型的 S7-1200 为例进行说明。在 Portal 软件中插入 S7-1200 CPU(DC 输出类型),在"设备视图"中配置 PTO。

第 1 步:进入 CPU"常规"属性,设置"脉冲发生器"(图 2-6-12)。

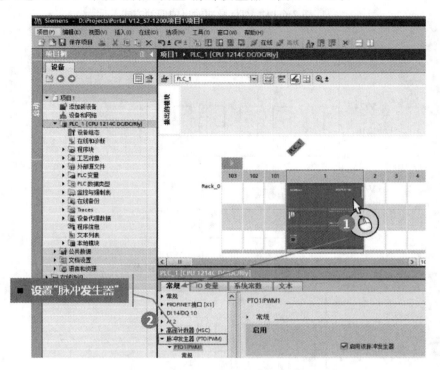

图 2-6-12　设置"脉冲发生器"

第 2 步:启用脉冲发生器,可以给该脉冲发生器起一个名字,也可以不做任何修改,采用 Portal 软件默认名字,还可以对该脉冲发生器添加注释。

第 3 步:选择"参数分配",输入脉冲的信号类型,如图 2-6-13 所示。

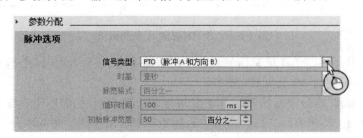

图 2-6-13　输入脉冲的信号类型

PTO 脉冲输出有四种方式,如图 2-6-14 所示。

PTO(脉冲 A 和方向 B):比较常见的"脉冲+方向"方式,其中 A 点用来产生高速脉冲串,B 点用来控制轴运动的方向(图 2-6-15)。

PTO(正数 A 和倒数 B):当 A 点产生脉冲串,B 点为低电平,则电机正转;相反,如果 A 为低电平,B 产生脉冲串,则电机反转(图 2-6-16)。

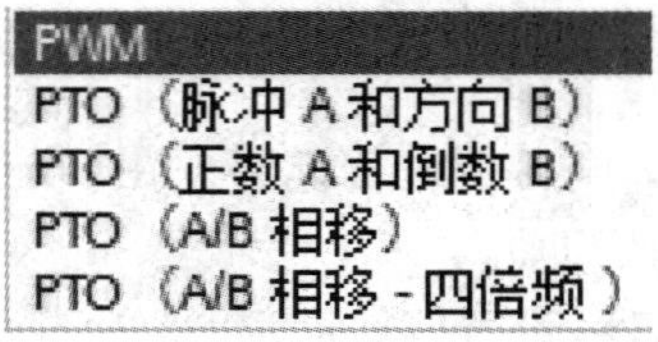

PWM
PTO（脉冲 A 和方向 B）
PTO（正数 A 和倒数 B）
PTO（A/B 相移）
PTO（A/B 相移 - 四倍频）

图 2-6-14　PTO 脉冲输出的四种方式

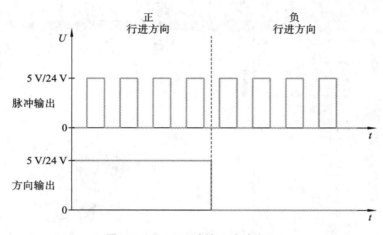

图 2-6-15　PTO（脉冲 A 和方向 B）

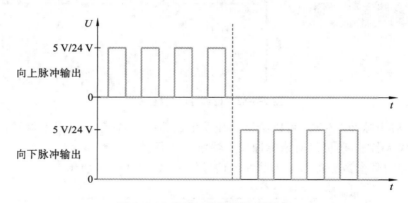

图 2-6-16　PTO（正数 A 和倒数 B）

PTO（A/B 相移）：即 AB 正交信号，当 A 相超前 B 相 1/4 周期时，电机正转；相反，当 B 相超前 A 相 1/4 周期时，电机反转（图 2-6-17）。

PTO（A/B 相移-四倍频）：检测 AB 正交信号两个输出脉冲的上升沿和下降沿。一个脉冲周期有四沿两相（A 和 B）。因此，输出中的脉冲频率会减小到原先的四分之一（图 2-6-18）。

第 4 步：根据第 3 步"脉冲选项"的类型，选择脉冲的硬件输出配置（图 2-6-19）。本例控制方式为脉冲＋方向。①为"脉冲输出"点，可以根据实际硬件分配情况改成其他 Q 点。②为"方向输出"点，也可以根据实际需要修改成其他 Q 点。③可以取消框选"启用方向输出"，这样修改后该控制方式变成了单脉冲（没有方向控制）。

第 5 步：选择硬件标识符（图 2-6-20）。该 PTO 通道的硬件标识符是软件自动生成的，不能修改。

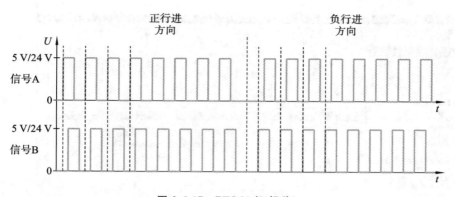

图 2-6-17 PTO（A/B 相移）

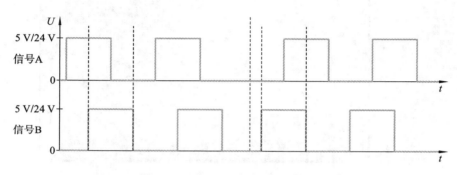

图 2-6-18 PTO（A/B 相移-四倍频）

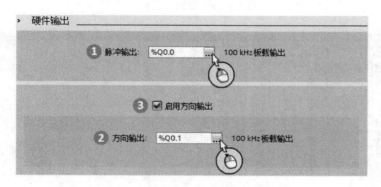

图 2-6-19 选择脉冲的硬件输出配置

图 2-6-20 选择硬件标识符

第 6 步：添加工艺对象（图 2-6-21）。

轴工艺对象有两个：TO_PositioningAxis 和 TO_CommandTable。每个轴都至少需要插入一个工艺对象。本书这里仅对 TO_PositioningAxis 进行介绍（图 2-6-22）。

①每个轴添加了工艺对象之后，都会有三个选项："组态"、"调试"和"诊断"。

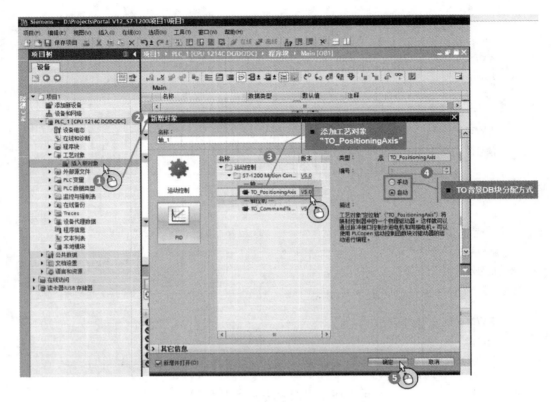

图 2-6-21 添加工艺对象

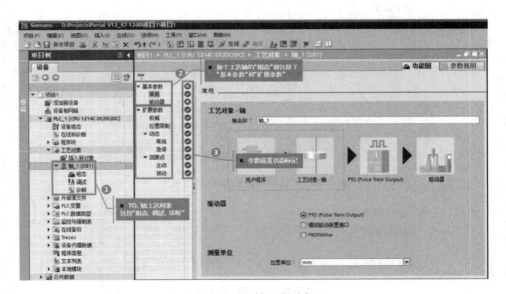

图 2-6-22 轴工艺对象

②"组态"用来设置轴的参数,包括"基本参数"和"扩展参数"。
③每个参数页面都有状态标记,提示用户轴参数设置状态:
参数配置正确,为系统默认配置,用户没有做修改;
参数配置正确,不是系统默认配置,用户做过修改;

参数配置没有完成或是有错误;

参数组态正确,但是有报警,比如只组态了一侧的限位开关。

2. PLC1200 单轴步进控制案例

采用西门子 TIA Portal V16 编程软件编写运动控制程序,实现 PLC(S7-1200 系列:CPU1214C DC/DC/DC)对步进电机的控制。

硬件:开关电源、S7-1200PLC、步进驱动器、步进电机、单轴模组、限位开关。

软件:TIA Portal V16。

硬件接线如图 2-6-23 所示。

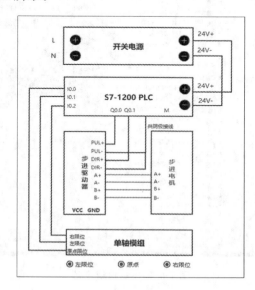

图 2-6-23 硬件接线

第 1 步:通过博图软件创建一个新的 PLC 项目,根据硬件型号插入新设备,这里为 CPU 1214C DC DC DC(图 2-6-24)。

第 2 步:双击 PLC 的以太网口,设置 IP 地址,这里设置为 192.168.2.210(图 2-6-25)。

第 3 步:双击"CPU",在"脉冲发生器"的 PTO/PWM 选项中设置信号类型为 PTO,脉冲输出为 Q0.0,方向输出为 Q0.1(图 2-6-26)。

第 4 步:新建一个工艺对象,名称为轴_1,选择"基本参数→驱动器",设置脉冲发生器为 Pulse_1(图 2-6-27)。

第 5 步:选择"扩展参数→位置限制",设置上下限位分别为 I0.1 和 I0.2(图 2-6-28)。

第 6 步:选择"扩展参数→回原点→主动",设置原点开关为 I0.0(图 2-6-29)。

第 7 步:程序段 1,调用 MC_Power 使能 MC,各个引脚填写如图 2-6-30 所示,其中"Asix"选择"轴 1"。

第 8 步:程序段 2,调用 MC_MoveRelative,各个引脚填写如图 2-6-31 所示,该程序段主要用于执行相对运动。

第 9 步:程序段 3,调用 MC_MoveAbsolute,各个引脚填写如图 2-6-32 所示,该程序段主要用于执行绝对运动。

第 10 步:程序段 5,调用 MC_Home,各个引脚填写如图 2-6-33 所示,该程序段主要用于执行归零。

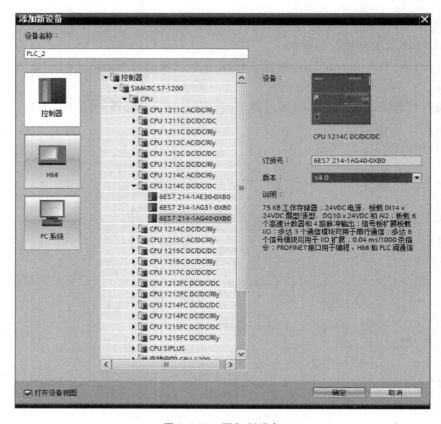

图 2-6-24　添加新设备

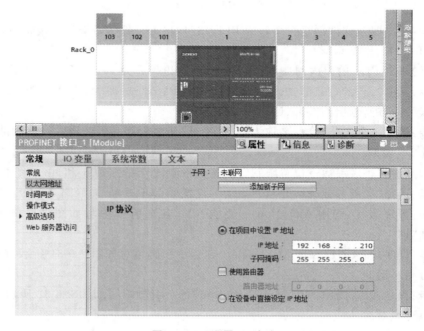

图 2-6-25　设置 IP 地址

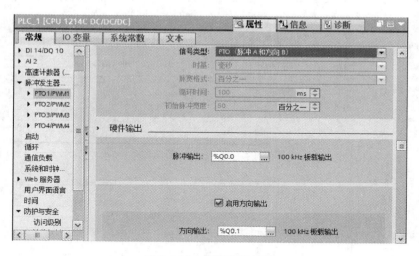

图 2-6-26　设置信号类型

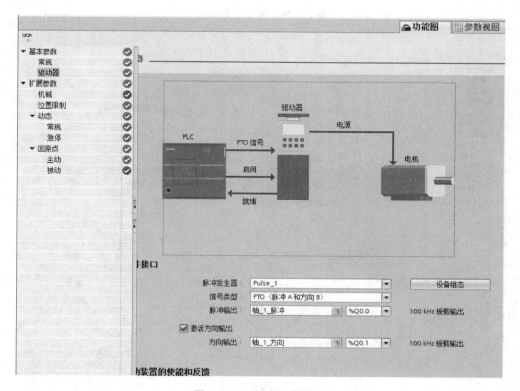

图 2-6-27　新建工艺对象

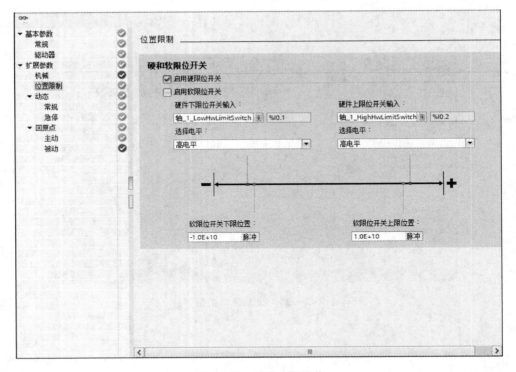

图 2-6-28　设置上下限位

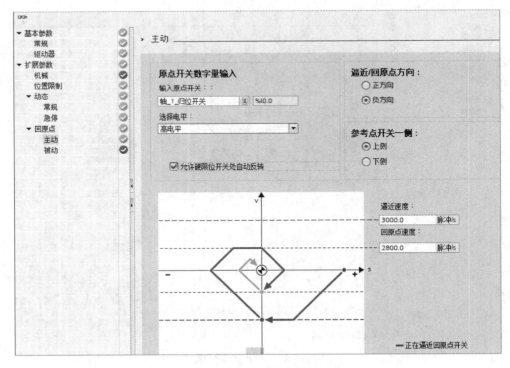

图 2-6-29　设置原点开关

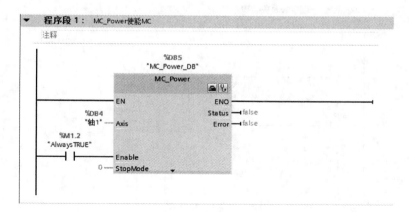

图 2-6-30　程序段 1

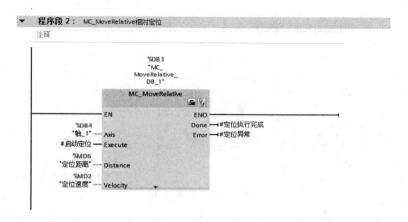

图 2-6-31　程序段 2

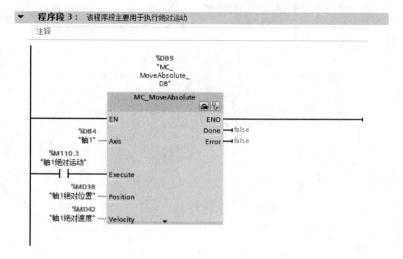

图 2-6-32　程序段 3

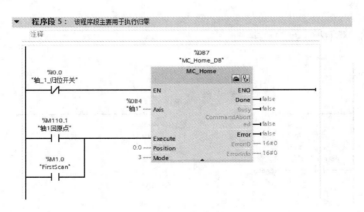

图 2-6-33　程序段 5

第 11 步：程序段 6，调用 MC_Reset，各个引脚填写如图 2-6-34 所示，该程序段主要用于执行复位功能。

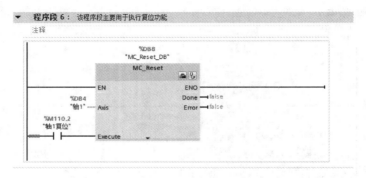

图 2-6-34　程序段 6

第 12 步：程序段 7，调用 MC_Halt，各个引脚填写如图 2-6-35 所示，该程序段主要用于执行暂停功能。

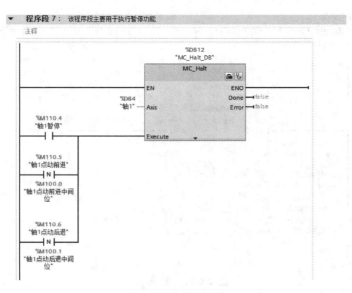

图 2-6-35　程序段 7

第13步:程序段8,调用 MC_ReadParam,来读取相关参数,各个引脚填写如图 2-6-36 所示,该程序段主要用于读取实时脉冲。

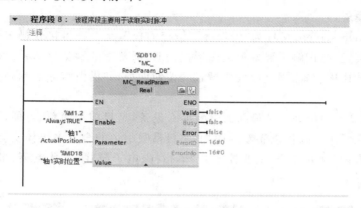

图 2-6-36　程序段8

◀ 任务7　触摸屏监控组态 ▶

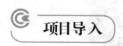
项目导入

　　触摸屏分为工业触摸屏和通用触摸屏两种。通用触摸屏是我们经常能够见到的,如银行的叫号机、ATM 取款机,还有医院的自助挂号机,等等,它们的使用环境大多数是普通的环境。

　　工业触摸屏跟通用触摸屏的最大区别就是使用在工业环境中,环境因素比较复杂,比如工厂中的高温、低温、振动、粉尘等,都会对触摸屏的性能有很大的影响,所以,在比较特殊的环境中使用的触摸屏,就应该使用性能高的、防护性好的产品,这就是我们常用的工业触摸屏。

　　工业触摸屏是在特殊环境中使用的人机交互界面的载体,通常我们将工业触摸屏称为HMI(human machine interface),它是系统与用户之间进行信息交互的媒介,将信息转换为人类可以接受的形式。工业触摸屏主要分为两大类,一类是嵌入 Windows 系统的触摸屏,另一类是厂家集成触摸屏。

　　嵌入 Windows 系统的触摸屏实际上就是一台电脑,但取消了电脑的鼠标和键盘,将屏幕做成了触摸的形式。这种触摸屏内部嵌入 Windows 系统,实际操作起来跟其他的电脑一样,也可以安装各种软件,实际上就是把鼠标和键盘集中到了屏幕上。这种触摸屏可用于工业监控,主要监控设备的相关参数,显示工艺工程,需要安装组态软件。这个组态软件就跟我们平常在电脑上安装的其他软件一样,将软件安装到系统之中,可以选择系统开机的时候自动启动这个组态软件,具体功能要在软件和电脑中进行设置。

　　厂家集成触摸屏是厂家单独开发的,不嵌入 Windows 系统,直接把组态软件与触摸屏进行集成。这种触摸屏是做工控常用的设备,一般比较小巧,而且使用更加稳定,因为触摸屏的系统实际上就是这个软件,而不是基于 Windows 系统再装个软件,所以更加稳定。对于编程,就需要使用厂家专用的编程软件进行操作了,各大厂家都有各大厂家的自主编程软件。

1. 认识触摸屏

触摸屏(touch screen)又称为"触控屏""触控面板",是一种可接收触头等输入信号的感应式液晶显示装置,当接触了屏幕上的图形按钮时,屏幕上的触觉反馈系统可根据预先编程的程式驱动各种连接装置,用以取代机械式的按钮面板,并借由液晶显示画面制造出生动的影音效果。

触摸屏(图 2-7-1)作为一种最新的电脑输入设备,是目前最简单、方便、自然的一种人机交互方式。它赋予了多媒体以崭新的面貌,是极富吸引力的全新多媒体交互设备,主要应用于公共信息的查询、领导办公、工业控制、军事指挥、电子游戏、点歌点菜、多媒体教学、房地产预售等。

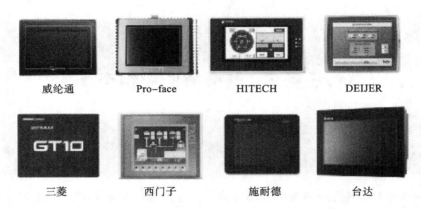

| 威纶通 | Pro-face | HITECH | DEIJER |
| 三菱 | 西门子 | 施耐德 | 台达 |

图 2-7-1　触摸屏

(1)HMI(人机界面)产品的定义。

连接可编程逻辑控制器(PLC)、变频器、直流调速器、仪表等工业控制设备,利用显示屏显示,通过输入单元(如触摸屏、键盘、鼠标等)写入工作参数或输入操作命令,实现人与机器信息交互的数字设备,由硬件和软件两部分组成。

(2)HMI 产品的组成及工作原理。

HMI 硬件部分包括处理器、显示单元、输入单元、通信接口、数据存储单元等,其中处理器的性能决定了 HMI 产品的性能高低,是 HMI 的核心单元。根据 HMI 的产品等级不同,处理器可分别选用 8 位、16 位、32 位的处理器。

HMI 软件一般分为两部分,即运行于 HMI 硬件中的系统软件和运行于 PC 端 Windows 操作系统下的画面组态软件(如 JB-HMI 画面组态软件)。使用者必须先使用 HMI 的画面组态软件制作"工程文件",再通过 PC 和 HMI 产品的串行通信口,把编制好的"工程文件"下载到 HMI 的处理器中运行。

(3)HMI 产品的基本功能及选型指标。

基本功能:

①设备工作状态显示,如指示灯、按钮、文字、图形、曲线等;

②数据、文字输入操作,打印输出;

③生产配方存储,设备生产数据记录;

④简单的逻辑和数值运算;

⑤可连接多种工业控制设备组网。

选型指标：

①显示屏尺寸及色彩、分辨率；

②HMI 的处理器速度性能；

③输入方式（触摸屏或薄膜键盘）；

④画面存储容量，注意厂商标注的容量单位是字节（byte）还是位（bit）；

⑤通信口种类及数量，是否支持打印功能。

（4）HMI 产品分类。

①薄膜键输入的 HMI，显示尺寸小于 $5.7'$，画面组态软件免费，属初级产品，如 POP-HMI 小型人机界面。

②触摸屏输入的 HMI，显示屏尺寸为 $5.7'\sim12.1'$，画面组态软件免费，属中级产品。

③基于平板 PC 的、多种通信口的、高性能 HMI，显示尺寸大于 $10.4'$，画面组态软件收费，属于高端产品。

（5）HMI 的使用方法。

①明确监控任务要求，选择适合的 HMI 产品。

②在 PC 上用画面组态软件编辑"工程文件"。

③测试并保存已编辑好的"工程文件"。

④连接 PC 和 HMI 硬件，下载"工程文件"到 HMI 中。

⑤连接 HMI 和工业控制器（如 PLC、仪表等），实现人机交互。

2. HMI 未来的发展趋势

有些机械行业，比如机床、纺织机械等行业，在国内已有几十年的发展历史了，相对来说属于比较成熟的行业，从长远看，这些行业还存在着设备升级换代的需求。在这个升级换代的过程中，确实会有一些小的、一直使用比较低端产品的厂家被淘汰，但也有很多企业在设备更新过程中，将重新定位需求，去寻找那些能够符合他们发展计划，帮助他们提高自身生产力的设备供应商。

鉴于这种需求，以后 HMI 将在形状、观念、应用场合等方面都有所改变，从而带来工控机核心技术的一次次变革。总体来讲，HMI 的未来发展趋势是六个现代化：平台嵌入化、品牌民族化、设备智能化、界面时尚化、通信网络化和节能环保化。

3. 具有 Wi-Fi 和 3G 功能的 HMI

（1）认识组态软件。

组态软件是一种上位机软件，又称组态监控系统软件，译自英文 SCADA，即数据采集与监视控制。它是指数据采集与过程控制的专用软件。这类软件处在自动控制系统监控层一级的软件平台和开发环境，使用灵活的组态方式，为用户提供快速构建工业自动控制系统监控功能的、通用层次的软件工具。

组态软件的应用领域很广，可以应用于电力系统、给水系统、石油、化工等领域的数据采集与监视控制以及过程控制等，在电力系统以及电气化铁道上又称远动系统。

组态软件在国内是一个约定俗成的概念，并没有明确的定义，它可以被理解为"组态式监控软件"。"组态（configure）"的含义是"配置""设定""设置"等，是指用户通过类似"搭积木"的简单方式来完成自己所需要的软件功能，而不需要编写计算机程序。"组态"有时候也称为"二次开发"，组态软件就称为"二次开发平台"。

组态为模块化任意组合。通用组态软件主要特点如下。

①延续性和可扩充性。用通用组态软件开发的应用程序,当现场(包括硬件设备或系统结构)或用户需求发生改变时,无须做很多修改就可方便地完成软件的更新和升级。

②封装性(易学易用)。通用组态软件所能完成的功能都用一种方便用户使用的方法封装起来,对于用户,无须掌握太多的编程语言技术(甚至不需要编程技术),就能很好地完成一个复杂工程所要求的所有功能。

③通用性。每个用户根据工程实际情况,利用通用组态软件提供的底层设备(PLC、智能仪表、智能模块、板卡、变频器等)的 I/O Driver、开放式的数据库和画面制作工具,就能完成一个具有动画效果、实时数据处理、历史数据和曲线并存、具有多媒体功能和网络功能的工程,不受行业限制。

(2)不同类型的组态软件。

①iFix(图 2-7-2)。

图 2-7-2　iFix

iFix 软件包=iFix PDB+iFix Workspace,数据库和监控的画面可以分开,一个数据库可供多个 iClient 连接,一个 iClient 可连接多个数据库。

iFix 软件的一般特性:

a. PLUG&SLOVE 结构及 COM 组件技术,方便第三方软件集成应用;

b. 安全容器的专利技术保证第三方 ActiveX 控件稳定运行;

c. 内置微软的 Visual Basic for Application 作为脚本程序;

d. 真正的分布式 Client/Server 结构;

e. 标准 SQL/ODBC 的接口;

f. 完整的 OPC 的客户服务器模式的支持。

②Citect(图 2-7-3)。

图 2-7-3　Citect

Citect 原属澳大利亚悉雅特公司(现已被施耐德公司收购),但独立运营的 Citect 是较早进入中国市场的产品,其操作方式更多的是面向程序员,而不是工控用户。

Citect 提供了类似 C 语言的脚本语言进行二次开发,但与 iFix 不同的是,Citect 的脚本语言并非面向对象,而是类似于 C 语言,这无疑为用户进行二次开发增加了难度。

③WinCC(图 2-7-4)。

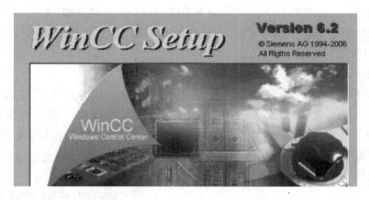

图 2-7-4　WinCC

WinCC 组态软件是德国西门子公司的产品。WinCC 具有强大的脚本编程范围,包括从图形对象上单个的动作到完整的功能以及独立于单个组件的全局动作脚本。WinCC 甚至在使用 Windows API 函数时,都可以在动作脚本中完成调用。

此外,集成的脚本编程包含了 C 翻译器和大量的 ANSI-C 标准函数。脚本的应用使得 WinCC 软件具有很强的开放性。在使用的时候,请注意释放所分配的存储器,否则系统运行会越来越慢。

④组态王(图 2-7-5)。

组态王集成了对 KingHistorian 的支持,且支持数据同时存储到组态王历史库和工业库,极大地提高了组态王的数据存储能力,能够更好地满足大点数用户对存储容量和存储速度的要求。

KingHistorian 是亚控新近推出的独立开发的工业数据库,能够更好地满足高端客户对存储速度和存储容量的要求,完全满足了客户实时查看和检索历史运行数据的要求。

⑤MCGS(图 2-7-6)。

图 2-7-5　组态王

图 2-7-6　MCGS

MCGS 是用于快速构造和生成上位机监控系统的组态软件,主要完成现场数据的采集与监测、前端数据的处理与控制。

MCGS 组态软件包括网络版、通用版、嵌入版三种版本,具有功能完善、操作简便、可视性好、可维护性强的突出特点。通过与其他相关的硬件设备结合,可以快速、方便地开发各种用于现场采集、数据处理和控制的设备。

用户只需要通过简单的模块化组态就可构造自己的应用系统,如可以灵活组态各种智能仪表、数据采集模块、无纸记录仪、无人值守的现场采集站、人机界面等专用设备。

（3）不同品牌的 HMI。

①普洛菲斯（Pro-face）（图 2-7-7）。

Pro-face 以其创新的科技理念和领先的技术意识为全球客户提供可编程人机界面、工业平板式计算机、图形逻辑控制和工业信息终端等产品,帮助广大用户提高整体生产、经营效率。Pro-face 这一品牌也在全球范围占主导地位,成为全球 HMI 行业领袖,在亚洲、南（北）美洲、欧洲都有极高的市场占有率。

②威纶通（WEINVIEW）（图 2-7-8）。

图 2-7-7　Pro-face

图 2-7-8　WEINVIEW

WEINVIEW 是集研发、生产、制造、销售于一体的人机界面供应商,基于先进的人机沟通技巧和品牌化发展理念,在生产自动化、过程自动化领域提供多种选择的优质人机界面产品、解决方案及服务。WEINVIEW 品牌专注于中国 HMI 市场,已广泛应用于机械、纺织、电气、包装等行业。

③海泰克（HITECH）（图 2-7-9）。

HITECH 是泉毅公司旗下品牌,也积极投入应用于工业自动化领域的人机界面研发工作。泉毅是台湾第一家将嵌入式系统技术结合 LCD 模组,自行研发出工业级 HMI 产品的厂商。其已经被瑞典北尔收购,在中国主要通过天津罗升销售。目前在国内市场占有率比较高,但已经呈下降趋势。

④北尔（BEIJER）（图 2-7-10）。

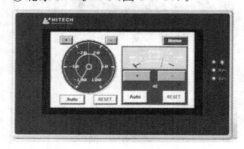

图 2-7-9　HITECH

图 2-7-10　BEIJER

瑞典 BEIJER 是欧洲的一个 HMI 品牌，全系列 HMI 采用铝镁合金外壳设计，纤薄，抗干扰能力强，64KTFT 真彩显示，画面靓丽清晰，内嵌 WinCE 操作系统，功能强大，可靠性高，前面板防护等级为 IP66，通过 UL\DNV\RoHS 等多种认证。

⑤三菱（图 2-7-11）。

三菱电机自动化产品包括可编程控制器、触摸屏、变频调速器、交流伺服系统、数控系统等。目前其 PLC 有 Q 系列（中型）、FX 系列（小型）、L 系列（中大型），HMI 有 GT10 系列、GT15 系列、GT11 系列、GOT-F900 系列、GOT1000 系列等。三菱 FX 系列小型 PLC 进入国内较早，目前三菱的 HMI 基本都与三菱的 PLC 配套。

⑥西门子（图 2-7-12）。

图 2-7-11　三菱

图 2-7-12　西门子

西门子股份公司是世界最大的机电类公司之一，在制造自动化、过程自动化及楼宇电气安装领域提供产品、系统、应用和服务。西门子 S7-200 产品在产业机械上的使用非常广泛，其 HMI 基本都是与自己的 PLC 做配套。西门子推出的 SMART 系列经济型 HMI 是应用重点。

⑦施耐德（图 2-7-13）。

施耐德电气主要从事钢铁工业、重型机械工业、轮船建造业，其作为一个综合性的集团公司，在国内市场的知名度、占有率都非常高。

在控制类产品方面，其大型 PLC 使用非常广泛，施耐德在触摸屏方面有模块化触摸屏终端、工业触摸显示器、触摸屏图形终端、MagelisXBTGK 系列、MagelisXBTGT 系列、MagelisXBTGTW 系列、MagelisXBTN 系列等。

图 2-7-13　施耐德

知识图谱

触摸屏组态应用一般步骤

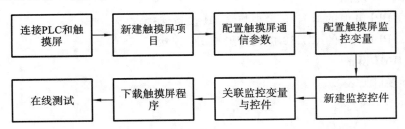

连接PLC和触摸屏 → 新建触摸屏项目 → 配置触摸屏通信参数 → 配置触摸屏监控变量

在线测试 ← 下载触摸屏程序 ← 关联监控变量与控件 ← 新建监控控件

ABB 机器人 PROFINET 通信配置过程如下。

1. Smart 700 面板说明

Smart 700 面板说明如图 2-7-14 所示。

2. 连接组态 PC

连接组态 PC 示意图如图 2-7-15 所示。

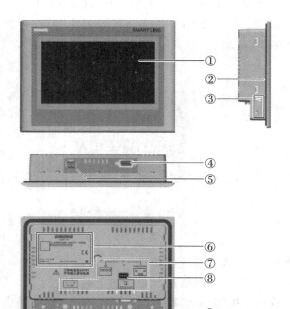

① 显示器/触摸屏　⑥ 铭牌
② 安装密封垫　　⑦ 接口名称
③ 安装卡钉的凹槽　⑧ DIP开关
④ RS422/RS485接口　⑨ 功能接地连接
⑤ 电源连接器

图 2-7-14　Smart 700 面板说明

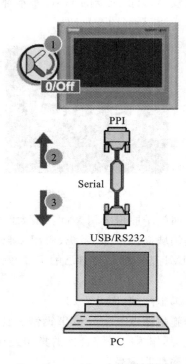

图 2-7-15　连接组态 PC 示意图

(1)组态 PC 可以提供下列功能：

①传送项目；

②传送设备映像；

③将 HMI 设备恢复至工厂默认设置；

④备份、恢复项目数据。

(2)将组态 PC 与 Smart Panel 连接：

①关闭 HMI 设备；

②将 PC/PPI 电缆的 RS485 接头与 HMI 设备连接；

③将 PC/PPI 电缆的 RS232 接头与组态 PC 连接。

3. 连接 HMI 设备

(1)串行接口见表 2-7-1。

表 2-7-1　串行接口

序号	D-sub 接头	针脚号	RS485	RS422
1		1	NC.	NC.
2		2	M24_Out	M24_Out
3		3	B(+)	TXD+
4	5 4 3 2 1	4	RTS＊)	RXD+
5		5	M	M
6	9 8 7 6	6	NC.	NC.
7		7	P24_Out	P24_Out
8		8	A(−)	TXD−
9		9	RTS＊)	RXD−

（2）DIP 开关设置见表 2-7-2。可使用 RTS 信号对发送和接收方向进行内部切换。

表 2-7-2　DIP 开关设置

通信	开关设置	含义
RS485	4 3 2 1 ON	西门子 PLC 和 HMI 设备之间进行数据传输时，连接头上没有 RTS 信号（出厂状态）
	4 3 2 1 ON	与 PLC 同样，针脚 4 上浮现 RTS 信号，例如用于调试时
	4 3 2 1 ON	与编程设备同样，针脚 9 上浮现 RTS 信号，例如用于调试时
RS422	4 3 2 1 ON	在连接三菱 FX 系列 PLC 和欧姆龙 CP1H/CP1L/CP1E-N 等型号 PLC 时，RS422/RS485 接口处在激活状态

图 2-7-16 启用数据通道示意图

4. 启用数据通道

启用数据通道示意图见图 2-7-16。

（1）必须启用数据通道从而将项目传送至 HMI 设备。

（2）项目传送完毕后，可以通过锁定所有数据通道来保护 HMI 设备，以免无意中覆盖项目数据及 HMI 设备映像。

（3）启用一种数据通道——Smart Panel（Smart 700）。

①按"Transfer"按钮，打开"Transfer Settings"对话框。

②如果 HMI 设备通过 PC-PPI 电缆与组态 PC 互连，则在"Channel 1"域中激活"Enable Channel"复选框。

③使用"OK"关闭对话框并保存输入内容。

5. WinCC flexible 软件的安装

依次安装 WinCC flexible CN、WinCC flexible_SP2、Smart panelHSP。

按向导提示，一直选择"下一步"，按下"完毕"，软件安装完毕。

6. 触摸屏程序组态

第 1 步：安装好 WinCC flexible 软件后，在"开始→程序→WinCC flexible"下找到相应的可执行程序，打开触摸屏软件（图 2-7-17）。

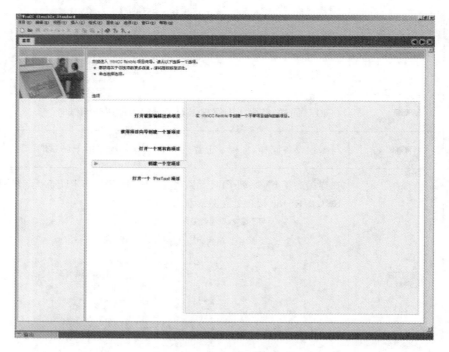

图 2-7-17 打开触摸屏软件

第 2 步：点击"菜单→选项→创立一种空项目"，在弹出的界面中选择触摸屏"Smart Line/Smart 700"，点击"拟定"，进入如图 2-7-18 所示界面。

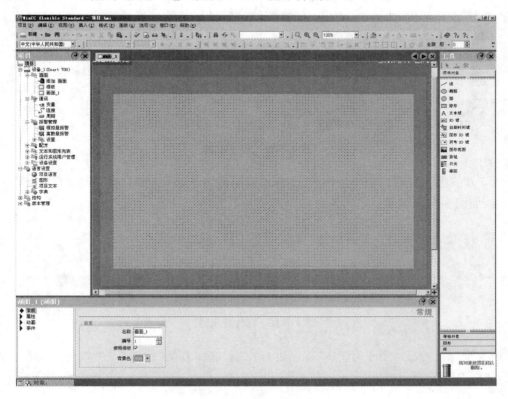

图 2-7-18　进入触摸屏界面

第 3 步：在左侧菜单选择"通讯→连接"，选择通讯驱动程序（SIMATIC S7 200）。设立完毕，再选择"通讯→变量"，建立变量表（图 2-7-19）。

名称	连接	激载类型	地址	激组计数	采集长期
变量_1	连接_1	Bool	I 0.0	1	1 s
变量_10	连接_1	Bool	Q 0.1	1	1 s
变量_11	连接_1	Bool	Q 0.2	1	1 s
变量_12	连接_1	Bool	Q 0.3	1	1 s
变量_13	连接_1	Bool	Q 0.4	1	1 s
变量_14	连接_1	Bool	Q 0.5	1	1 s
变量_15	连接_1	Bool	Q 0.6	1	1 s
变量_16	连接_1	Bool	Q 0.7	1	1 s
变量_17	连接_1	Bool	M 0.0	1	1 s
变量_18	连接_1	Bool	M 0.1	1	1 s
变量_2	连接_1	Bool	I 0.1	1	1 s
变量_3	连接_1	Bool	I 0.2	1	1 s
变量_4	连接_1	Bool	I 0.3	1	1 s
变量_5	连接_1	Bool	I 0.4	1	1 s
变量_6	连接_1	Bool	I 0.5	1	1 s
变量_7	连接_1	Bool	I 0.6	1	1 s
变量_8	连接_1	Bool	I 0.7	1	1 s
变量_9	连接_1	Bool	Q 0.0	1	1 s

图 2-7-19　建立变量表

第 4 步：选择"画面→添加画面"，可以增加画面的数量，再选择画面一，进行画面功能制作，如制作一种返回初始画面按钮，选择右侧"按钮"，在"常规"下设立文字显示，在"事件"下选择"单击"设立函数，如图 2-7-20 所示，在"外观"下设立其他外观显示，按"返回"功能按钮设立完毕。

图 2-7-20　设立函数

第 5 步：制作批示灯，用于监控 PLC 输入输出端口状态，选择右侧"圆"，在"外观"下设立变量，如图 2-7-21 所示。

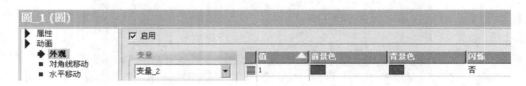

图 2-7-21　制作批示灯

第 6 步：制作按钮，用于对 PLC 程序进行控制，选择右侧"按钮"，在"事件"下设立置位按钮，如图 2-7-22 所示。

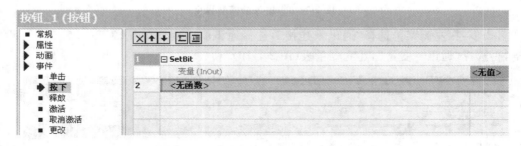

图 2-7-22　制作按钮

第 7 步：一种简朴的画面制作完成，如图 2-7-23 所示。

7. 工程下载

第 1 步：通过 PC/PPI 通信电缆连接触摸屏 PPI/RS422/RS485 接口与 PC 串口。

第 2 步：启用触摸屏，打开数据通道，选择"Control Panel"，在弹出窗口激活"Enable Channel"复选框，然后选择"Transfer"启动下载。

第 3 步：点击"下载"按钮下载工程，如图 2-7-24 所示。

第 4 步：下载完毕，启用触摸屏，打开数据通道，选择"Control Panel"，关闭弹出窗口，用专用连接电缆连接 PLC 与触摸屏就可以实现所设定的控制。

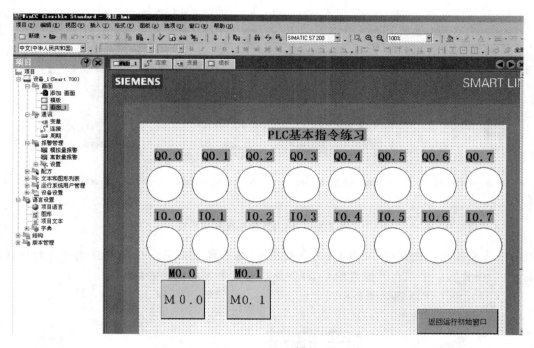

图 2-7-23 制作完成

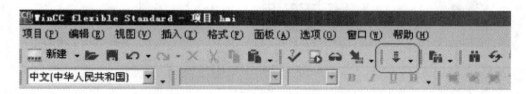

图 2-7-24 工程下载

◀ 任务8 视觉识别与应用 ▶

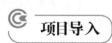 项目导入

机器视觉系统可在两个维度上捕获及检测目标,因而能够有效地自动进行用目视完成的检测工作。

四大影像系统应用示意见图 2-8-1。

1. CCD 元件

数码 CCD 的结构和模拟 CCD 的结构类似,区别在于数码 CCD 装有一种 CCD 元件。

CCD 元件代表电荷耦合器,是一种将图像转换为数字信号的半导体部件。它的高度和宽度均为 1 cm 左右,由排列成网格状的小像素组成。

在使用 CCD 相机拍照时,从目标处反射的光线穿过透镜,在 CCD 上组成图像。当 CCD 上的像素接收到光线时,就会产生与光强度相对应的电荷。该电荷被转换为电子信号,以获

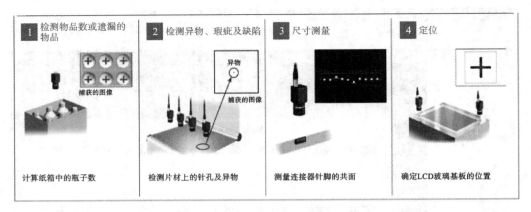

图 2-8-1　四大影像系统应用示意

取各个像素接收的光强度（浓淡度）。也就是说，每个像素都是一个可检测光强度的传感器（光电二极管），一个二百万像素的 CCD 就是二百万个光电二极管的集合。

CCD 元件工作原理见图 2-8-2。

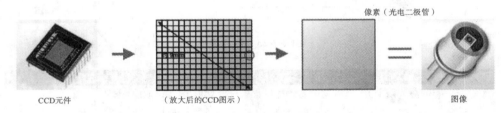

图 2-8-2　CCD 元件工作原理

光电传感器可检测特定位置上是否存在特定大小的目标物。但是，单个传感器无法有效地进行更复杂的应用，例如，检测不同位置上的目标物、检测并测量不同形状的目标物或进行全面的位置和大小测量。作为数十万甚至数百万个传感器的集合，CCD 可大幅拓展可能的应用范围。

2. 使用像素数据进行图像处理

在很多影像系统中，每个像素根据光强度传送 256 级数据（8 位）。在进行单色（黑白）处理时，黑色被认作"0"，白色被认作"255"，从而允许将每个像素接收的光强度转换为数值数据。也就是说，CCD 的所有像素均为 0（黑色）到 255（白色）之间的值。例如，灰色包含一半黑色一半白色，它将被转换为"127"。使用像素数据进行图像处理示例见图 2-8-3。

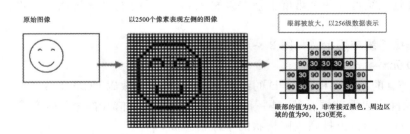

图 2-8-3　使用像素数据进行图像处理示例

3.图像处理流程

图像处理大致分为以下步骤：捕获图像（松开快门并捕获图像）、传输图像数据（利用CCD将图像数据传送到控制器）、增强图像数据（预处理图像数据以增强特征）、检测处理（在图像数据上测量瑕疵或尺寸，检测并将处理后的结果以信号形式输出到连接的控制设备上（如PLC等））。图像处理流程见图2-8-4。

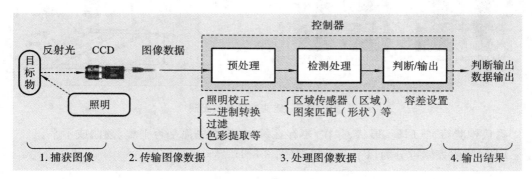

图2-8-4 图像处理流程

4.镜头原理及选择方法

（1）镜头结构（图2-8-5）。

CCD镜头由多个透镜、可变（亮度）光圈和对焦环组成。应由操作员观察CCD显示屏来调整可变光圈和焦点，以确保图像"明亮清晰"（有些镜头有固定调节系统）。

（2）镜头的焦距和视场（图2-8-6）。

焦距是透镜规格之一。一般适合工厂自动化生产的透镜的焦距为 8 mm/16 mm/25 mm/50 mm。通过目标物所需视场及透镜的焦距可确定WD（工作距离）。工作距离和视场大小由焦距和CCD大小来决定。在不使用近摄环的情况下，可套用以下比例表达式。

图2-8-5 镜头结构

工作距离：视野＝焦距：CCD大小

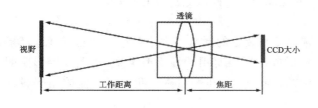

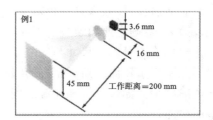

图2-8-6 镜头的焦距和视场

（3）镜头的景深和光圈（图2-8-7）。

焦距越短、景深越大；镜头离物体的距离越远，景深越大；近摄环和微距镜使景深变小；光圈越小，景深越大，小光圈和良好的光线使聚焦更简单。

5.选择照明的逻辑步骤

第1步：确定照明类型（镜面反射、漫反射与透射）。

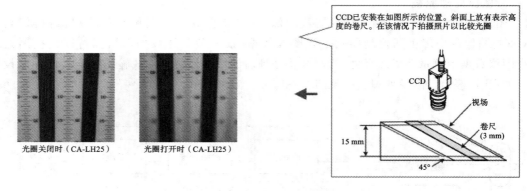

光圈关闭时（CA-LH25）　　　　光圈打开时（CA-LH25）

图 2-8-7　镜头的景深和光圈

确认检验特征（瑕疵、形状、存在/不存在等）。检查表面是否平整、翘曲或不平。
LED 照明大体可分为以下三种类型（图 2-8-8）。

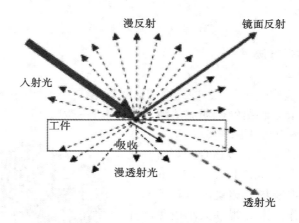

图 2-8-8　LED 照明类型

①镜面反射型：镜头接收的光线是来自拍摄对象的镜面反射光线。

②漫反射型：避开来自拍摄对象的镜面反射光，而接收整体、均一的光线。

③透射型：接收来自拍摄对象背景的光线，是一种检测轮廓的照明方式。

第 2 步：确定照明装置的形状与大小。

根据检查目标的尺寸与安装条件选择照明装置的形状与大小（图 2-8-9）。同轴、环形或棒形照明用于镜面反射类型，低角度、环形或棒形照明用于漫反射类型，背光或棒形照明用于透射类型。如果目标和光源之间的距离选择得当，环形和棒形照明基本能够用于各种类型的检测目标。

第 3 步：根据目标与背景确定照明的颜色（波长）。

使用彩色照相机时一般会使用白光。如果使用黑白照相机，则需要掌握下面介绍的知识。

补色光检测原理见图 2-8-10。

为了检测纸箱中是否有红色包装的点心，分别使用了白色、红色及蓝色的 LED 光源。图 2-8-11 所示为三种光源造成的对比度差异。

波长检测原理见图 2-8-12。

同轴
环形
低角度
背光
圆顶
棒形

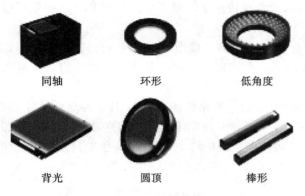

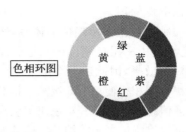

图 2-8-9 典型照明装置(LED 照明)的形状

色相环图
绿
黄
蓝
橙
紫
红
补色：
色相环图中相对的颜色互为补色；
用补色光照射时会产生近似黑色的效果

图 2-8-10 补色光检测原理

使用白色LED时
亮度均一，没有反差
使用红色LED时
红色包装较亮，但是效果仍然不够理想
使用蓝色LED时
仅红色包装变成黑色，反差更鲜明，检查效果稳定
因此蓝色是非常适宜的

图 2-8-11 利用补色光检测示例

← 不可见光 | ← 可见光 → | 不可见光 →

紫外光	紫	蓝	蓝绿	青绿	绿	黄绿	黄	橙	红	红外光
	380	430	480	490	500	560	580	595	650	780

（单位：nm）

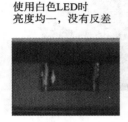

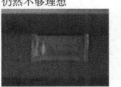

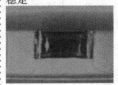

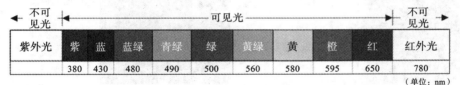

波长不同的光线具有不同的颜色、透射率（例如波长较大的红色光线具有较高的透射率）、散射率（例如波长较小的蓝色光线具有较大的散射率）等特性。

图 2-8-12 波长检测原理

透过包装薄膜拍摄晶片上的刻印文字时，与蓝色光源相比，选择薄膜透射率更高(散射率较低)的红色光源可以产生更好的反差(图 2-8-13)。

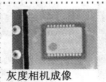

彩色相机成像
白光
彩色相机成像
红光
彩色相机成像
蓝光
灰度相机成像
红光
刻印文字透过薄膜显现出来，反差更大
因此应选择红光
灰度相机成像
蓝光

图 2-8-13 利用波长检测示例

对于使用图像传感器的彩色照相机，其中一种是俗称单板式的 CCD。为了得到彩色图像，需要三原色(RGB)信息。CCD 的每一个像素都贴有一种三原色(R、G 或 B)的滤镜。这

样,每个像素就可以将 R、G 或 B 的 256 级浓淡数据传送给控制器。控制器利用这些数据进行彩色图像处理。

一种用数值表示颜色的体系,通常用含有三个轴的三维图表加以表示。比色系统有许多种类,其中采用色调(hue)、饱和度(saturation)及明度(value)三要素的 HSV 模式接近人眼的观察效果,因此适于图像处理。

黑白照相机使用 256 级浓淡信息。与此相比,彩色照相机使用 R、G、B 三种颜色的各 256 级浓淡信息。这意味着彩色照相机有 256×256×256=16777216 级浓淡信息,因此使用彩色照相机可以检测出更多的细节。所谓彩色二值化处理是指从约 1677 万级颜色中只选择指定颜色范围的处理方法。彩色二值化处理原理见图 2-8-14。相关示例见图 2-8-15、图 2-8-16。

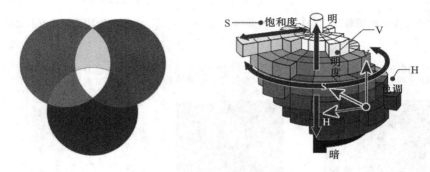

图 2-8-14　彩色二值化处理原理

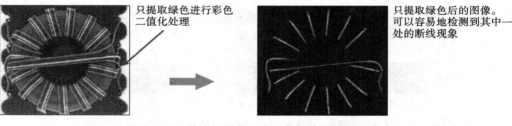

图 2-8-15　检查线圈卷线中绿色导线的断线现象

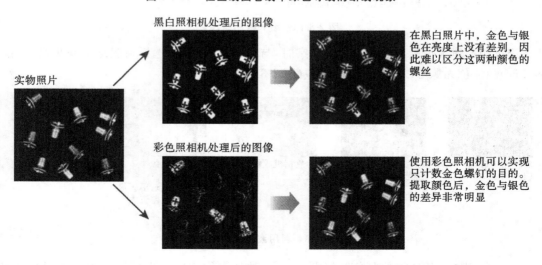

图 2-8-16　从各种颜色的螺钉中选择并计数金色的螺钉

机器视觉软件:用来完成对输入图像数据的处理,通过一定的运算得出结果,这个输出的结果可能是 PASS/FAIL 信号、坐标位置、字符串等。

常见的机器视觉软件以 C/C++图像库、ActiveX 控件、图形式编程环境等形式出现,可以是专用功能的(比如仅仅用于 LCD 检测、BGA 检测、模版对准等),也可以是通用目的的(包括定位、测量、条码/字符识别、斑点检测等)。

主流的机器视觉软件有:侧重图像处理的图像软件包 OpenCV、Halcon、VisionPro;侧重算法的 MATLAB、LabVIEW;侧重相机 SDK 开发的 eVision 等。

(1)机器视觉图像软件包(算法库)。

美国 OpenCV——由美国 Intel 公司建立,如今由 Willow Garage 提供支持。

德国 Halcon——德国 Mvtec 公司。

加拿大 MIL——加拿大的 Matrox Imaging Library(缩写为 MIL)。

美国 VisionPro——美国康耐视(Cogrex)。

日本 VisionEditor——日本基恩士(Keyence)。

加拿大 HexSight——加拿大 Adept。

加拿大 Sherlock——加拿大 Dalsa。

美国 NIVision——美国国家仪器(NI)公司,基于 LabVIEW。

美国 Microscan(迈思肯 MS)——美国欧姆龙·迈思肯公司(Omron Microscan)。

(2)机器视觉程序开发环境。

美国 MATLAB——美国 MathWorks。

美国 LabVIEW——美国国家仪器(NI)公司,图像软件为 NIVision。

比利时 eVision 等——比利时 Euresys 开发,侧重相机 SDK 开发。

(3)国产机器视觉软件。

SciSmart 智能视觉软件 SciVision 视觉开发包——深圳奥普特(OPT)。

VisionWARE 视觉软件——北京凌云光。

VisionBank 机器视觉软件——陕西维视智造。

OpencvRealViewBench(锐微或力维)——深圳市精浦科技有限公司。

(4)机器视觉软件整体对比。

每种软件都有各自的技术优势,有些是定位强,有些在于图像预处理功能更强。某款软件无法实现的功能,换另一款软件则有可能实现。如 Halcon 功能最强大,VisionPro 简单易用,OpenCV 开源最省钱,MIL 费用低。

LabVIEW、OpenCV、Halcon 功能对比如下。

LabVIEW:在工控方面可以说首屈一指,在检查、定位方面比较擅长。

OpenCV:在识别方面做得比较好,比如人脸识别、视频识别等。

Halcon:在尺寸测量方面优势突出,其标定封装的效果比较好。

(5)机器视觉软件详细对比及分析。

①美国 OpenCV——由美国 Intel 公司建立,如今由 Willow Garage 提供支持。

OpenCV 的优势在于开源免费图像处理库。缺点是无人长期维护,可靠性、效率、效果和性能不如商业化软件,而且没有技术支持,开发慢,需要自己从头开始摸索。

OpenCV 定位模板做得不好,只适合简单的应用。

主要应用于计算机视觉领域,在机器视觉领域其实不算太多,主要还是定位、测量、外观、OCR/OCV,这些都不是 OpenCV 的专长。

由于是开源软件,因此其版本繁多,函数库复杂,执行效率受到应用限制,比较适用于科研和学习,不适合工业应用。

部分公司支持用 OpenCV 库开发,如美国 Willow Garage 公司、德国 Kithara 公司、美国国家仪器(NI)公司。

②德国 Halcon——德国 Mvtec 公司。

功能最强大,开放性强,有试用的 license,提供超过 1000 个算子。

Halcon 是一套标准的机器视觉算法包,架构最灵活,具有自己独特底层的数据管理。

使用 Halcon 开发软件,节约产品成本,缩短开发周期,应用范围广,用到图像处理的地方,都可以使用 Halcon。Halcon 包含各类滤波、色彩、几何转换、形态、校正、分类辨识、形状搜寻等基本的几何以及影像计算功能。

Halcon 支持 Windows、Linux 和 Mac OSX 操作环境。整个函数库可以用 C、C++、C#、Visual Basic 和 Delphi 等多种普通编程语言访问。Halcon 为大量的图像获取设备提供接口,保证了硬件的独立性。它为百余种工业相机和图像采集卡提供接口,包括 GenlCam、GigE 和 IIDC1394。

缺点:费用较高,每次分发需要重新购买授权。

③加拿大 MIL——加拿大 Maxtrox 的产品 Matrox Imaging Library(缩写为 MIL)。

MIL 的优势在于免费,性能不如 VisionPro、Halcon 以及 Sherlock,而且没有几何定位。早期推广和普及程度不错,当前主要用户还是早期做激光设备的,用于定位的较多。

④美国 VisionPro——美国康耐视(Cogrex)。

工业化、封装、人性化、评估的便捷性、开发的快速性。

取消了软件授权的形式,硬件授权价格在 1.5 万元到 3 万元不等。

某些性能方面不如 Halcon,但是开发上手比 Halcon 容易。

⑤VisionEditor——日本基恩士(Keyence)。

⑥加拿大 HexSight——加拿大 Adept 公司。

功能强大的定位器工具能精确地识别和定位物体,不论其是否旋转或大小比例发生变化。

HexSight 是世界上第一个做到 1/40 亚像素精度的视觉软件,其特点是精度高、定位识别速度快、对环境光线等干扰不敏感、检测可靠性极高。

小贴士

HexSight 的定位技术

HexSight 的定位工具根据几何特征,采用最先进的轮廓检测技术来识别对象和模式。这种定位技术在面对图像凌乱、亮度波动、图像模糊和对象重叠等问题时有显著效果。HexSight 能处理自由形状的对象,并具有功能强大的去模糊算法。HexSight 在一台 2 GHz 的处理器上,一般零件寻找和定位不超过 10 ms,并可达到 1/40 亚像素位置重复精度和 0.01°旋转重复精度。此外,HexSight 有丰富且易用的图像标定工具,而且它的定位器可以方便地嵌入 OEM 的产品中。

⑦加拿大 Sherlock——加拿大 Dalsa。

评估非常快捷,类似于计算器模式,所见即所得。

⑧美国 NIVision——美国国家仪器(NI)公司,基于 LabVIEW。

NIVision 是一种可快速验证的图像处理库(含视觉助手、VBAI)。

NI 的优点:LabVIEW 平台入门相对简单;开发速度快;在可配置环境和全面的编程库中做出选择,更好地满足需求并快速启动;对于自动化测试大多数需要的软硬件都有解决方案,上手快,开发周期短;可与所有的硬件组合使用,兼容性良好,从而方便地使用现有的代码,管理和维护多个硬件系统。

缺点:LabVIEW 平台下算法的效率低;算法的准确性与稳定性依赖于更好的图像素质,与其他算法(如 Halcon)还是有一定的差距。

总结:适用于做效率要求不太高、图像质量相对比较好且交货周期较短的项目。

⑨美国 Microscan(迈思肯 MS)——美国欧姆龙·迈思肯公司(Omron Microscan)。

欧姆龙·迈思肯的主要视觉产品还是条码阅读一类。

(6)机器视觉程序开发环境详细介绍。

①美国 MATLAB——美国 MathWorks。

底层算法验证效果好。

用法方便,特别是集成了图像处理的很多函数,几乎囊括了所用图像处理的方法。把常见操作都做成了相应的内建函数,使使用者不用去考虑怎样读取图片、怎样转换颜色空间等固定和成熟的算法的细枝末节,将主要精力投放到算法研究中。

缺点是对处理方式的细节把握不够。

②美国 LabVIEW——美国国家仪器(NI)公司,图像软件为 NIVision。

美国 NI 公司的应用软件 LabVIEW 机器视觉软件编程速度是最快的。

③比利时 eVision 等——比利时 Euresys 开发,侧重相机 SDK 开发。

eVision 机器视觉软件包是由比利时 Euresys 公司推出的一套机器视觉软件开发 SDK,相比于其他的机器视觉开发包,它提供了更多的选择项。

eVision 机器视觉软件开发包所有代码都经过 MMX 指令的优化,处理速度非常快,类似 Intel 的 IPP(当然还是比 IPP 稍逊一筹,毕竟这是 Intel 自家开发的),但提供了比 IPP 多得多的机器视觉功能,例如 OCR、OCV,基于图像比对的图像质量检测,BarCode 和 MatrixCode 识别。

(7)国产机器视觉软件详细介绍。

①SciSmart 智能视觉软件 SciVision 视觉开发包——深圳奥普特(OPT)。

做苹果手机项目(富士康),拥有数十人的软件开发及定制化应用团队,定制化开发应用能力比较强,在手机、电子等行业优势较大。

②VisionWARE 视觉软件——北京凌云光。

在印刷品检测方面优势较大,主要做钞票印刷检测。在比较复杂的印刷品反光、拉丝等方面算法比较可靠,漏检率低。

③VisionBank 机器视觉软件——陕西维视智造。

优点:部分测量和缺陷检测功能较好用,易上手,不需要任何编程基础,能非常简单快捷地检测出来;达到四分之一亚像素,和 Halcon 精度差不多,把不需要的颜色处理掉,能处理掉色差非常接近的颜色,功能非常强大。

缺点:印刷品字符识别能力一般,有漏检。

④OpencvRealViewBench(锐微或力维)——深圳市精浦科技有限公司。

RVB 包含各种 Blob 分析、形态学运算、模式识别和定位、尺寸测量等性能杰出的算法，提供不同形状关注区(Region of Interest,简称 ROI)操作,可以开发强大的视频人机界面功能。

RVB 与图象采集设备如 CCD 相机无关,目前支持多种厂家的相机,接口包括 USB2.0/3.0、GigE、1394a/b,如有更多相机接口要求,可以为客户免费定制。

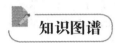

知识图谱

机器人视觉应用一般步骤

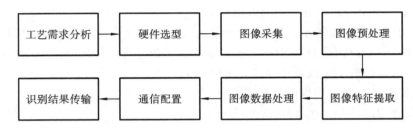

海康威视视觉定位识别案例如下。

1. 项目要求分析

对应产品是精密轴承的零件(图 2-8-17),其半成品上有 4 个间隔 90°的凹点,有一个后接工序。原来是有人工进行操作的,现在需要实现自动化。采用的方案是由振动盘将产品依次排列,再由机械手搬送到后接工序。难点是经过振动盘输出的零件的角度是随机的,而后续的生产需要固定的角度。

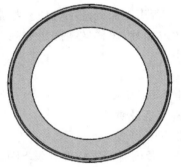

图 2-8-17　精密轴承的零件

2. 解决方案

第 1 步:采用 VisionMaster 识别定位零件上的凹点,并获取其所在的角度值,然后发送给 PLC(图 2-8-18~图 2-8-20)。

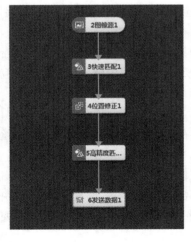

图 2-8-18　识别定位

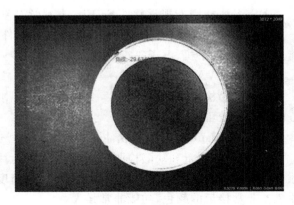

图 2-8-19　获取角度值

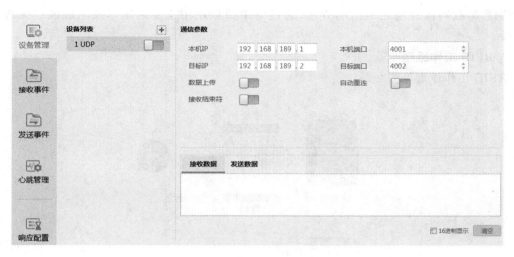

图 2-8-20 传输数据

第 2 步：PLC 从 VM 获得角度值后，驱动伺服电机，将零件调整到固定的角度（图 2-8-21）。后续由机械手将零件搬送到后接工序。

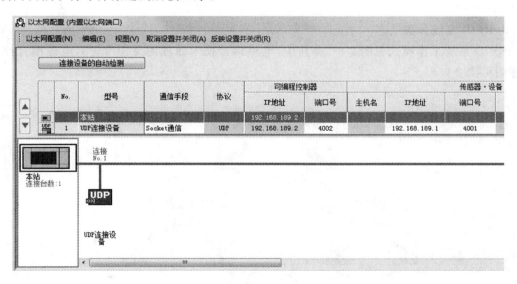

图 2-8-21 驱动伺服电机

◀ 任务 9 RFID 电子标签应用 ▶

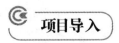 **项目导入**

1. RFID 定义

RFID（radio frequency identification）无线射频识别（即无接触式检测物体属性），是一

种识别数据载码体并与之通信的方法,通过空中接口使用交变磁场以及电磁波("无线电波")。

2. RFID 工作原理

RFID 工作原理见图 2-9-1。

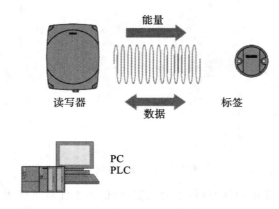

图 2-9-1　RFID 工作原理

3. RFID 系统分类

RFID 系统工作模式见图 2-9-2。其中,电感耦合技术原理图见图 2-9-3,电磁耦合技术原理图见图 2-9-4。

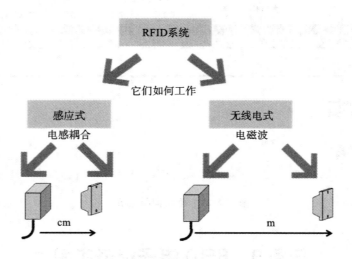

图 2-9-2　RFID 系统工作模式

(1)按传输频率分类。

①低频(LF)RFID。

30~300 kHz,读取距离小于 10 cm,数据传输速率较低。

不容易受到其他电磁波干扰,可在水面或金属附近使用。

曾经常用于门禁卡制作、牲畜追踪。

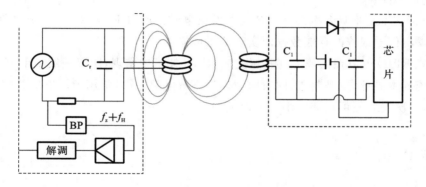

图 2-9-3　电感耦合技术原理图

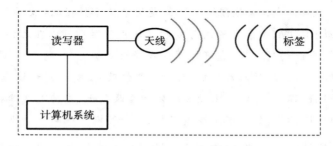

图 2-9-4　电磁耦合技术原理图

②高频(HF)RFID。

3～30 MHz,读取距离为 10 cm～1 m,数据传输速率较高。

容易受到其他电磁波干扰,不适合在水面或金属附近使用。

曾经常用于非接触式付款等数据传输量较大的场景。

③超高频(UHF)RFID。

300 MHz～3 GHz,读取距离最长可至 12 m,数据传输速率最快。

最容易受电磁波干扰,但是由于各大制造商的大力投入,各种抗干扰设计水平远超低频和高频 RFID。

如今作为三种技术中的最优选择,被各大制造商用于各种用途。

(2)按电子标签是否带电分类。

①主动式 RFID。

RFID 标签本身具备供电装置。主动式超高频 RFID 标签的广播距离最大可以达到 100 m,常用于追踪大型设备或者车辆。

主动式 RFID 标签又细分为如下两种。

a. 讯问式 RFID 标签:标签仅在接收到读写器的电磁信号后才会通电广播信号,较为省电,但是需要较近距离触发。

b. 信标式 RFID 标签:标签会定时通电广播信号(时间间隔可以事先设定),耗电量较大,但是可以用于实时定位。

②被动式 RFID。

RFID 标签本身不具备电源。当读写器发出电磁波时,RFID 标签基于接收到的电磁波充能并且发出信号或修改存储数据而实现信息传输。

被动式 RFID 可以在低频、高频、超高频 RFID 技术中实现,距离一般小于 10 m;相对于主动式系统成本更低,更易制造;同时因为标签不带电源,所以常用于图书标签、门禁卡或电子设备中,一次安装便可长期使用且无须维护。

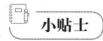

小贴士

RFID 标签信息存储

一个 RFID 标签由芯片和天线组成。天线是用来传输数据的,数据存在芯片中。

芯片中包含 EEPROM(电子抹除式可复制只读存储器),可以在无供电的情况下长期存储数据,在供给特定电压的情况下,也可以写入或修改数据。

只读型 RFID 标签:出厂时写入数据,此后不再修改,支持无线读取数据。

有线读写型 RFID 标签:可以插上数据线供电修改数据,支持无线读取数据。

无线读写型 RFID 标签:既可以无线读取数据,也可以无线写入数据。

被动式 RFID 标签供电原理:电磁感应→读写器发出的电磁波在标签的线圈中产生感应电流供电。

4. RFID 制造业现状

RFID 系统包含三种核心产品:RFID 读写器芯片、RFID 标签芯片、RFID 软件系统(既负责和用户交互,也负责编码解码信息)。国内厂商有一定的芯片设计能力,但是封装制造能力偏弱,且国内鲜有生产 RFID 软件系统的厂商,与国外差距较大。国际上,有两大 RFID 系统制造商:Impinj,Inc 总部设在美国华盛顿州,成立于 2000 年;Alien Technology 总部设在美国加利福尼亚州,成立于 1994 年。目前国内大多数 RFID 系统需要购买进口芯片和软件。

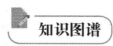

知识图谱

RFID 电子标签应用一般步骤

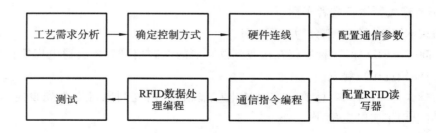

以下介绍如何通过 RF120C 与 RFID 通信。

从 STEP 7 Basic/Professional V13 SP1 开始,在编程指令,"选件包"中集成了 SIMATIC Ident 配置文件和 Ident 指令块,使用 TIA Portal 进行组态与编程的 S7-1200/1500 可以使用这些指令对工业识别系统进行操作。

S7-1200 可以使用 RF120C 通信模块,实现与西门子工业识别系统的通信。本书介绍通过 S7-1200 CPU 和 RF120C,使用 Ident 指令块,实现对 RF200 进行读写操作。

主要硬件设备如下。

CPU1215C:6ES7 215-1AG40-0AB0。

RF120C:6GT2 002-0LA00。

RF260R:6GT2 821-6AC10。

MDS D100:6GT2 600-0AD10。

RF260R 到 RF120C 连接电缆(2 m):6GT2 091-4LH20。

软件环境:TIA Portal V13 SP1 Update 4。

系统配置:S7-1200 CPU1215C 通过 RF120C 通信模块,连接 RF260R 读写头,在 TIA Portal V13 SP1 Update4 软件环境下,使用 SIMATIC Ident 指令块对数据载体(MDS D100)进行读写操作。

系统配置如图 2-9-5 所示。

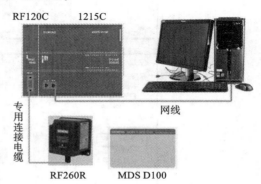

图 2-9-5 系统配置

1. 设备组态

首先,通过"设备视图"对 CPU 和 RF120C 进行组态,如图 2-9-6 所示。

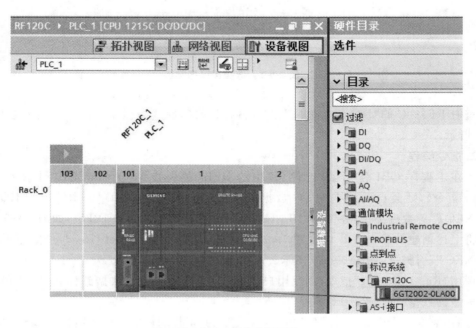

图 2-9-6 组态 RF120C

选择连接的阅读器类型,本例中连接的是 RF260R,故选择"RF200 常规",如图 2-9-7 所示。

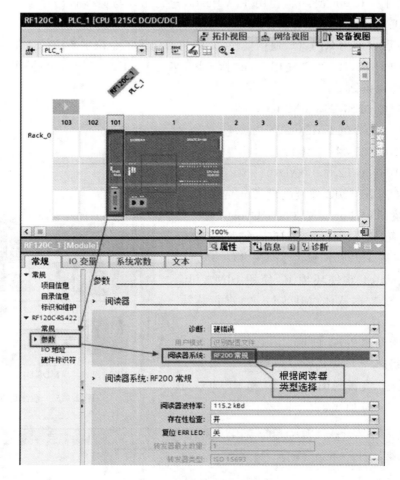

图 2-9-7　选择阅读器类型

查看 RF120C 的"I/O 起始地址"和"硬件标识符",后续编程需要使用这两个参数,如图 2-9-8 所示。

2. 指令编程

当在主程序 OB1 使用了"选件包"中的 RFID 相关指令(例如在 OB1 中拖曳 Reset_Reader 指令),则会自动地在"PLC 数据类型"中增加"IID_CMD_STRUCT""IID_HW_CONNECT"等数据类型,并使用"IID_HW_CONNECT"创建参数 DB 块,如图 2-9-9 所示。

将上述创建的参数 DB 块变量"connect_para"填写到"Reset_Reader"指令的"HW_CONNECT"引脚上,如图 2-9-10 所示。

调用"Reset_Reader"指令,创建用户数据块,DB5 用于写入数据到标签,DB6 用于存储来自标签的数据,如图 2-9-11 所示。

注意:需要在 DB 块"属性"修改数据块类型为标准 DB 块。在 DB 块的"属性"中修改,如图 2-9-12 所示。

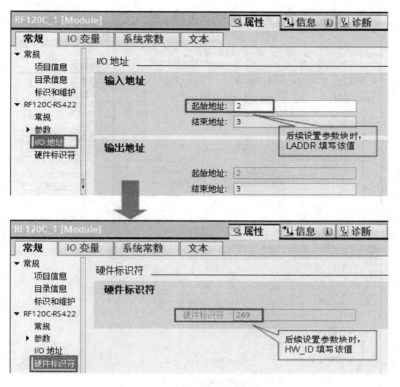

图 2-9-8　I/O 起始地址和硬件标识符

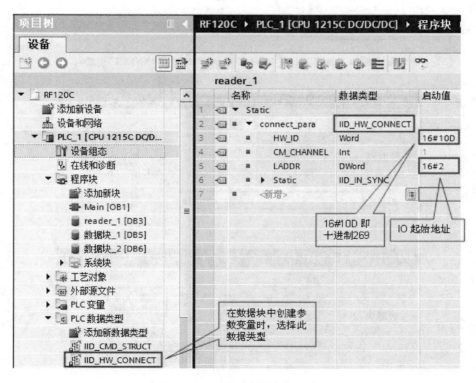

图 2-9-9　设置连接参数 DB 块

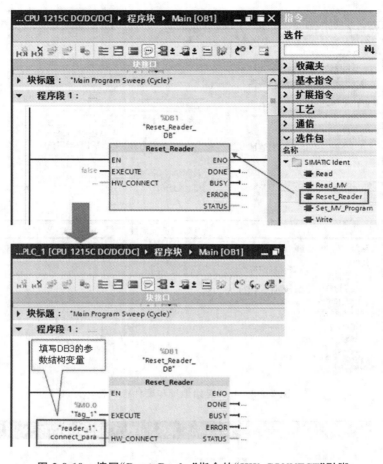

图 2-9-10　填写"Reset_Reader"指令的"HW_CONNECT"引脚

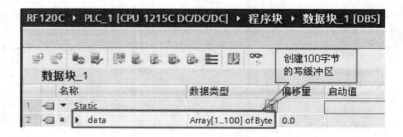

图 2-9-11　创建读/写数据块

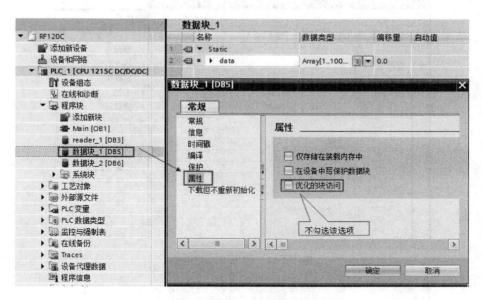

图 2-9-12 将 DB 块设置为标准块

调用"Write"指令,引脚参数按图 2-9-13 所示填写。

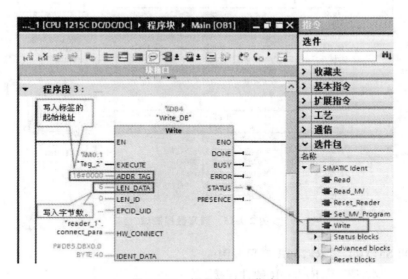

图 2-9-13 调用"Write"指令

调用"Read"指令,引脚参数按图 2-9-14 所示填写。

3. 测试

将项目编译,无错误后下载到 PLC 中,并使用 MDS D100 标签做测试,测试结果如图 2-9-15 所示。

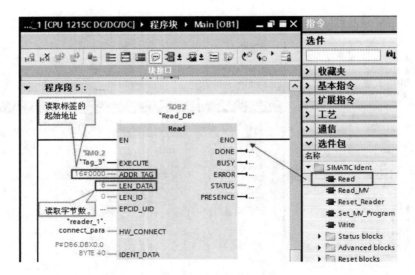

图 2-9-14　调用"Read"指令

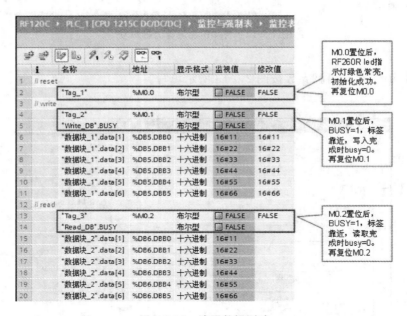

图 2-9-15　读写数据测试

4. S7-200 SMART 与 RF260R 应用案例

1）S7-200 SMART 与 RF260R 硬件连接

图 2-9-16 为 S7-200 SMART 与 RF260R 设备的基本连接。

（1）RF260R 读写器（订货号：6GT2821-6AC11）。

（2）SB CM01 RS485/232 通信板。

（3）S7-200 SMART PLC。

（4）MDSDXX 数据载体。

（5）电源末端开路的 RS-232 连接电缆。

图 2-9-17 为末端开路的 RS-232 连接电缆。

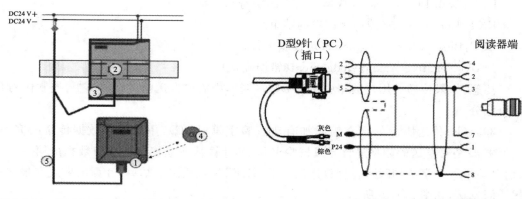

图 2-9-16 S7-200 SMART 与 RF260R 设备
的基本连接

图 2-9-17 末端开路的 RS-232 连接电缆

图 2-9-18 为末端开路 RS-232 连接电缆与 SB CM01 RS485/232 通信板的接线方式。

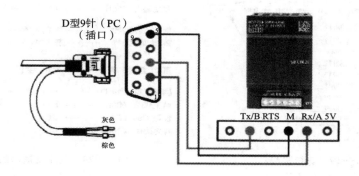

图 2-9-18 末端开路 RS-232 连接电缆与 SB CM01 RS485/232 通信板的接线方式

　　S7-200 SMART PLC 通过 SB CM01 RS485/232 通信板与 RF260R 读写器连接起来，使用的连接电缆是 RS232 电缆，如果是其他型号的 RF200R 或 RF300R，可以使用 RS232 转 RS422 转换器来进行连接。S7-200 SMART PLC 使用专用的指令库 RFID_smart_library 来实现与 RF200R 或 RF300R 通信，其中使用的协议是 3964(R)协议。

　　2)3964(R)协议

　　3964(R)协议包含物理层和数据链路层(ISO-OSI 参考模型第一层、第二层)，通过点对点的连接实现本地站点和通信伙伴之间的数据传输。3964(R)协议是在两个主站(主主协议)之间进行通信的点到点传输协议，这两个节点都可以进行主动数据发送。S7-200 SMART PLC RFID_smart_library 指令库采用主从通信方式改写 3964(R)协议，S7-200 SMART PLC 为主站，RF260R 为从站，S7-200 SMART PLC 主动发送命令报文帧，RF260R 被动响应报文帧。

　　3964(R)协议将控制字符添加到传输数据中，控制字符用来表示报文帧的开始和结束，它们也是通信双方的"握手"信号。通信伙伴使用这些控制字符，检查数据是否被正确和完整地接收。

　　3964(R)程序使用以下控制字符。

　　STX：Start of Text(传送字符串的开始)。

DLE：Data Link Escape（数据传送换码字符）。

EXT：End of Text（传送字符串的结束）。

BCC：Block Check Character（块校验字符）。

NAK：Negative Acknowledgement（错误确认）。

注意：如果传递的用户数据中包含 DLE 字符，则需要发送两次，以将它与控制代码 DLE 加以区分。

3964(R)传送协议的报文帧附加有块校验字符（BCC），用来增强数据传送的完整性。BCC 校验是对发送的数据进行异或校验求和，其计算从建立连接后用户数据的第一个字节（消息帧第一个字节）开始，在释放连接时 DLE、ETX 代码之后结束，计算结果放在报文的结尾一同发送，如图 2-9-19 所示。

3964(R)发送时的报文格式如图 2-9-20 所示。

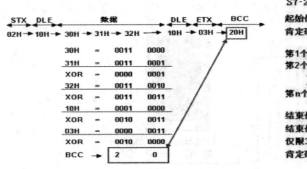

图 2-9-19　块校验和

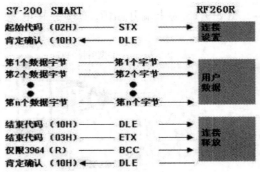

图 2-9-20　程序发送时的数据通信

3）S7-200 SMART 与 RF260R 通信的指令库

S7-200 SMART PLC 使用专用的指令库 RFID_smart_library 实现与 RF200R 或 RF300R 的通信，其中使用的协议为改写的 3964(R)协议。该指令库包括 RFID_init、RFID_reset、RFID_read_tag、RFID_write_tag 等指令块，各指令块功能如下。

（1）RFID_init：初始化 S7-200 SMART 通信端口设置以及探测 RF200R 通信波特率。

（2）RFID_reset：该命令复位 RF200R 读写器，删除所有的没有执行的命令，同时执行参数的传输，响应报文包含 RF200R 的状态、固件版本等信息。

（3）RFID_read_tag：该命令请求从当前区域存在的 RFID 数据载体中读取定义的数据，响应报文包含请求读取的数据。

（4）RFID_write_tag：该命令写入数据到当前天线场内存在的 RFID 数据载体存储区，响应报文包括一个确认报文。

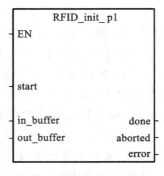

图 2-9-21　RFID_init 指令块

4）RFID_init 指令块

图 2-9-21 为 RFID_init 指令块的各个输入、输出参数引脚。

指令块各个输入、输出参数引脚描述如表 2-9-1 所示。

表 2-9-1　RFID_init 指令块各个输入、输出参数引脚描述

引脚名称	描述
start	为"True"时触发 RFID_init 指令的执行
in_buffer	定义 S7-200 SMART 自由口通信 RCV 指令的接收缓冲区的起始地址
out_buffer	定义 S7-200 SMART 自由口通信 XMT 指令的发送缓冲区的起始地址
done	RFID_init 指令正确执行完成标志位
aborted	RFID_init 指令执行错误标志位
error	RFID_init 指令执行错误时,错误代码

指令块"start"引脚为"True"时,启动过程如图 2-9-22 所示。

RFID_init 初始化指令的每一步骤的执行状态都被控制,整个指令执行的看门狗时间为 5 秒,如果步骤执行错误或者看门狗超时,相应的错误代码会显示在"error"引脚。

(1)设置 S7-200 SMART 通信接口。

①SMB30/130＝2♯11011101。

自由口通信,波特率＝57.6 kbit/s,8 位数据位,奇校验,1 位停止位(如需要修改 S7-200 SMART 与 RF200R 的通信速率,修改 RFID_init 指令块的 Network 6 的 SMB30/130 数值即可)。

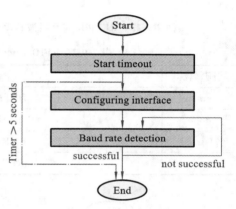

图 2-9-22　RFID_init 指令的启动过程

②SMB87/187＝2♯10010100;SMW90/190＝0;SMW92/192＝10。

接收指令采用空闲线检测开始接收,空闲线时间为 0;采用字符间定时器时间超时结束,定时器时间为 10 ms。

(2)波特率探测。

当 RF200R 读写器上电后,其将以不同的波特率循环重复向外发送控制字符 STX (02H)。S7-200 SMART 使用 RFID_init 指令设置通信口波特率为 57.6 kbit/s,并执行 RCV 接收指令,如果正确接收到 RF200R 发送的 STX(02H),S7-200 SMART 将向 RF200R 回复肯定应答 DLE(10H)。RF200R 接收到肯定应答 DLE,将停止重复发送 STX,波特率探测完成,RF200R 与 S7-200 SMART 双方的通信速率将会固定为 57.6 kbit/s。波特率探测过程如图 2-9-23 所示。

5)RFID_reset 指令块

RFID_reset 指令块设置传送参数,定义 RF200R 读写器的操作模式,只有复位成功的读写器才能被正确执行读写指令。复位指令可以在任何时候被立即执行,读写器执行该复位指令时将删除所有的没有执行的命令,同时执行参数的传输。RFID_read_tag、RFID_write_tag 指令块执行错误或者读写器出现错误指示灯红色闪烁时,需要调用 RFID_reset 指令块复位读写器。

图 2-9-24 为 RFID_reset 指令块的各个输入、输出参数引脚。

指令块各个输入、输出参数引脚描述如表 2-9-2 所示。

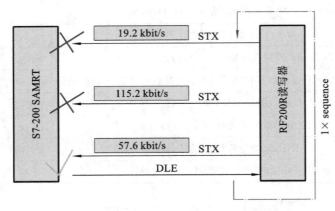

图 2-9-23　RF200R 读写器波特率探测过程

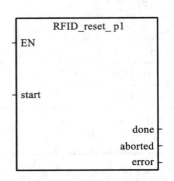

图 2-9-24　RFID_reset 指令块

表 2-9-2　RFID_reset 指令块各个输入、输出参数引脚描述

引脚名称	描述
start	为"True"时触发 RFID_reset 指令的执行
done	RFID_reset 指令正确执行完成标志位
aborted	RFID_reset 指令执行错误标志位
error	RFID_reset 指令执行错误时,错误代码

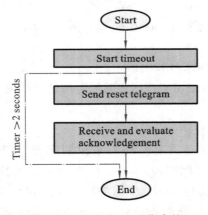

图 2-9-25　RFID_reset 指令的
启动过程

指令块"start"引脚为"True"时,启动过程如图 2-9-25 所示。

RFID_reset 复位指令的每一步骤的执行状态都被控制,整个指令执行的看门狗时间为 2 秒,如果步骤执行错误或者看门狗超时,相应的错误代码会显示在"error"引脚。

发送 reset 复位报文帧,如图 2-9-26 所示。

注意事项如下。

①param:S7-200 SMART 只支持 05 模式。

RFID_smart_library 指令库采用主从通信方式改写 3964(R)协议,S7-200 SMART PLC 为主站,RF260R 为从站,S7-200 SMART PLC 主动发送命令报文帧,RF260R 被动响应报文帧,不支持 RF260R 主动发送报文帧功能;参数 param 不能设置为 25H 模式,不支持数据载体是否存在检测功能。

②ftim:field_ON_time 参数(图 2-9-27)。

RF200R 系列读写器只支持 ISO 模式数据载体,RF300R 系列支持 RF300T 或者 ISO 模式数据载体。

③本指令库默认的 reset 报文帧设置为 RF260R+ISO 数据载体模式,其他读写器或者不同模式的数据载体需要修改 reset 报文帧,只需要修改 RFID_reset 指令块 Network 7,如图 2-9-28 所示。

接收并评估应答报文帧:RF200R 读写器接收到 reset 报文帧后,将会立即发送应答报

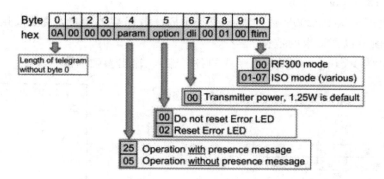

图 2-9-26　reset 复位报文帧

Value	ISO	RF300
01	Cross-manufacturer tag.	To be assigned the value 0
03	ISO my-d (Infineon SRF 55V10P)	
04	ISO (Fujitsu MB89R118)	
05	ISO I-Code SLI (NXP SL2 ICS20)	
06	ISO Tag-it HFI (Texas Instruments)	
07	ISO (ST LRI2K)	

图 2-9-27　field_ON_time 参数

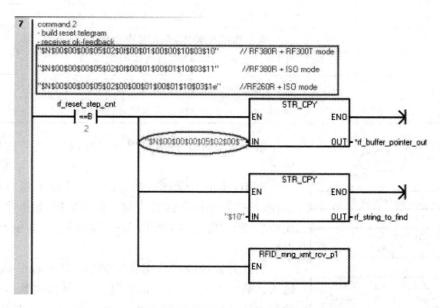

图 2-9-28　修改 RFID_reset 报文帧

文帧,应答报文帧包含读写器的状态代码和硬件的固件版本。reset 应答报文帧如图 2-9-29 所示。

　　当 RFID_reset 指令块"start"引脚为"True"时,执行 RF200R 读写器复位操作,指令正确执行完成标志位"done"引脚为"True"时,我们可以通过查询由 RFID_init 指令块指定的自由口通信的接收缓冲区获取应答报文帧。

6）RFID_read_tag 指令块

该指令块用于从 RF200R 读写器天线场 RFID 数据载体中读取数据，并评估应答报文帧，应答报文帧中包含请求的数据。

图 2-9-30 为 RFID_read_tag 指令块的各个输入、输出参数引脚。

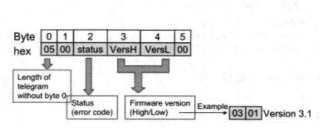

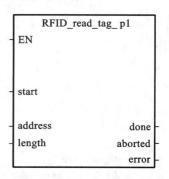

图 2-9-29　reset 应答报文帧　　　　　　图 2-9-30　RFID_read_tag 指令块

指令块各个输入、输出参数引脚描述如表 2-9-3 所示。

表 2-9-3　RFID_read_tag 指令块各个输入、输出参数引脚描述

引脚名称	描述
start	为"True"时触发 RFID_read_tag 指令的执行
address	指定数据载体中读取的数据存储区的起始地址
length	指定数据载体中读取的数据个数
done	RFID_read_tag 指令正确执行完成标志位
aborted	RFID_read_tag 指令执行错误标志位
error	RFID_read_tag 指令执行错误时，错误代码

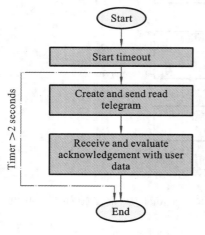

图 2-9-31　RFID_read_tag 指令的
启动过程

指令块"start"引脚为"True"时，启动过程如图 2-9-31 所示。

RFID_read_tag 读取指令的每一步骤的执行状态都被监控，整个指令执行的看门狗时间为 2 秒，如果步骤执行错误或者看门狗超时，相应的错误代码会显示在"error"引脚。

创建并发送读取数据报文帧：RFID_read_tag 指令块输入参数"address"和"length"决定了从数据载体中读取的数据存放区域，参数的最大值由所使用的数据载体决定。例如：RF340 数据载体有一个 8 K 字节的 FRAM 和一个 20 字节的 EEPROM 存储容量，如图 2-9-32 所示。

一次任务最多可以读 246 个字节，这是由 RFID_smart_library 指令库所决定的。读取数据报文帧格式如图 2-9-33 所示。

接收并评估应答数据报文帧：如果 RFID 读写器的天线场中不存在数据载体或者读取

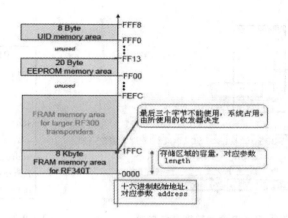

图 2-9-32　RF340 数据载体的存储区域分配

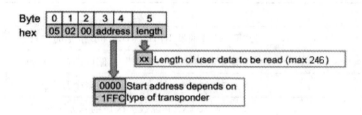

图 2-9-33　读取数据报文帧

数据时间超过 2 秒,RFID_read_tag 指令块"aborted"引脚将为"True",读写器接收到的读取请求指令只能通过再次触发 RFID_reset 指令块发送 reset 命令进行取消。

如果 RFID 读写器的天线场中存在数据载体,读写器将会立即发送应答数据报文帧,应答数据报文帧格式如图 2-9-34 所示。

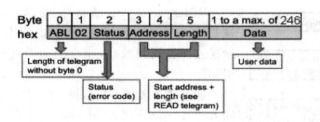

图 2-9-34　应答数据报文帧

当 RFID_read_tag 指令块"start"引脚为"True"时,执行读取数据载体数据任务,指令正确执行完成标志位"done"引脚为"True"时,我们可以通过查询由 RFID_init 指令块指定的自由口通信的接收缓冲区读取数据载体数据,如图 2-9-35 所示。

7)RFID_write_tag 指令块

该指令块用于写入数据到读写器天线场中的 RFID 数据载体,并评估应答报文,应答报文包括一个确认报文。图 2-9-36 为 RFID_write_tag 指令块的各个输入、输出参数引脚。

指令块各个输入、输出参数引脚描述如表 2-9-4 所示。

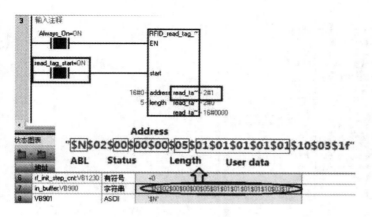

图 2-9-35 接收缓冲区中查询数据载体数据

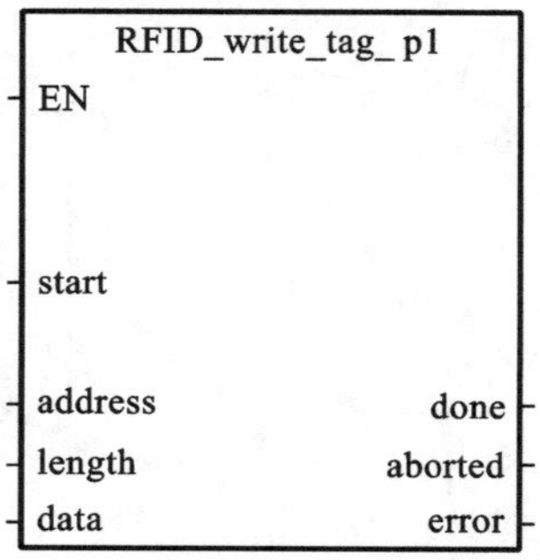

图 2-9-36 RFID_write_tag 指令块

表 2-9-4 RFID_write_tag 指令块各个输入、输出参数引脚描述

引脚名称	描述
start	为"True"时触发 RFID_write_tag 指令的执行
address	指定数据载体中写入的数据存储区的起始地址
length	指定数据载体中写入的数据个数
data	S7-200 SMART 源数据区域的起始地址
done	RFID_write_tag 指令正确执行完成标志位
aborted	RFID_write_tag 指令执行错误标志位
error	RFID_write_tag 指令执行错误时,错误代码

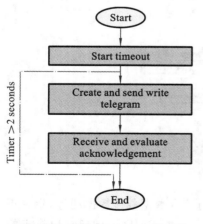

图 2-9-37 RFID_write_tag 指令的
启动过程

指令块"start"引脚为"True"时,启动过程如图 2-9-37 所示。

RFID_write_tag 读取指令的每一步骤的执行状态都被监控,整个指令执行的看门狗时间为 2 秒,如果步骤执行错误或者看门狗超时,相应的错误代码会显示在"error"引脚。

创建并发送写入数据报文帧:RFID_write_tag 指令块输入参数"address"和"length"决定了写入数据载体中的数据存放区域,参数的值由所使用的数据载体决定。一次任务最多可以写 246 个字节,这是由 RFID_smart_library 指令库所决定的。

写入数据报文帧格式如图 2-9-38 所示。

接收并评估应答报文:如果 RFID 读写器的天线场中不存在数据载体或者写入数据时间超过 2 秒,RFID_write_tag 指令块"aborted"引脚将为"True",读写器接收到的写入数据请求指令只能通过再次触发 RFID_reset 指令块发送 reset 命令进行取消。

如果 RFID 读写器的天线场中存在数据载体,读写器将会立即发送应答数据报文帧,应答数据报文帧格式如图 2-9-39 所示。

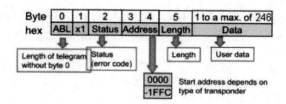

图 2-9-38　写入数据报文帧

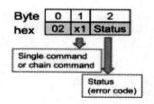

图 2-9-39　应答数据报文帧

项目三
信息采集与设备互联

数据采集与监视控制系统（supervisory control and data acquisition，简称 SCADA）是一类功能强大的计算机远程监督控制与数据采集系统，它综合利用了计算机技术、控制技术、通信与网络技术，完成了对测控点分散的各种过程或设备的实时数据采集，本地或远程的自动控制，以及生产过程的全面实时监控、管理、安全控制和故障诊断，并为上级企业信息管理系统提供必要的数据接口及支持。

SCADA 系统作为生产过程和事务管理自动化最为有效的计算机软/硬件系统之一，它包含三个部分：第一个是分布式的数据采集系统，也就是通常所说的下位机；第二个是过程监控与管理系统，即上位机；第三个是数据通信网络，包括上位机网络、下位机网络，以及将上、下位机系统连接的通信网络。典型的 SCADA 系统的结构如图 3-0-1 所示，SCADA 系统的这三个组成部分的功能不同，但三者的有效集成则构成了功能强大的 SCADA 系统，完成对整个过程的有效监控。

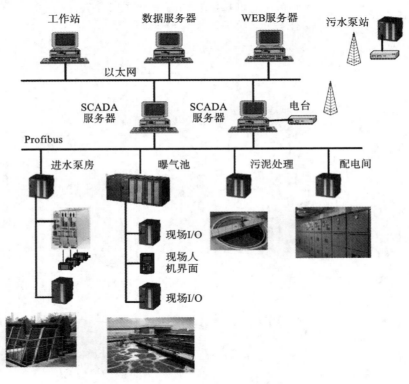

图 3-0-1　SCADA 系统的结构

利用通信网络实现 SCADA 系统的数据通信是 SCADA 系统的重要组成部分。一个大型的 SCADA 系统包含多种层次的网络，如设备层总线、现场总线；在控制中心有以太网；而连接上、下位机的通信形式更是多样，既有有线通信，也有无线通信，有些系统还有微波、卫星等通信方式。

本项目任务 1 和任务 2 给出了 SCADA 系统设备层、下位机和上位机之间数据交换的典型方式——现场总线通信协议和 OPC 数据交换规范；任务 3 介绍了如何采集、处理和归档工业现场的过程数据；任务 4 应用 WinCC 组态软件呈现了可视化现场数据的过程。

任务1 现场总线通信与网络配置

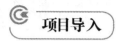

项目导入

现场总线的出现,标志着自动化技术步入一个新的时代。根据国际电工委员会在 IEC61158 中定义,现场总线是指安装在制造或过程区域的现场装置与控制室内的自动控制装置之间的数字式、串行、多点通信的数据总线。现场总线广泛用于制造业自动化、批量流程控制、过程控制等领域,为现场的自动装置和控制室内的自动控制装置互联互通提供通信技术,如图 3-1-1 所示。

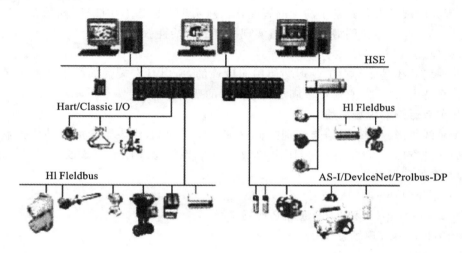

图 3-1-1 现场总线控制系统

1. 现场总线的体系结构

现场总线是以 ISO 的 OSI 模型为基本框架的,并根据实际需要进行简化了的体系结构系统,一般包括物理层、数据链路层、应用层、用户层。物理层向上连接数据链路层,向下连接介质。物理层规定了传输介质(双绞线、无线和光纤)、传输速率、传输距离、信号类型等。在发送期间,物理层对来自数据链路的数据流进行编码并调制。在接收期间,它用来自介质的控制信息使接收到的数据信息实现解调和解码,并送给链路层。数据链路层负责执行总线通信规则,处理差错检测、仲裁、调度等。应用层为最终用户的应用提供一个简单接口,定义了如何读、写、解释和执行一条信息或命令。用户层实际上是一些数据或信息查询的应用软件,规定了标准的功能块、对象字典和设备描述等一些应用程序,给用户一个直观和简单的使用界面。

2. 现场总线的技术特点

现场总线的特点主要体现在两个方面:一是在体系结构上成功实现了串行连接,克服了并行连接的许多不足;二是在技术上成功解决了开发竞争和设备兼容两大难题,实现了现场设备的高度智能化、互换性和控制系统的分散化。

（1）开放性。

开放性包括三个方面：一是指系统通信协议和标准的一致性和公开性，这样可保证不同厂家的设备之间的互联和替换，现场总线技术的开发者所做的第一件事就是致力于建立一个统一的工厂底层的开放系统；二是系统集成的透明性和开放性，用户可自主进行系统设计、集成和重构；三是产品竞争的公开性和公正性，用户可以按照自己的需要，选择不同厂家的质量好且价格合适的任何符合系统要求的设备，来组成自己的控制系统。

（2）交互性。

交互性指互操作性（interoperability）和互换性（interexchangability），这里也包含三层意思：一是指上层网络与现场设备之间具有相互沟通的能力；二是指设备之间具有相互沟通的能力，即具有互操作性；三是指不同厂家的同类产品可以相互替换，即具有互换性。

（3）自治性。

由于将传感测量、信号变换、补偿计算、工程量处理和部分控制功能下放到了现场设备中，因此现在的现场设备具备了高度的智能化。除实现上述基本功能外，现场设备还能随时诊断自身的运行状态，预测潜在的故障，实现高度的自治性。

（4）适应性。

工业现场总线是专为在工业现场使用而设计的，所以具有较强的抗干扰能力和极高的可靠性。在特定条件下，它还可以满足安全防爆的要求。

3.几种有影响的现场总线

现场总线将当今网络通信与管理的概念带入控制领域，代表了今后自动化控制体系结构发展的一种方向。2003 年 4 月，IEC61158 第 3 版现场总线标准正式成为国际标准，规定了 10 种类型的现场总线。

Type1：TS61158 现场总线

Type2：ControlNet 和 Ethemet/IP 现场总线

Type3：Profibus 现场总线

Type4：P-NET 现场总线

Type5：FF HSE 现场总线

Type6：SwiftNet 现场总线（在 2007 年的 IEC61158Ed.4 被撤销）

Type7：World FIP 现场总线

Type8：Interbus 现场总线

Type9：FF H1 现场总线

Type10：PROFInet 现场总线

1）基金会现场总线 FF（Foundation Fieldbus）

基金会现场总线是国际上几家现场总线经过激烈竞争后形成的一种现场总线，由现场总线基金会推出，已经被列入 IEC61158 标准。FF 是为适应自动化系统，特别是过程自动化系统在功能、环境与技术上的需求而专门设计的。FF 适合在流程工业的生产现场工作，能适应安全防爆的要求，还可以通过通信总线为现场设备提供电源。为了适应离散过程与间歇过程控制的要求，近年来还扩展了新的功能块。

FF 核心技术之一是数字通信。为了实现通信系统的开放性，其通信模型是参照 ISO 的 OSI 模型，并在此基础上根据自动化系统的特点进行演变后得到的。FF 的参考模型具备 ISO/OSI 参考模型中的三层，即物理层、数据链路层和应用层，并按照现场总线的实际要求把应用层划分为两个子层——总线范围子层与总线报文规范子层。此外,FF 增加了用户层,因此可以将通信模型看作是四层。物理层规定了信号如何发送;数据链路层规定如何在设备间共享网络和调度通信;应用层规定了在设备间交换数据、命令、事件信息,以及请求应答中的信息格式;用户层用于组成用户所需要的应用程序,如规定标准的功能块、设备描述实现网络管理、系统管理等。

FF 总线提供了 H1 和 H2 两种物理层标准。H1 是用于过程控制的低速总线,传输速率为 31.25 kbps,传输距离为 200 m、450 m、1200 m、1900 m,支持本质安全总线设备和非本质安全总线设备。H2 为高速总线,其传输速率为 1 Mbps(此时传输距离为 750 m)或 2.5 Mbps(此时传输距离为 500 m)。H1 和 H2 每段节点数可达 32 个,使用中继器后可达 240 个,H1 和 H2 可通过网桥互连,如图 3-1-2 所示。

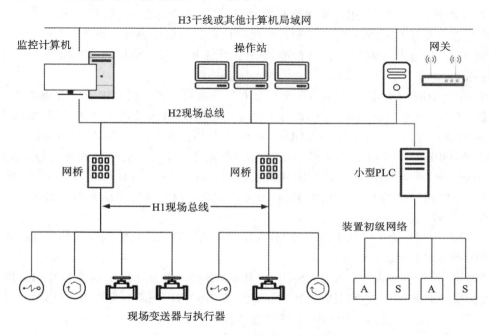

图 3-1-2　FF HSE 现场总线体系结构

2)过程现场总线 PROFIBUS

PROFIBUS 是 Process Fieldbus 的缩写,由 Siemens 公司提出并极力倡导,已先后成为德国国家标准 DIN19245、欧洲标准 EN50170 和国际标准之一,是一种开放而独立的总线标准,在机械制造、工业过程控制、智能建筑中充当通信网络。

PROFIBUS 是一种国际化、开放式、不依赖于设备生产商的现场总线标准。PROFIBUS 传输速度可在 9.6 kbps～12 Mbps 范围内选择且当总线系统启动时,所有连接到总线上的装置应该被设成相同的速度。PROFIBUS 广泛用于制造业自动化、流程工业自动化和楼宇、交通电力等其他领域自动化。

与其他现场总线系统相比,PROFIBUS 的最大优点在于具有稳定的国际标准 EN50170 作为保证,并经实际应用验证具有普遍性。目前,已应用的领域包括加工制造、过程控制和自动化等。PROFIBUS 的开放性和不依赖于厂商的通信的设想,已在十多万成功应用中得以实现。经市场调查确认,在德国和欧洲市场中,PROFIBUS 占开放性工业现场总线系统的市场超过 40%。PROFIBUS 有众多自动化生产厂商支持,它们都具有各自的技术优势并能提供广泛的优质新产品和技术服务。

PROFIBUS 由 3 个兼容部分组成,即 PROFIBUS-DP(decentralized periphery)、PROFIBUS-PA(process automation)和 PROFIBUS-FMS(fieldbus message specification)。主要使用主从方式,通常周期性地与总线设备进行数据交换。

(1) PROFIBUS-DP 是一种高速低成本通信,用于设备级控制系统与分散式 IO 的通信。基本特性同 FF 的 H2 总线,适用于分散的外部设备和自控设备之间的高速数据传输,用于连接 PROFIBUS-PA 和加工自动化。

(2) PROFIBUS-PA 专为过程自动设计,可使传感器和执行机构连在一根总线上。其基本特性同 FF 的 H1 总线,十分适合防爆安全要求高、通信速度低的过程控制场合,可以提供总线供电。

(3) PROFIBUS-FMS 用于车间级监控网络,是一个令牌结构,实时多主网络。适用于通信量大的相关服务,完成中等传输速度的周期性和非周期性通信任务。

PROFIBUS 根据 ISO7498 国际标准,以开放式系统互联网络作为参考模型。它们的基本内容如下。

(1) PROFIBUS-DP 定义了第一层、第二层和用户接口。第三层到第七层未加描述。用户接口规定了用户和系统,以及不同设备可用的应用功能,并详细说明了各种不同 PROFIBUS-DP 设备的设备行为。目前,PROFTBUS-DP 的应用占了整个 PROFIBUS 应用的 80%。

(2) PROFIBUS-FMS 定义了第一层、第二层、第七层,应用层包括现场总线信息规范(fieldbus message specification,FMS)和低层接口(lower layer interface,LLI)。FMS 包括应用协议并向用户提供可广泛选用的通信服务。LLI 协调不同的通信关系并提供不依赖设备的第二层访问接口。

(3) PROFIBUS-PA 定义了第一层、第二层、第七层,第三层到第六层未加描述。数据传输采用扩展的 PROFIBUS-DP 协议。

PROFIBUS-FMS 和 PROFIBUS-DP 均采用 RS-485 作为物理层的连接接口。网络的物理连接采用屏蔽单对双绞铜线的 A 型电缆。而 PROFIBUS-PA 采用 IEC1158-2 标准,通信速率固定为 31.25 kbps。PROFIBUS 现场总线体系结构如图 3-1-3 所示。

3)LonWorks

LonWorks 是 Echelon 公司开发的数字通信协议,是一种全面的测控网络,采用数字式双向多分支结构的组网方式。LonWorks 控制网络的基本组成单元是网络节点,网络节点具备独立的工作能力,使测控设备具备数字计算和数字通信能力,通过多种通信介质以一个公共的、基于消息的控制协议与其他网络节点通信,通信网络是 Pear-to-Pear 对等通信形式,以提高信号的测量、传输和控制精度。

LonWorks 以其独特的技术优势,将计算机技术、网络技术和控制技术融为一体,在控制系统中引入网络的概念,可以方便地实现更高效、更灵活、更易于维护和扩展分布式测控网络系统,其独特性具体表现如下。

(1)协议的开放性和互操作性。LonWorks 通信协议 LonTalk 支持 OSI 的所有 7 层模型。任何制造商的产品都可以实现互操作,而且对任何用户都是对等、开放的。

(2)网络的兼容性。可采用的通信介质包括双绞线、电力线、无线、红外线、光缆等,并且支持多种介质在同一网络中混合使用。

(3)网络拓扑的多样性。支持总线形、星形、环形和自由形式等网络拓扑,也可以自由组合。

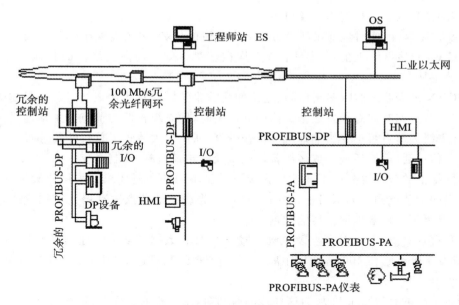

图 3-1-3　PROFIBUS 现场总线体系结构

（4）网络节点的独立性。基于功能强大的 Neuron 芯片设计的网络节点既能独立管理网络通信，同时也具备输入输出及控制等能力，增强了网络控制系统的可靠性。

（5）强大的开发工具平台。LonBuilder 和 Node Builder 帮助用户短期内完成网络节点的开发和网络建立。

（6）专用的网络操作系统。LNS（LonWorks network services）是用于 LonWorks 技术开发和应用的网络操作系统，采用面向对象的管理方法，与 LON 网构成 Client/Server 结构，为网络管理和 HM 建立提供了有效的手段。

LonWorks 核心技术包括 LonWorks 节点和路由器、LonTalk 协议、LonWorks 收发器，以及节点开发工具等。

LonTalk 协议是 LonWorks 技术的核心。该协议提供一套通信服务，装置中的应用程序能在网上对其他装置发送和接收报文而无须知道网络拓扑、名称、地址或其他装置的功能。LonTalk 协议能有选择地提供端到端的报文确认、报文证实和优先级发送功能，以便设定有界事务处理时间。对网络管理业务的支持使远程网络管理工具能通过网络和其他装置相互作用，包括网络地址和参数的重新配置，下载应用程序，报告网络问题和节点应用程序的起始、终止和复位。

4）CAN

CAN（controller area network，控制局域网）是德国 Bosch 公司在 1986 年为解决现代汽车中众多测量与控制部件之间的数据交换而开发的一种串行数据通信总线，已成为 ISO 国际标准 ISO 11898。虽然该技术最初是服务于汽车工业，但由于其在技术与性价比方面的优势，在众多领域得到了应用。

CAN 总线规范了任意两个 CAN 节点之间的兼容性，包括电气特性及数据解释协议。CAN 协议分为两层：物理层和数据链路层。物理层决定了实际传送过程中的电气特性，在同一网络中，所有节点的物理层必须保持一致，但可以采用不同方式的物理层。CAN 的数据链路层功能包括帧组织形式，总线仲裁和检错、错误报告及处理，确认哪个信息要发送，确认接收到的信息及为应用层提供接口等。

CAN 在可靠性、实时性与灵活性方面具有独特的优势,主要表现在以下方面。

(1)CAN 总线网络上的任意一个节点均在任意时刻主动向网络上的其他节点发送信息,而不分主从。

(2)CAN 采用载波监听多路访问、逐位仲裁的非破坏性总线仲裁技术。一是先听再说,二是当多个节点同时向总线发送报文而引起冲突时,优先级较低的节点会主动地退出发送,而最高优先级的节点可不受影响地继续传输数据,从而大大节省了总线仲裁时间。

(3)通信灵活,可方便地构成多机备份系统及分布式监测、控制系统。

(4)网络上的节点可分成不同的优先级以满足不同的实时要求。采用非破坏性总线仲裁技术,当两个节点同时向网络上传送信息时,优先级低的节点主动停止数据发送,而优先级高的节点可不受影响地继续传输数据。

(5)具有点对点、一点对多点及全局广播传送接收数据的功能。通信距离最远可达 10 km(速率为 5 kbps),在 400 m 通信距离内,通信速率最高可达 1 Mbps。网络节点数实际可达 110 个。

(6)每一帧的有效字节数为 8,这样传输时间短,受干扰的概率低;每帧信息都有 CRC 校验及其他检错措施,数据出错率极低,可靠性极高。在传输信息出错严重时,节点可自动切断它与总线的联系,以使总线上的其他操作不受影响。

(7)通信介质可采用双绞线、同轴电缆或光纤。

5)HART

HART(highway addressable remote transducer)协议是由位于美国 Austin 的通信基金会制定的总线标准。它可使用工业现场广泛存在的 4～20 mA 模拟信号导线传送数字信号。HART 最早是美国 Rosement 公司于 1985 年推出的一种用于现场智能仪表和控制室设备之间的通信协议。HART 装置提供具有相对低的带宽,适度响应时间的通信,经过多年的发展 HART 技术在国外已经十分成熟,并已成为全球智能仪表的工业标准。

HART 协议采用基于 Bel1202 标准的 FSK 频移键控信号,在低频的 4～20 mA 模拟信号上叠加幅度为 0.5 mA 的音频数字信号进行双向数字通信,数据传输速率为 1.2 Mbps。由于 FSK 信号的平均值为 0,不影响传送给控制系统模拟信号的大小,保证了与现有模拟系统的兼容性。在 HART 协议通信中主要的变量和控制信息由 4～20 mA 传送,在需要的情况下,另外的测量、过程参数、设备组态、校准、诊断信息通过 HART 协议访问。

HART 通信采用的是半双工的通信方式,其特点是在现有模拟信号传输线上实现数字信号通信,属于模拟系统向数字系统转变过程中过渡性产品,因而在当前的过渡时期具有较强的市场竞争能力,得到了较快发展。HART 规定了一系列命令,按命令方式工作。它有三类命令:第一类为通用命令,这是所有设备都理解、执行的命令;第二类为一般行为命令,所提供的功能可以在许多现场设备(尽管不是全部)中实现,这类命令包括最常用的现场设备的功能库;第三类为特殊设备命令,以便于在某些设备中实现特殊功能,这类命令既可以在基金会中开放使用,又可以为开发此命令的公司所独有。在一个现场设备中通常可发现同时存在这三类命令。

HART 采用统一的设备描述语言 DDL。现场设备开发商采用这种标准语言来描述设备特性,由 HART 基金会负责登记管理这些设备描述并把它们编为设备描述字典,主设备运用 DDL 技术来理解这些设备的特性参数而不必为这些设备开发专用接口。但这种模拟数字混合信号制,导致难以开发出一种能满足各公司要求的通信接口芯片。HART 能利用总线供电,可满足本质安全防爆要求,并可组成由手持编程器与管理系统主机作为主设备的双主设备系统。

S7-1500 与变频器 PROFIBUS 通信配置的一般步骤

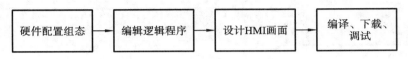

S7-1500 与变频器 PROFIBUS 通信配置过程如下。

(1)硬件配置组态。

设备主要包括 SIMATIC S7-1500 PLC PROFIBUS 总线控制器、ABB 变频器(PROFIBUS DP 通信)和按钮/指示灯操作执行机构等。在 HMI 上通过对相应按钮操作将信号传送给 PLC 输入点,PLC CPU 根据程序进行逻辑分析,将执行信息通过 SIMATIC S7-1500 PLC PROFIBUS 总线控制器以 PROFIBUS DP 协议发送给 ABB 变频器,变频器收到信号后让下级电机执行相应动作。同时,将电机状态信息通过 PROFIBUS DP 总线反馈给 SIMATIC S7-1500 PLC PROFIBUS 总线控制器并显示不同指示灯,从而更好了解电机实时状态。

打开博途软件,新建项目。根据表 3-1-1 PLC 设备配置清单组态。

表 3-1-1　SIMATIC S7-1500 系列配置清单

槽号	模块类型	产品型号	说明
0	供电模块	6EP1 332-4BA00	负载电流供电 70 W,120/230 VAC;通过前端墙壁连接为模块和 I/O 提供 24 V DC 电流
1	CPU 模块	6ES7 515-2AM01-0AB0	带显示屏的 CPU;工作存储器可存储 500 KB 代码和 3 MB 数据;固件版本 V2.1
2	数字量输入 IO 扩展模块	6ES7 521-1BH00-0AB0	数字量输入模块 DI16×DC24 V;16 个一组
3	数字量输出 IO 扩展模块	6ES7 522-1BH01-0AB0	数字量输出模块 DQ16×DC24 V/0.5 A;8 个一组
4	PROFIBUS DP 通信扩展模块	6GK7 542-5DX00-0XE0	CM 1542-5 通信模块

(2)编辑逻辑程序。

步骤 1:选择项目树中的"程序块"并双击打开"Main[OB1]",找到"程序 1:"进行程序的编写开发工作,如图 3-1-4 所示。

步骤 2:进入主程序段编程,进行编辑程序,根据实现 PROFIBUS DP 通信实验要求"电机复位"进行第 1 段程序的编写,如图 3-1-5 所示。

步骤 3:编辑程序,电机启动,如图 3-1-6 所示。

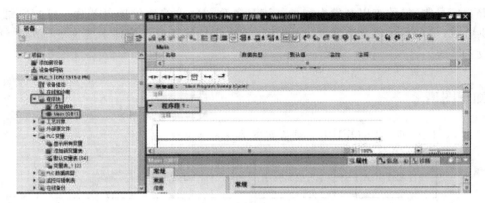

图 3-1-4　程序段 1

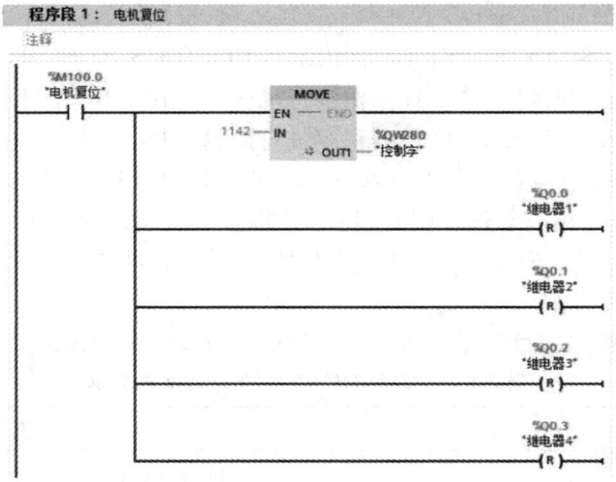

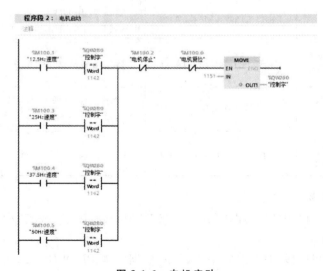

图 3-1-5　电机复位

图 3-1-6　电机启动

步骤4:编辑程序,电机停止,如图3-1-7所示。

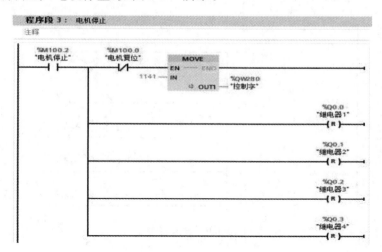

图 3-1-7 电机停止

步骤5:编辑程序,启动初始速度12.5 Hz,如图3-1-8所示。

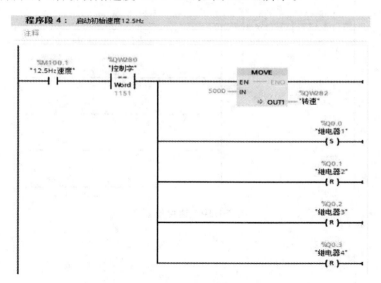

图 3-1-8 启动初始速度

步骤6:编辑程序,速度25 Hz,如图3-1-9所示。

步骤7:编辑程序,速度37.5 Hz,如图3-1-10所示。

步骤8:编辑程序,速度50 Hz,如图3-1-11所示。

(3)设计HMI画面。

步骤1:新建HMI变量,在项目树中找到HMI_1中的"中间变量表"或"新建变量表",完成新建以下变量名称,如图3-1-12所示。

步骤2:根据HMI变量名及其连接方法,设计HMI画面。本实验HMI编辑的画面参考如图3-1-13所示。

(4)编译、下载、调试。

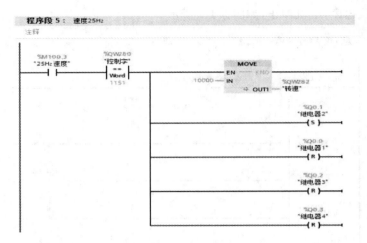

图 3-1-9　速度设置 1

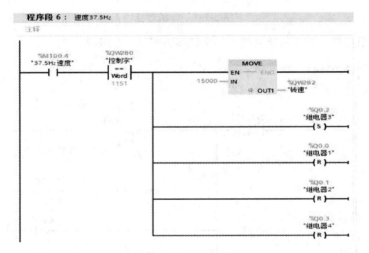

图 3-1-10　速度设置 2

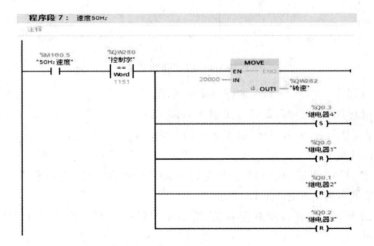

图 3-1-11　速度设置 3

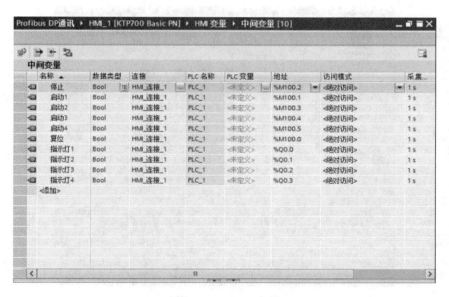

图 3-1-12　HMI 变量

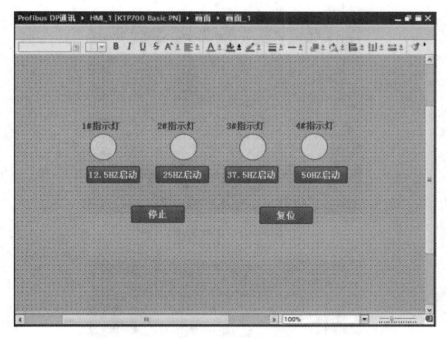

图 3-1-13　HMI 画面

步骤 1：编译、下载 PLC 程序。

步骤 2：在 HMI 中点击"编译"，待编译完成无误后点击"下载"进行 HMI 工程文件的下载，如图 3-1-14 所示。

步骤 3：在 HMI 上按下"复位"按钮，再选择不同频率启动按钮，如按下"12.5 Hz 启动"按钮则变频器以 12.5 Hz 使电机开始使能，同时对应 1♯指示灯点亮，如图 3-1-15 所示。

步骤 4：如按下"37.5 Hz 启动"按钮则变频器以 37.5 Hz 使电机开始使能，同时对应 3♯指示灯点亮，当按下"停止"按钮电机停止使能，如图 3-1-16 所示。

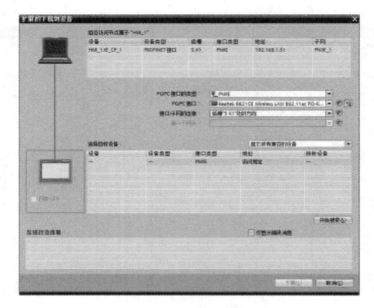

图 3-1-14　HMI 连接

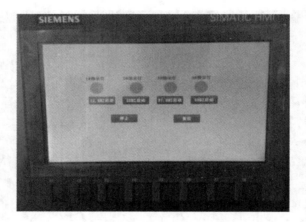

图 3-1-15　HMI 调试 1

图 3-1-16　HMI 调试 2

任务 2 OPC 配置与应用

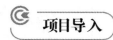

项目导入

OPC(OLE for process control)技术是指为了给工业控制系统应用程序之间的通信建立一个接口标准,在工业控制设备与控制软件之间建立统一的数据存取规范。它给工业控制领域提供了一种标准数据访问机制,将硬件与应用软件有效地分离开来,是一套与厂商无关的软件数据交换标准接口和规程,主要解决过程控制系统与其数据源的数据交换问题,可以在各个应用之间提供透明的数据访问。

1. OPC 产生背景

OPC 建立于 OLE 规范之上,它为工业控制领域提供了一种标准的数据访问机制。工业控制领域用到大量的现场设备,在 OPC 出现以前,软件开发商需要开发大量的驱动程序来连接这些设备,基于驱动程序的客户机服务器模型如图 3-2-1 所示。即使硬件供应商在硬件上做了一些小小改动,应用程序也可能需要重写。同时,由于不同设备甚至同一设备不同单元的驱动程序也有可能不同,软件开发商很难同时对这些设备进行访问以优化操作。硬件供应商也在尝试解决这个问题,然而由于不同客户有着不同的需要、同时也存在着不同的数据传输协议,因此也一直没有完整的解决方案。

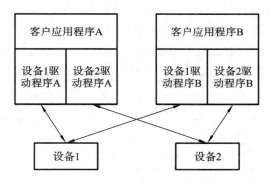

图 3-2-1 基于驱动程序的客户机服务器模型

自 OPC 提出以后,这个问题终于得到解决。OPC 规范包括 OPC 服务器和 OPC 客户两个部分。其实质是在硬件供应商和软件开发商之间建立一套完整的"规则"。只要遵循这套规则,数据交互对两者来说都是透明的,硬件供应商只需考虑应用程序的多种需求和传输协议,软件开发商也不必了解硬件的实质和操作过程。

2. OPC 工作原理

OPC 以 OLE/COM 机制作为应用程序的通信标准,而 OLE/COM 是一种客户端/服务器模式,具有语言无关性、代码重用性、易于集成性等优点。OPC 服务器中的代码确定了服务器所存取的设备和数据、数据项的命名规则和服务器存取数据的细节,不管现场设备以何种形式存在,客户都以统一的方式去访问,从而保证软件对客户的透明性,使得用户完全从底层的开发中脱离出来。客户应用程序仅须使用标准接口和服务器通信,而并不需要知道底层的实现细节。通过 OPC 服务器,OPC 客户既可以直接读写物理 VO 设备的数据,也可操作 SCADA、DCS 等系统的端口变量(只要该系统提供 OPC 服务)。基于 OPC 的客户机服务器模型如图 3-2-2 所示。

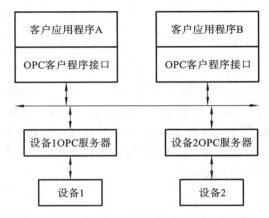

图 3-2-2　基于 OPC 的客户机服务器模型

3. OPC 分层模型结构

OPC 数据访问提供从数据源读取和写入特定数据的手段。OPC 数据访问对象是由如图 3-2-3 所示的分层结构构成,即一个 OPC 服务器对象(OPC Server)具有一个作为子对象的 OPC 组集合对象(OPC Groups)。在这个 OPC 组集合对象里可以添加多个 OPC 组对象(OPC Group)。各个 OPC 组对象具有一个作为子对象的 OPC 项集合对象(OPC Items)。在这个 OPC 项集合对象里可以添加多个 OPC 项对象(OPC Item)。此外,作为选用功能,OPC 服务器对象还可以包含一个 OPC 浏览器对象(OPC Browser)。

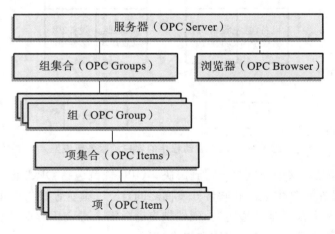

图 3-2-3　OPC 分层模型

OPC 对象中的最上层的对象是 OPC 服务器。一个 OPC 服务器里可以设置一个以上的 OPC 组。OPC 服务器经常对应于某种特定的控制设备。例如,某种 DCS 控制系统或者某种 PLC 控制装置。

OPC 组是可以进行某种目的数据访问的多 OPC 项的集合,例如,某监视画面里所有需要更新的变量,或者某个设备监控相关的所有变量等。正因为有了 OPC 组,OPC 应用程序就可以以同时需要的数据为一批进行数据访问,也可以以 OPC 组为单位启动或停止数据访问。此外,OPC 组还提供组内任何 OPC 项的数值变化时向 OPC 应用程序通知的数据变化事件。

OPC 对象里最基本的对象是 OPC 项。OPC 项是 OPC 服务器可认识的数据定义,通常相当于下位机的某个变量标签,并和数据源(如 SCADA 系统中的下位机的 I/O)相连接。OPC 项具有多个属性,但是其中最重要的属性是 OPC 项标识符。OPC 项标识符是在控制系统中可识别 OPC 项的字符串。

4. OPC 接口

OPC 规范是一种硬件和软件的接口标准。OPC 规范包括两套接口:定制接口(custom interface)和自动化接口(automation interface)。若客户的应用程序使用 Microsoft VB 之类的"脚本语言"(scripting languages)编写,则选用自动化接口。OPC 定制接口则用于以 C++ 来创建客户应用程序。当然,编程选用何种接口还取决于 OPC 服务器所能提供的接口类型,并非所有的 OPC 服务器都支持这两种接口。使用 OPC 定制接口可以达到最佳的性能,而 OPC 自动化接口则较简单。OPC 服务器具体确定了可以存取的设备和数据、数据单元的命名方式及对具体设备存取数据的细节,并通过 OPC 标准接口开放给外部应用程序。各个 OPC 客户程序通过 OPC 标准接口对各 OPC 服务器管理的设备进行操作,而无须关心服务器实现的细节。数据存取服务器一般包括服务器、组和数据项 3 种对象。OPC 服务器负责维护服务器的信息,并是组对象的容器。组对象维护自己的信息并提供容纳和组织 OPC 数据单元的架构。

自动化接口定义了以下 3 层接口,依次呈包含关系。

(1) OPC Server:OPC 启动服务器,获得其对象和服务的起始类,并用于返回 OPC Group 类对象。

(2) OPC Group:存储由若干 OPC Item 组成的 Group 信息,并用于返回 OPC Item 类对象。

(3) OPC Item:存储具体 Item 的定义、数据值、状态值等信息。

由于 OPC 规范基于 OLE/COM 技术,同时 OLE/COM 的扩展远程 OLE 自动化与 DCOM 技术支持 TCP/P 等多种网络协议,因此可以将 OPC 客户、服务器在物理上分开,分布于网络不同节点上。

OPC 规范可以应用在许多应用程序中,如它们可以应用于从 SCADA 或者 DCS 系统的物理设备中获取原始数据的最底层,它们同样可以应用于从 SCADA 或者 DCS 系统中获取数据到应用程序中。图 3-2-4 所示的 OPC 的客户/服务器关系图描述了 OPC 在自动化系统中的应用。

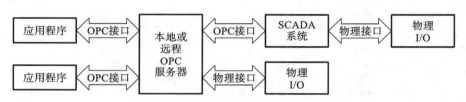

图 3-2-4 OPC 的客户/服务器关系图

知识图谱

PLC 与 OPC Server 连接配置一般步骤

WinCC 作为 OPC Client 配置的一般步骤

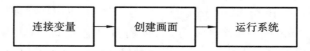

一、PLC 与 OPC Server 连接

1. PLC 配置 OPC Server

（1）打开 TIA Portal V15 软件，选择"添加设备"完成 S7-1500 的添加，根据所要连接的 PLC 修改 IP 地址。在 CPU 属性中的"连接机制"中勾选"允许来自远程对象的 PUT/GET 通信访问"，如图 3-2-5 所示。

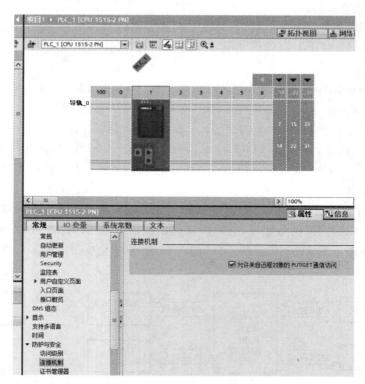

图 3-2-5　配置 PLC

在"网络视图"界面，选择"硬件目录→PC 系统→常规 PC→PC station"。双击"PC-

System_1"图标,进入"设备视图"界面,在"属性→常规"中勾选"XDB 组态"以下两个选项,查看 XDB 文件路径,保存 XDB 文件。选择"硬件目录→用户应用程序→OPC 服务器"完成 OPC 服务器的添加,如图 3-2-6 所示。

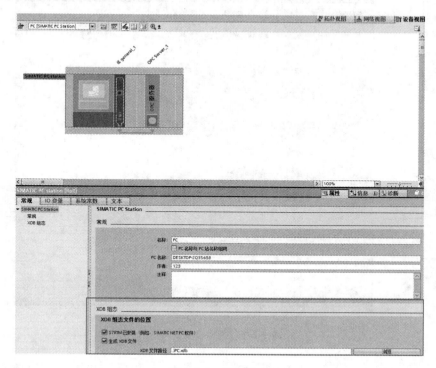

图 3-2-6 添加设备

选择"通信模块→PROFINET/Ethernet",双击"常规 IE"。

(2)选择"OPC 服务器→更改设备",点击弹出对话框右侧的"OPC 服务器",在版本栏选择 OPC 服务器版本为 8.2 版本,如图 3-2-7 所示(修改 OPC Server 的软件版本号与所安装在 OPC Server 计算机的版本号一致)。

(3)点击网口,设置 OPC 服务器 IP 地址与电脑本机 IP 保持一致,如图 3-2-8 所示。

(4)在"网络视图"界面,拖曳鼠标连接 CPU 网口 X1 和 PC 站的以太网接口,建立物理连接。

然后,作 OPC Server 与 CPU 的 S7 的连接。在图 3-2-9 所示界面点击"连接"后,选择连接类型"S7_连接_1",拖曳鼠标连接 OPC Server 和 CPU 就建立了两个站的逻辑连接,如图 3-2-10 所示。

右键点击整个 PC 站,在弹出的菜单中选择"编译"下的"硬件和软件",编译 PC 站并生成 XDB 文件。

2. PLC 中编写程序

(1)选择"项目树→程序块→添加新块→数据块",在"名称"中输入"DB111",点击"确定"。用同样的方法创建"DB222"。

(2)显示 DB 块的偏移地址。在项目树中,右击"DB222"打开菜单栏,点击"属性",在弹出窗口取消勾选"优化的块访问",点击"确定",如图 3-2-11 所示。同样的方法修改"DB111"。

图 3-2-7　选择设备版本

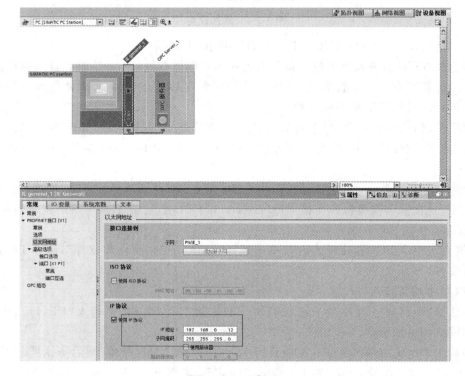

图 3-2-8　设备 IP

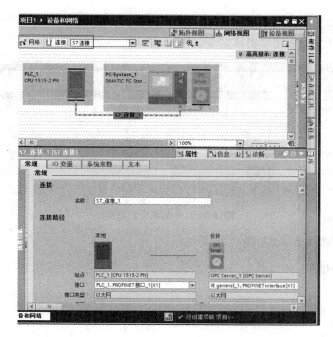

图 3-2-9　设备网络连接

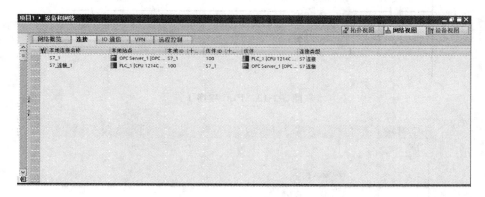

图 3-2-10　设备网络连接

图 3-2-11　设置 DB 块属性

（3）双击"DB222"，打开"DB222"数据块，添加 5 个变量，如图 3-2-12 所示，注意数据类型为"Word"。同样的方法创建"DB111"变量"data0"。

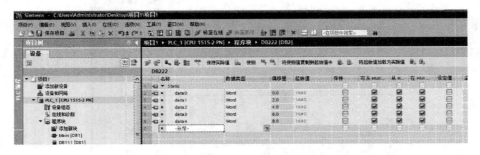

图 3-2-12　添加 5 个变量

（4）编写程序，如图 3-2-13、图 3-2-14 所示。

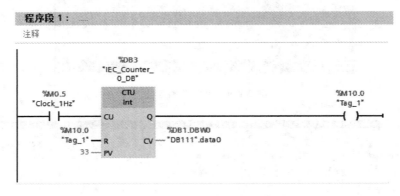

图 3-2-13　PLC 程序 1

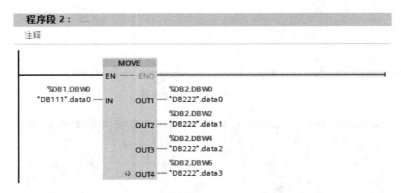

图 3-2-14　PLC 程序 2

（5）在网络视图中选中 PC 中的"OPC Server"，点击"属性"，在 S7 栏中点击 OPC 符号，然后选中"已组态→组态"，如图 3-2-15 所示。

在弹出对话框选中项目名，选中"程序块"并点击"确定"，如图 3-2-16 所示。

3. 编译、下载 PLC、PC

（1）在"设备视图"中右击"PC-System_1"图标，选择"编译→硬件（完全重建）"，如图 3-2-17 所示。

（2）对 PLC 进行编译然后将组态分别下载到 PLC 和 PC，如图 3-2-18 所示。

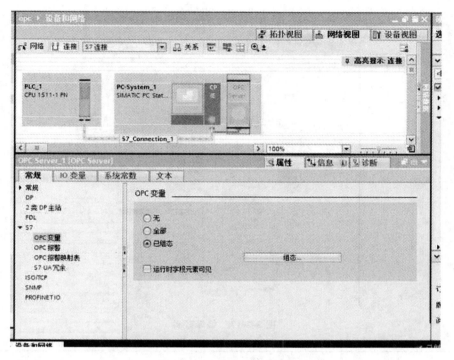

图 3-2-15　组态 OPC 变量

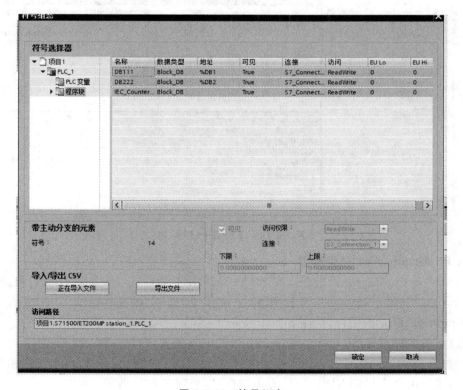

图 3-2-16　符号组态

图 3-2-17　编译硬件

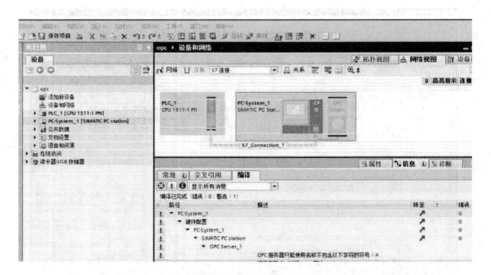

图 3-2-18　下载到 PLC 和 PC

4. OPC Simatic NET 硬件配置

（1）Station Configurator 组态。当 SIMATIC NET 软件成功安装后，在 PC 机桌面上可看到 Station Configurator 的快捷图标。或者在任务栏（Taskbar）中也有 Station Configuration Editor 的图标，如图 3-2-19 所示。

通过点击图标打开 Station Configuration Editor 配置窗口，如图 3-2-20 所示。

（2）打开 Station Configuration Editor 配置窗口，点击"Enable Station"，点击"Import Station"，选择编译生成的 XDB 文件，点击"打开"，如图 3-2-21 所示。

（3）在 Station Configuration Editor 配置窗口，点击"OK"，如图 3-2-22 所示。

图 3-2-19　Station Configurator 软件图标

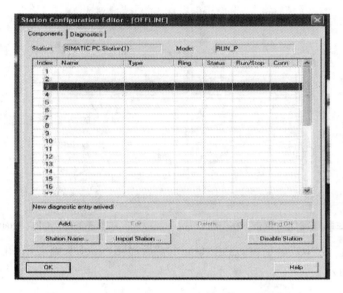

图 3-2-20　Station Configuration Editor 配置窗口

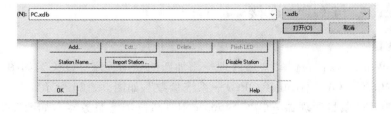

图 3-2-21　在配置窗口中点击"打开"

5. OPC Scout 调试和监控 OPC 通信状态

启动"Siemens Automation",打开 OPC Scout V10 软件,选择"OPC SimaticNET→SYM→PLC 设备名→PLC_1→DB111→变量名",如图 3-2-23 所示。

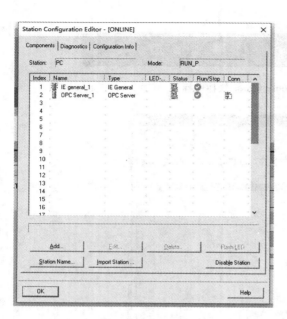

图 3-2-22　在配置窗口中点击"OK"

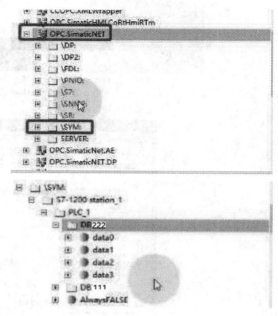

图 3-2-23　OPC Scout V10 软件

拖动"变量名"至"ID"显示窗,点击"Quality"后显示"good",则表示 PLC 与 OPC 连接成功,如图 3-2-24 所示。

图 3-2-24　OPC 设置

二、WinCC 与 OPC 连接

1. 连接变量

(1)打开 WinCC 软件,选择"变量管理→添加新的驱动程序→OPC",如图 3-2-25 所示。

(2)选择"OPC→OPC Groups(OPC)→系统参数",如图 3-2-26 所示。

(3)选择"OPC 条目管理器→OPC SimaticNET. 1→浏览服务器",如图 3-2-27 所示。

(4)选择"过滤标准→下一步",如图 3-2-28 所示。

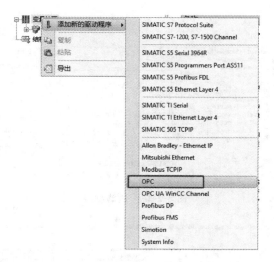

图 3-2-25　添加新的驱动程序

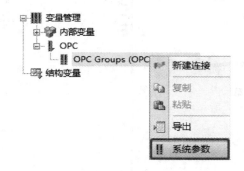

图 3-2-26　系统参数

图 3-2-27　OPC 条目管理器

（5）在"OPC. SimaticNET. 1→\SYM：→S71500ET200MP station_1→PLC_1"中，双击"DB222"，选择"data0→添加条目"，如图 3-2-29 所示。也可把其他变量都添加进来。

（6）当弹出"OPC Tags"对话框，出现"要创建一个合适的连接吗？"的提问时，点击"是"。在"新建连接"中点击"确定"，如图 3-2-30 所示。

（7）在"添加变量"中点击"完成"，如图 3-2-31 所示。

（8）添加完成 OPC 其他变量，如图 3-2-32 所示。

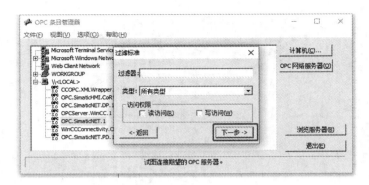

图 3-2-28　过滤标准

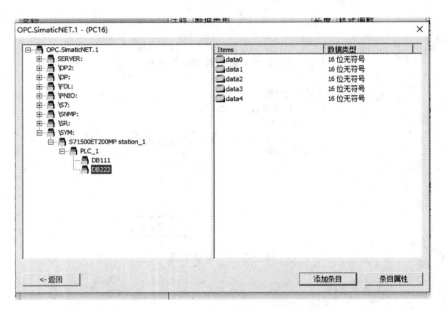

图 3-2-29　OPC. SimaticNET. 1 设置

图 3-2-30　新建连接

2. 创建画面

通过 OPC 完成 WinCC 与 PLC 连接,并建立 OPC 数据采集制作 WinCC 画面测试,实现 WinCC 对 PLC 进行 OPC 数据采集。

(1)回到 WinCC 主界面,在项目管理器中双击"图形编辑器",进入图形编辑器界面。

(2)在"图形编辑器"右边选择"标准→智能对象→输入/输出域",拖到图形编辑器中,在"I/O 域组态"中设置"变量",将变量关联。

图 3-2-31　添加变量

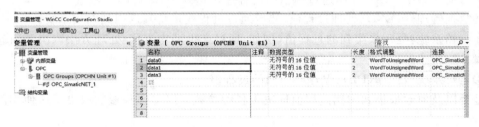

图 3-2-32　OPC 其他变量

3. 运行系统

系统运行界面如图 3-2-33 所示。

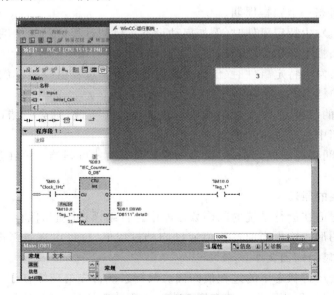

图 3-2-33　系统运行界面

【提示】 OPC 是出于不同供应厂商的设备和应用程序之间的软件接口标准化,并使其间的数据交换更加简单化的目的而提出的。它可以向用户提供不依赖于特定开发语言和开发环境的、可以自由组合使用的过程控制软件组件产品。

◆ 任务3 过程值归档与数据库配置 ▶

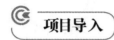 项目导入

过程值归档的目的是采集、处理和归档工业现场的过程数据。由此获得的过程数据可根据与设备操作状态有关的重要经济和技术标准进行过滤。

1.相关概念

过程值归档涉及下列 WinCC 子系统。

①自动化系统(AS):存储通过通信驱动程序传送到 WinCC 的过程值。

②数据管理器(DM):处理过程值,然后通过过程变量将其返回到归档系统。

③归档系统:处理采集到的过程值(例如,通过产生平均值)。处理方法取决于组态归档的方式。

④运行系统数据库(DB):保存要归档的过程值。

是否以及何时采集和归档过程值取决于各种参数。组态哪些参数取决于所使用的归档方法。

(1)采集周期:确定何时在自动化系统中读出过程变量的数值。例如,可以为过程值的连续周期性归档组态一个采集周期。

(2)归档周期:确定何时在归档数据库中保存所处理的过程值。例如,可以为过程值的连续周期性归档组态一个归档周期。

(3)启动事件:发生特定事件时(例如启动设备),启动过程值归档。例如,可以为过程值有选择的周期性归档组态一个启动事件。

(4)停止事件:发生特定事件时(例如关闭设备),停止过程值归档。例如,可以为过程值有选择的周期性归档组态一个停止事件。

(5)事件控制的归档:如果变量值或脚本返回值发生更改,则会归档过程值。可在过程值的非周期性归档中组态受事件控制的归档。

(6)在改变期间将过程值归档:过程值仅在被改变后才可归档。可在过程值的非周期性归档中组态归档。

2.过程值归档的原理

要归档的过程值在运行系统的归档数据库中进行编译、处理和保存。在运行系统中,可以以表格或趋势的形式输出当前过程值或已归档过程值,也可以在条形图中显示归档过程值,还可在表格中显示归档文本。

归档系统负责运行状态下的过程值归档。归档系统首先处理缓存于运行系统数据库中的过程值,然后再将过程值写到归档数据库中。过程值归档的原理如图 3-3-1 所示。

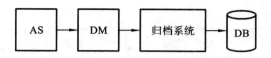

图 3-3-1 过程值归档的原理

3.过程值归档的方法

过程值的归档方法有多种。例如,用户可以随时监视单个过程值,并使该监控依赖于某些事件。可以归档变化相对较快的过程值,而不会导致系统负载增加。用户可以压缩已归档的过程值来减少数据量。过程值归档有如下方法。

(1)周期性连续过程值归档。

连续的过程值归档,例如用于监视过程值。运行系统启动时,过程值的连续周期性归档也随之开始。过程值以恒定的时间周期采集并存储在归档数据库中。运行系统终止时,过程值的连续周期性归档也随之结束。

(2)周期性选择过程值归档。

动作驱动的连续过程值归档,例如用于在特定时段内监视某过程值。一旦发生启动事件,便在运行系统中开始周期的选择性过程值归档。过程值以恒定的时间周期采集并存储在归档数据库中。

周期性过程值归档在以下情况下结束:发生停止事件时;终止运行系统时;启动事件不再存在时。

启动事件和停止事件由已组态变量的值或脚本的返回值决定。

(3)非周期性的过程值归档。

事件驱动的过程值归档,例如用于在超出临界限值时,对当前过程值进行归档。对于非周期性的过程值归档,会在过程值更改时储存此值或由归档数据库中的事件决定。

(4)在改变期间将过程值归档。

仅当过程值发生更改时才可进行非周期性归档。

(5)过程控制的过程值归档。

对多个过程变量或快速变化的过程值进行归档。

(6)压缩归档。

压缩单个归档变量或整个过程值归档,例如对每分钟归档一次的过程值求每小时的平均数。

在变量记录中组态过程值归档步骤

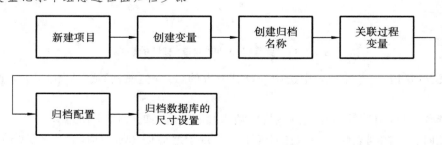

归档过程值输出步骤

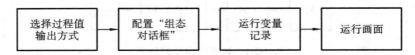

WinCC 归档数据库步骤

一、在变量记录中组态过程值归档

1. 变量记录 & 归档配置

（1）在变量记录中对归档、要归档的过程值以及采集时间和归档周期进行组态。此外还可以在变量记录中定义硬盘上的数据缓冲区以及如何导出数据。

变量记录在 WinCC 项目管理器的入口如图 3-3-2 所示。

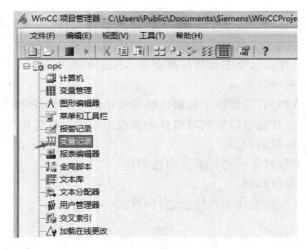

图 3-3-2　变量记录图标

（2）点击"变量记录"左下角可进行"变量管理"和"变量记录"的切换，如图 3-3-3 所示。

图 3-3-3　"变量管理"和"变量记录"的切换

（3）在"变量记录"左侧列表中选中"归档"下方的"过程值归档"或"压缩归档"，如图 3-3-4 所示。

（4）选择"过程值归档"，在左侧表格中填入归档名称，如图 3-3-5 所示。

（5）此时在左侧列表的"过程值归档"下方出现了之前创建的归档，如图 3-3-6 所示。

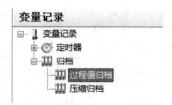

图 3-3-4 归档选项

图 3-3-5 填入归档名称

图 3-3-6 左侧列表显示

（6）选中创建的归档，点击图中的"…"，设置归档变量，如图 3-3-7 所示。

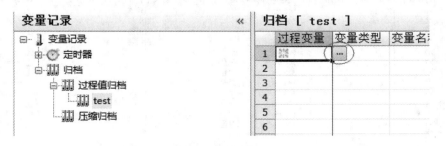

图 3-3-7 设置归档变量

（7）选择要归档的变量，如图 3-3-8 所示。

成功添加过程变量，如图 3-3-9 所示。

（8）在"变量记录"左侧的属性栏中对这些过程变量进行进一步的修改，如图 3-3-10 所示。

注意对于数字量的处理，在"归档于"这一栏中，默认为"每个信号变化"，这表示如果信号没有发生变化，那么归档值为空；如果希望无论在什么情况下都能记录归档值，需选择"总是"。模拟量没有这一选项，在效果上相当于默认为"总是"。

2. 归档数据库的设置

WinCC 过程值归档由多个单独的分段组成，如图 3-3-11 所示。可在 WinCC 中组态过

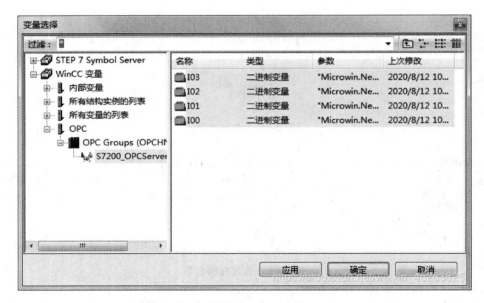

图 3-3-8　选择归档变量

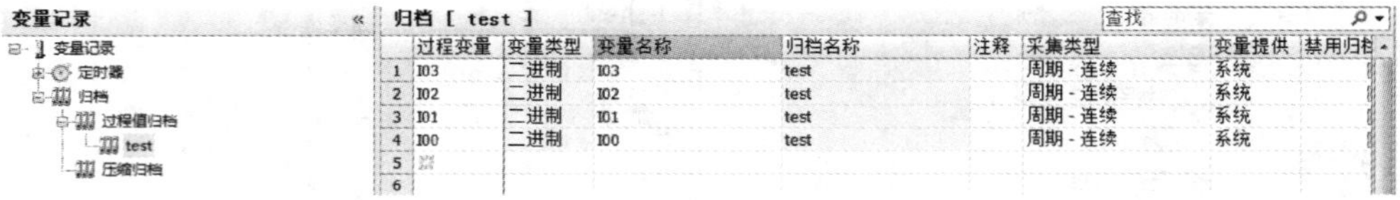

	过程变量	变量类型	变量名称	归档名称	注释	采集类型	变量提供	禁用归档
1	I03	二进制	I03	test		周期 - 连续	系统	
2	I02	二进制	I02	test		周期 - 连续	系统	
3	I01	二进制	I01	test		周期 - 连续	系统	
4	I00	二进制	I00	test		周期 - 连续	系统	
5								
6								

图 3-3-9　过程变量

	过程变量	采集周期	归档周期系数	归档/显示周期	归档于	正在处理	单元	处理动作	错误时
1	AD1	500 ms	1	500 ms		当前值			上一个
2	AD2	500 ms	1	500 ms		当前值			上一个
3	DA1	500 ms	1	500 ms		当前值			上一个
4	DA2	500 ms	1	500 ms		当前值			上一个
5	X0	500 ms	1	500 ms	总是				上一个
6	X1	500 ms	1	500 ms	总是				上一个
7	X2	500 ms	1	500 ms	总是				上一个
8	X3	500 ms	1	500 ms	总是				上一个
9	Y0	500 ms	1	500 ms	总是				上一个
10	Y1	500 ms	1	500 ms	总是				上一个
11	Y2	500 ms	1	500 ms	总是				上一个
12	Y3	500 ms	1	500 ms	总是				上一个

图 3-3-10　对过程变量进一步修改

程值归档的最大容量和单个分段的容量。如果单个分段容量超限或更新周期结束，变量记录就会启动新的数据归档片段。当数据片段的总体尺寸达到最大，最早的数据片段就会被新的归档数据覆盖。

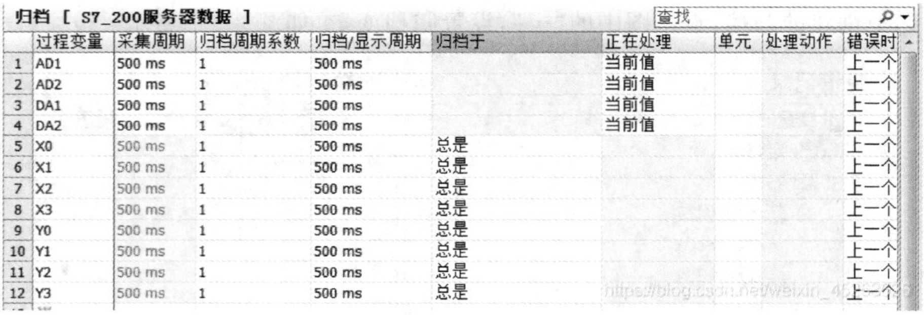

归档数据库的尺寸设置如下。

归档数据库尺寸设置在变量记录的“归档组态”中进行，归档组态包含快速归档和慢速归档。打开设置页面的方式如图 3-3-12 所示。

在此页面中可进行相应的设置，包括所有分段的时间范围及最大尺寸，如图 3-3-13 所示。

在运行过程中，当满足单个分段文件的尺寸达到最大尺寸或单个分段运行时间超过时

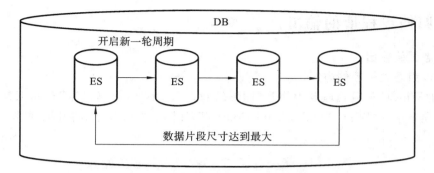

图 3-3-11 归档数据库分段

图 3-3-12 归档组态设置

图 3-3-13 设置归档组态尺寸

间范围任意一个条件，系统自动创建新的分段文件。

此外，总的数据尺寸首先不会超过总的时间范围，同时也不会超过总的最大尺寸。对于超出参数的（最早的）分段文件，系统默认会删除；如需保留，则需要设置第二页选项卡"备份组态"。

二、归档过程值的输出

1. 组态画面输出

这里以组态表格控件为例。

(1)在 WinCC 项目管理器中找到"图形编辑器"。在"图形编辑器"右侧工具栏中选择"控件"选项卡中的"WinCC OnlineTableControl",如图 3-3-14 所示,将其拖到"图形编辑器"的画面中。

图 3-3-14　选择控件

(2)将控件放置后会自动弹出属性页面,也可以通过右击控件,在弹出的菜单中选择"组态对话框",如图 3-3-15 所示。

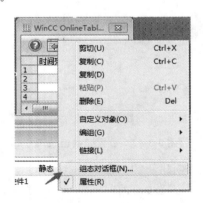

图 3-3-15　右击控件

(3)打开后,在"时间列"设置时间范围,如图 3-3-16 所示。

(4)在"数值列"选择归档变量,也可以选择在线变量,如图 3-3-17 所示。

图 3-3-16　设置时间范围

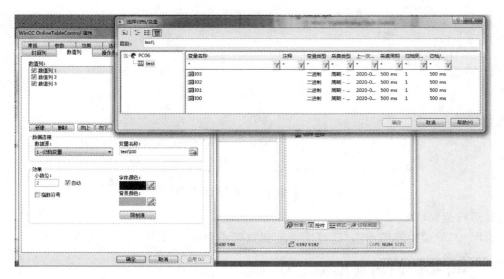

图 3-3-17　选择在线变量

2. 运行变量记录

(1)在"WinCC 项目管理器"中,右击"计算机",选择"属性",如图 3-3-18 所示。

(2)在弹出的"计算机列表属性"中选择"属性",如图 3-3-19 所示。

(3)在"启动"标签页中选择"变量记录运行系统",如图 3-3-20 所示。

图 3-3-18　选择"计算机"属性

图 3-3-19　点击"属性"

图 3-3-20　选择"变量记录运行系统"

3. 运行画面

返回"图形编辑器",点击"运行",可看到数据正常显示,如图 3-3-21 所示。

三、WinCC 归档数据库

1. 设置 WinCC 归档数据库结构

WinCC V7.4 使用 Microsoft SQL Server Standard 2014 SP1/SP2 作为历史数据归档,该数据库被全部集成在 WinCC 的基本系统中。WinCC 可以以压缩的方式将过程归档数据存储到数据库中。

WinCC 的归档包括过程值归档和消息归档。

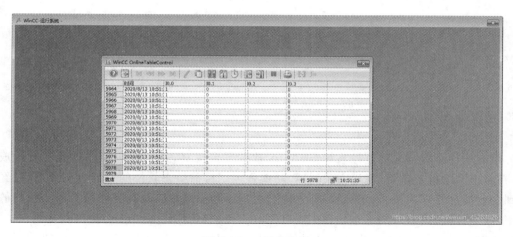

图 3-3-21　运行结果

WinCC 的数据文件保存在项目文件夹的根目录下。项目运行一段时间后,在项目文件夹的根目录下会产生如下数据文件。

①项目名称.Mdf:组态数据库文件,用来管理组态状态下的数据,是主数据库文件。

②项目名称 RT.Mdf:运行数据库文件,用来管理运行状态下的数据,是主数据库文件。

③项目名称 Alg.Mdf:报警记录中消息归档数据库文件。

④项目名称 Tlg.Mdf:变量记录中过程值归档数据库文件。

WinCC 变量记录归档和报警记录归档都称为历史记录归档。

2. 附加数据库

MDF 文件无法直接打开,需要在 SQL Server 中进行附加,如图 3-3-22 所示。

3. 分离数据库

解除数据库附加(分离)的方法如图 3-3-23 所示。

图 3-3-22　附加数据库

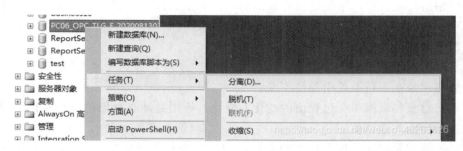

图 3-3-23　分离数据库

◀ 任务4　数据可视化设计 ▶

 项目导入

　　组态软件是数据采集监控系统 SCADA 软件平台工具,是工业应用软件的一个组成部分,具有丰富的设置项目,使用方式灵活,功能强大。目前组态软件的发展突飞猛进,已经扩展到企业信息管理系统,管理和控制一体化,远程诊断和维护以及在互联网上的一系列的数据整合。当前国内流行的组态软件主要有 KingView、MCGS、InTouch、WinCC 等。

　　一般来说,通过专用的软件定义系统的过程就是组态。定义过程站各模块的排列位置和类型的过程叫过程站硬件组态;定义过程站控制策略和控制程序的过程叫控制策略组态;定义操作员站监控程序的过程叫操作员站组态;定义系统网络连接方式和各站地址的过程叫网络组态。

　　WinCC 是在生产和过程自动化中解决可视化和控制任务的工业技术系统。它提供了应用于工业的图形显示、消息、归档以及报表的功能模版。高性能的过程耦合、快速的画面更新以及可靠的数据使其具有高度的实用性。这些机制使 WinCC 在 Windows 世界中性能卓越、善于沟通。

　　1. 图形系统

　　图形系统是 WinCC 的一个分系统。该分系统用于组态过程画面。

　　图形系统处理下列任务:

　　①显示静态对象和操作员可控制的对象,例如文本、图形或按钮;

　　②更新动态对象,例如修改与过程值相关的棒图的长度;

　　③对操作员输入作出反应,例如单击按钮或输入域中的文本输入。

　　图形系统由组态组件和运行系统组件组成。"图形编辑器"是图形系统的组态组件。图形运行系统是图形系统的运行系统组件。图形运行系统将显示运行系统中的画面和管理所有输入和输出。

　　2. 图形编辑器

　　图形编辑器是一种用于创建过程画面的面向矢量的作图程序。也可以用包含在对象和样式选项板中的众多的图形对象来创建复杂的过程画面。

　　3. 图形对象

　　每个过程画面均由多个对象组成。

　　①静态对象在运行系统中保持不变。

　　②动态对象将根据单个过程值的变化而变化。棒图是动态对象的一个示例。棒图的长度将取决于当前的温度值。

　　③可控的对象将允许操作员主动干预过程。这些对象包括按钮、滚动条或用于输入某些过程参数的 I/O 字段(输入/输出字段)。

　　项目通常由几个过程画面组成。每个过程画面显示不同的过程步骤或显示特殊的过程数据。

可以通过动作编程将动态添加到单个图形对象上。向导提供了自动生成的动态支持并将它们链接到对象,也可以在库中存储自己的图形对象。图形编辑器界面如图 3-4-1 所示。

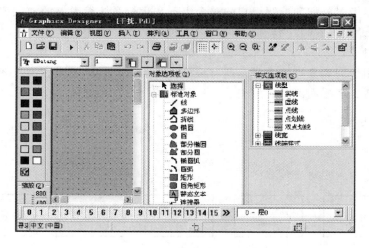

图 3-4-1   图形编辑器界面

对象选项板提供了如下对象。

①标准对象:如线条、多边形、椭圆、圆、矩形、静态文本。

②智能对象:如应用程序窗口、画面窗口、OLE 对象、I/O 域、棒图、状态显示。

③Windows 对象:如按钮、复选框、选项组、滚动条对象。

④管对象:如多边形管、T 形管、双 T 形管、管弯头。

4. 报警记录

报警记录提供了显示和操作选项来获取和归档结果。可以任意选择消息块、消息级别、消息类别、消息显示以及报表。系统向导和组态对话框在组态期间提供相应的支持。为了在运行中显示消息,可以使用包含在图形编辑器的对象选项板中的报警控件,如图 3-4-2 所示。

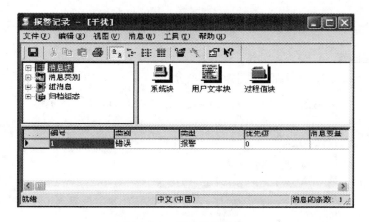

图 3-4-2   报警画面组态

5. 变量记录

变量记录被用来从运行过程中采集数据并准备将它们显示和归档。

6. 报表编辑器

报表编辑器是为消息、操作、归档内容和当前或已归档的数据的定时器或事件控制文档的集成的报表系统,可以自由选择用户报表或项目文档的形式。

7. 用户管理器

用户管理器用于分配和控制用户的单个组态和运行系统编辑器的访问权限。每当建立了一个用户,就设置 WinCC 功能的访问权限并独立分配给此用户。

8. 交叉索引

交叉索引用于为对象寻找和显示所有被使用处,例如变量、画面和函数等。使用"链接"功能可以改变变量名称而不会导致组态不一致。

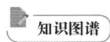 知识图谱

供水系统动态监控组态过程

供水系统动态监控组态过程如下。

1. 创建内部变量

(1)在"变量管理"中的"内部变量",新建组"WaterSupply"。

(2)在组"WaterSupply"创建如图 3-4-3 所示变量。

图 3-4-3　创建变量

2. 创建过程画面

(1)创建一个新的过程画面,如图 3-4-4 所示。

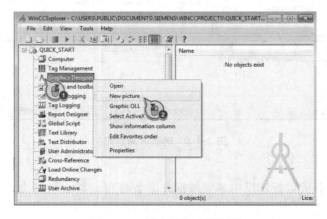

图 3-4-4　创建新的过程画面

（2）重命名这个新的过程画面，右击画面将画面设置为"启动画面"，如图 3-4-5 所示。

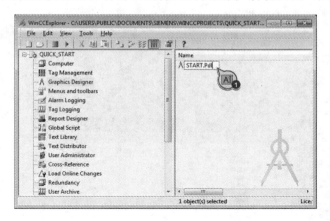

图 3-4-5　设置为"启动画面"

3. 编辑过程画面

在"图形编辑器"中打开过程画面"START.Pdl"。

（1）在菜单栏选择"工具→设置"，设置网格宽度/高度为 5 像素，勾选"显示网格"和"对齐网格"，如图 3-4-6 所示。

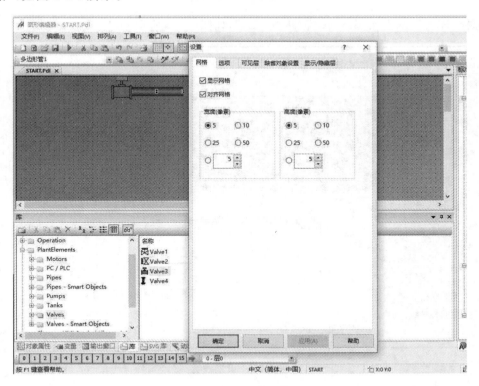

图 3-4-6　设置网格

（2）创建管道。

选择"管对象→多边形管"，拖到画面，打开"对象属性"对话框，在"几何"中设置"位置 X ＝205，位置 Y＝40"，如图 3-4-7 所示。

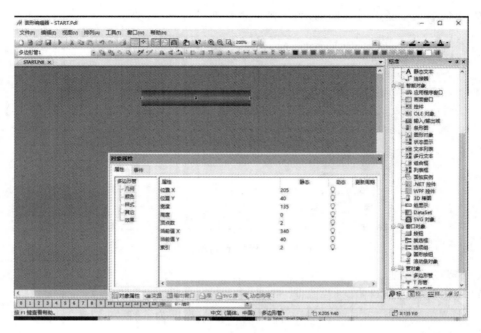

图 3-4-7　创建管道

选择"样式",双击粗黑线,设置"线宽＝20",如图 3-4-8 所示。

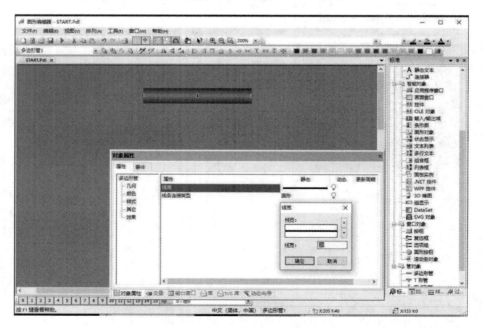

图 3-4-8　设置线宽

完成剩下的管道,如图 3-4-9 所示。

(3)创建折线。

选择"标准对象→折线",创建如图 3-4-10 所示折线,注意折线尽量保持在管道中心线位置,不能断。

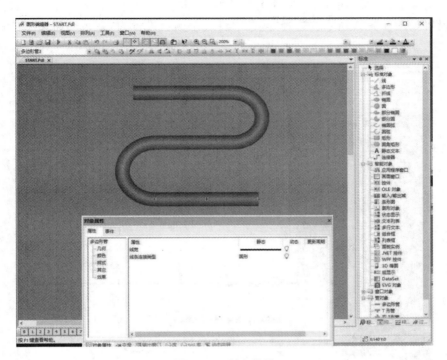

图 3-4-9 所有管道

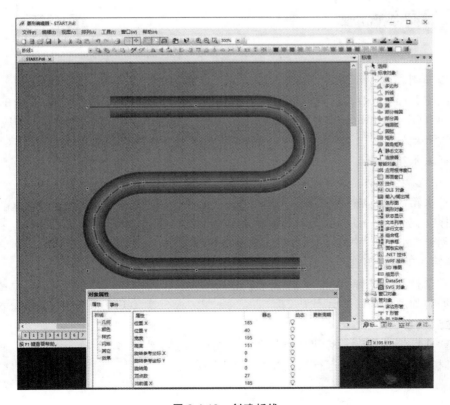

图 3-4-10 创建折线

打开"对象属性"对话框,设置对象名称为"polyline01",选择"样式→线宽",设置线宽为10;线型设置如图 3-4-11 所示。选择"颜色",将线条颜色设置为"蓝色",将"全局颜色方案"选为"否"。

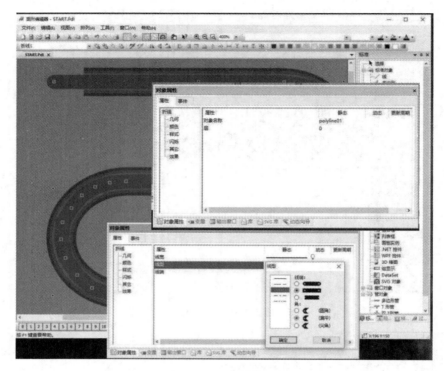

图 3-4-11　设置折线属性

(4)添加阀。

打开"库"(Library)对话框。使用库工具栏中的按钮获取可用对象的预览。在库中,打开"全局库"(Global Library)中的"PlantElements"文件夹,选一个阀,拖到画面对应位置,如图 3-4-12 所示。

(5)插入水箱图片。

在库中选择合适水箱,并将水箱拖至合适大小和位置,如图 3-4-13 所示。

选中"水箱"对象,在"对象属性"(Object Properties)中,选择"用户定义→Process",右击灯泡,选择"内部变量→TankLevel",使填充量指示器动态化,如图 3-4-14 所示。

(6)创建"阀打开""阀关闭""水流快""水流慢"4 个按钮,如图 3-4-15 所示。

4. 编写 VB 脚本语言

选中"阀打开",选择"事件→鼠标→单击鼠标",点击闪电,选择"VBS 动作"。在 VB 编辑器中,编写如图 3-4-16 所示代码。

5. 激活项目

选择"项目管理器→计算机属性",将"全局脚本运行系统"勾选,使用 WinCC 项目管理器的工具栏按钮激活项目,运行画面如图 3-4-17 所示。

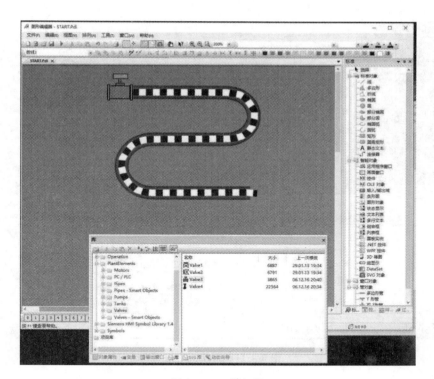

图 3-4-12　添加阀

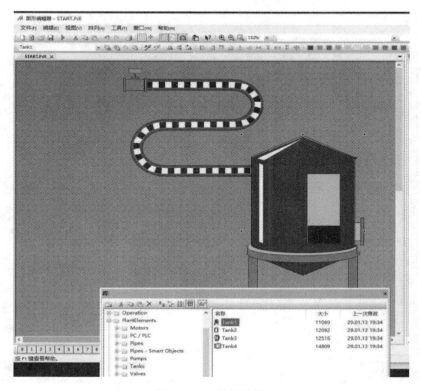

图 3-4-13　调整水箱

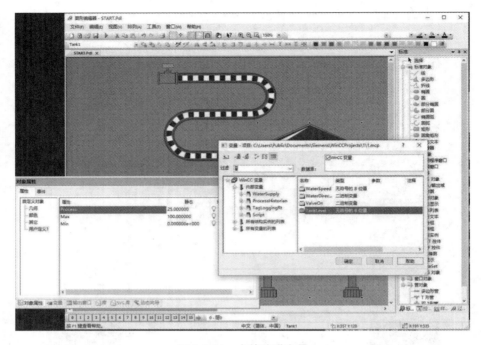

图 3-4-14　水箱关联变量

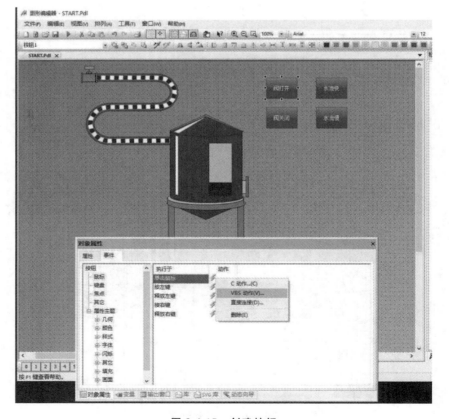

图 3-4-15　创建按钮

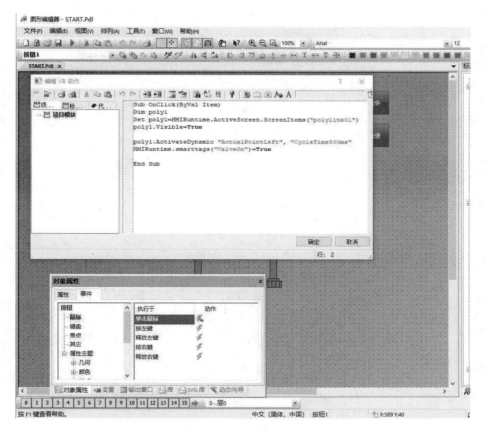

图 3-4-16　按钮脚本

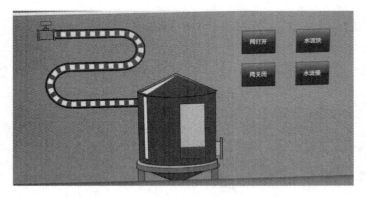

图 3-4-17　运行画面

项目四
系统集成与信息融合

随着全球化买方市场的形成,企业所面临的竞争日趋激烈,经济活动的步伐越来越快,客户对时间方面的要求越来越高。这一变化的直接反映就是主要竞争因素的变化。20世纪初期,企业之间的竞争就是成本竞争,通过大批量生产来降低企业成本是应对成本竞争的主要方法。到了20世纪中期,企业之间的主要竞争因素变为质量,通过精益生产方式来消除浪费、提高质量成为企业管理的潮流。进入21世纪,企业之间的主要竞争因素变为时间,在客户需要的时候按时、保质、保量地提供正确的产品成为企业核心竞争力的关键。

随着客户对产品需求的多样化,制造企业的生产模式开始由大批量的刚性生产向多品种、小批量的柔性生产转变,生产线也从以前的手工方式快速向高度自动化的机器人生产线转变。同时,计算机网络和大型数据库等信息技术持续飞速发展,信息系统从局部、事后的处理方式向全局、实时的处理方式转变,这就为MES的产生提供了基础条件。

在制造业信息化的早期阶段,企业经营管理的信息化与生产设备的自动化作为两个独立的分支各自发展。由不同部门、基于不同应用目标建立起来的一系列单一功能的信息系统,逐渐成了信息化进程中的阻碍。

(1)信息孤岛。企业内的生产调度、工艺管理、质量保证、设备维护、物料管理、过程控制等系统之间相互独立、缺乏数据共享,导致相互之间功能重叠、数据冗余与矛盾频发等一系列问题。信息孤岛使企业内部的信息在水平方向上产生断裂,严重制约了企业内部各种系统之间的协调运作,削弱了信息化的整体作用。

(2)信息断层。企业的经营管理系统无法及时准确地得到实际的生产信息,无法有效掌握生产现场的真实情况。而生产现场的工作人员和设备也得不到切实可行的生产计划与生产指令。信息断层造成了企业生产经营信息在垂直方向上的断裂,成为阻碍企业的经营管理系统与车间的生产管理系统集成的根本原因。

面对快速发展的市场环境及企业不断增加信息集成的强烈需求,信息孤岛和信息断层所带来的各种问题已经变得十分尖锐。例如,在计划过程中无法准确及时地掌握实际的生产状态;在生产过程中得不到切实可行的生产计划;车间的管理人员和操作人员难以跟踪产品的生产过程,不能有效地控制在制品库存;客户也无法了解订单的执行状况等。产生这些问题的主要原因在于生产管理系统与生产过程控制系统相互分离,计划系统和过程控制系统之间界限模糊、缺乏紧密的联系。

针对这种状况,1990年11月,美国先进制造研究机构(Advanced Manufacturing Research, AMR)首次提出MES的概念,以其作为企业信息集成问题的解决方案。

近年来,MES已经在生产排产、订单执行、自动叫料、质量追溯、防止装配错误、产品状态跟踪等领域实现了广泛的应用,使得制造企业能够在客户订单驱动下进行快速、高质量、低成本的生产。同时随着全球工业4.0时代的来临,智能工厂、智能生产和智能物流将为制造业的发展注入新的动力,而MES作为生产环节智能化的主要工具,也必将在未来实现快速发展。

1. MES的定义

AMR将MES定义为"位于上层计划管理系统与底层工业控制系统之间的、面向车间的管理信息系统",可以为操作人员、管理人员提供计划、执行、跟踪及所有资源(人、设备、物料、客户需求等方面)的当前状态信息。

制造执行系统协会(MESA)将MES定义为"能通过信息传递,对从订单下达到产品完成的整个生产过程进行优化管理。当工厂里面有实时事件发生时,MES能对此及时做出反应,并用当前的准确数据对它们进行指导和处理。这种对状态变化的迅速响应使得 MES 能够减少企业内部没有附加值的活动,有效地指导工厂的生产运作过程,从而既能提高工厂及时交货的能力、改善物料的流通性能,又能提高生产回报率。MES 还通过双向的直接通信在企业内部和整个产品供应链中提供有关产品行为的关键任务信息"。

2. MES 的功能模块

国际组织还定义了 MES 的标准功能模块。图 4-0-1 是 ISA-S95 企业运作模型。该模型描述了 MES 作为上层企业管理系统和下游自动化设备和生产线之间的桥梁,发挥着承上启下的作用,下面具体阐述各个功能模块的作用。

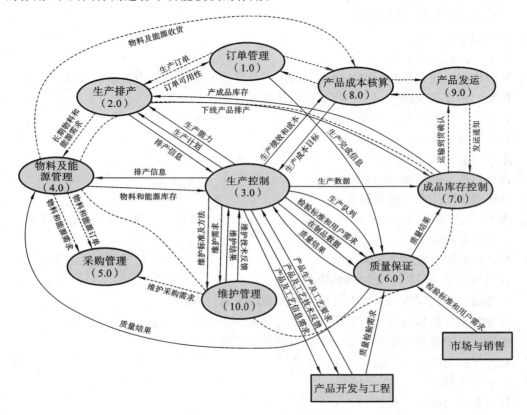

图 4-0-1 ISA-S95 企业运作模型

1)订单管理(1.0)

订单管理功能通常包括:

客户订单处理、接收和确认;

销售预测;

放弃和保留处理;

销货毛利报告;

确定生产定单。

在订单管理功能和生产控制功能之间通常不存在直接接口。

2)生产排产(2.0)

生产排产功能通过生产调度表、实际的生产信息,以及生产能力信息与生产控制系统功能互连。

生产排产功能通常包括：

生产调度表的确定；

长期原材料需求的辨识；

最终产品包装调度表的确定；

可供销售的产品的确定。

由生产排产功能产生或修改的信息包括：

生产调度表；

实际生产和计划生产的对比；

生产的产能和资源可用性；

当前的订货情况。

3)生产控制(3.0)

生产控制功能包括与制造控制有关的大多数功能。生产控制功能通常包括：

按生产调度表和生产标准控制原材料转变成最终产品；

完成工厂工程设计活动并更新工艺计划；

提出原材料需求；

生成性能和成本报告；

评估对产能和质量的约束条件；

自测和诊断生产和控制设备；

为 SOP(标准操作程序)、配方,以及专用加工设备的设备搬运建立生产标准和指示。

4)物料及能源管理(4.0)

物料及能源管理功能通常包括：

管理库存量、转移,以及物料和能源的质量；

在短期和长期需求的基础上提出物料和能源采购请求；

计算和报告原材料和能源利用的库存量平衡和损耗；

接收入库的物料和能源供应并请求质量保证试验；

通知可接受的物料和能源供应的采购。

5)采购管理(5.0)

采购管理功能通常包括：

发出有供应商名字的原材料、补给品、备件、工具、设备和其他所需物料的订单；

监视采购进程并向申请人报告；

物品到货并认可后,发放进货支付发票；

汇集和处理原材料、备件等的单位请求,以便将订单发给销售商。

采购管理功能通常产生或修改用于其他控制功能的预期的物料和能源交付进度表。

6)质量保证(6.0)

质量保证功能通常包括：

物料的试验和分类；

设定物料质量标准；

按照技术、市场和客户服务等方面提出的要求,对制造和测试实验室发布标准；

收集和维护物料质量数据；

发放其他用途的物料(提交或进一步处理)；

证明产品是按照标准工艺条件生产的；

对照客户要求和统计质量控制例行程序检查产品数据，以保证产品发货前的质量合适；

将物料偏差重新置入工艺过程，以便重新评估以改进工艺。

7）成品库存控制（7.0）

成品库存控制功能通常包括：

管理制成品库存量；

按照产品销售指示作出特定产品的储备；

按照交货进度表形成包装好的最终产品；

向生产调度报告库存量；

向产品成本核算报告余额和损耗；

与产品发货管理协调，安排产品的实物装载/发运。

8）产品成本核算（8.0）

成本核算功能通常包括：

计算和报告产品总成本；

向生产部门报告成本计算结果以做调整；

为生产设定成本目标；

收集原材料、劳动力、能源和其他要传送到会计部门的成本；

计算和报告总生产成本，向生产部门报告成本计算结果以做调整；

为物料和能源供应及销售设定成本目标。

◀ 任务 1　基础数据管理 ▶

 项目导入

到了 20 世纪 90 年代中期，MES 标准化和功能组件化、模块化的思路得到重视，许多 MES 实现了功能组件化，企业根据需要可以灵活快速地构建具有自身所需功能的 MES，大大方便了 MES 的应用与集成。为了解决相应的问题，国际上前些年不同的组织和用户一起做了大量的工作，一些用户、厂商和学术机构的团体在普渡大学开发了计算机集成制造即著名的 CIM 标准，它包括几个描述制造业公司的模型。

1. S95 模型概述

S95 标准定义了企业商业系统和控制系统之间的集成，主要可分成三个层次，即企业功能部分、信息流部分和控制功能部分。企业功能部分基于普渡大学当初建立的 CIM 功能模型；信息流部分基于普渡大学的数据流模型图和 S88 批次标准，包括产品定义、生产能力、生产计划和生产性能 4 种信息流；而其控制功能则基于普渡大学和 MESA 的功能模型。

S95 的不同部分对不同层次的功能分别定义，第一层企业级的控制域定义在 S95 的第一部分，第二层次信息交换方面，4 种信息流交换的分类和对象模型也定义在第一部分，而对象模型的属性定义在第二部分,而底层的生产制造和控制层的域也定义在第一部分。

S95的第三部分定义了企业生产质量、生产和维护方面的常规活动,从高度上指出了各活动之间的数据流,同时定义了8种基本生产活动:产品定义、资源管理、生产计划、生产部署、生产执行、跟踪、分析和数据采集。

ISA-S95模型如图4-1-1所示。

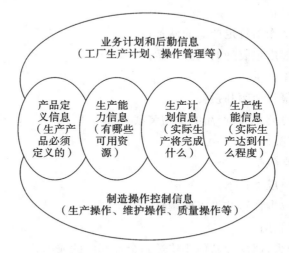

图4-1-1 ISA-S95模型

2. S95中的信息流

S95中的信息流分为如下4种。

产品定义信息:通过交换产品的全周期管理信息描述如何制造一个产品。

生产能力信息:通过信息交换说明需要的和可获得的生产资源的容量和能力。

生产计划信息:通过信息交换说明何时何地生产何物以及需要何种资源。

生产性能信息:通过信息交换说明生产了什么,消耗了什么资源,以及所有商业系统所需要的生产产品的反馈信息。

具体介绍如下。

(1)产品定义信息。产品定义信息包括产品的生产规则、资源清单、材料表、制造清单和产品段(product segment)。产品的生产规则指特定产品在实际生产中的详细定义信息,如配方、工作指令等。资源清单指的是生产特定产品的计划信息,包括和生产无关的信息,如材料订单时间。材料表指的是生产特定产品的材料信息,包括和生产无关的信息,如发货的材料。而制造清单则包括配方公式等。产品段指的是为了完成一个生产步骤所需要的资源组(人、设备和材料),它是资源计划和生产特定产品之间的共享信息。

(2)生产能力信息。生产能力信息包括下列内容:维护信息,生产设备状态,定义生产系统何时何地能够做何事,计划产量信息,计划可用生产资源,预估/预防维护信息,生产容量。而过程段(process segment)的能力是其中一个重要的部分,这里的过程段指的是某生产段所需资源的总和,资源可以是材料、能源、人员和设备。过程段的定义依据是商业活动的细化要求,例如计划和关键生产指标KPI的分析。

(3)生产计划信息。生产计划信息主要包括当前生产信息、生产库存信息、生产计划信息,另外还包括当前的材料信息和预估的材料信息,生产库存控制和预期的产品产量。

(4)生产性能信息。生产性能信息实际上是生产状况的实际反馈信息,包括生产、库存、计划的相关实际情况,以及生产历史和总体生产性能的评估,实际的产量,原材料消耗,实际的生产执行情况。

整个信息流的内容则包括生产计划、计划产量、生产能力、输入订单确认、长期和短期的材料和能源需求、材料和能源的库存、目标生产成本、实际生产性能和成本、质量保证结果、生产标准和客户需求、请求放弃在制品、成品库存、过程数据、产品和过程知识、维护请求、维护响应、维护标准和方法、维护反馈等。

3. S95 对象模型

S95 中描述的生产对象模型根据功能分为 4 类,即资源、能力、产品定义和生产计划。资源包括人员、设备、材料和过程段对象。能力包括生产能力、过程段能力。产品定义包括产品定义信息。生产计划包括生产计划和生产性能。

(1)人力资源模型。此模型专门用于定义人员和人员的等级,个人或成员组的技能和培训,个人的资质测试,结果和结果的有效时间段。

(2)设备资源模型。此模型用于定义设备或设备等级、设备的描述、设备的能力、设备能力测试、测试结果和结果的有效时间段。同时定义和跟踪维护请求。

(3)材料资源模型。此模型专门用于定义材料或材料等级属性,对材料进行描述,定义和跟踪材料批量和子批量信息,定义和跟踪材料位置信息,定义材料的质量保证测试标准,以及结果和结果的有效时间段。

(4)过程段(process segment)模型(包括过程段对象模型和过程段能力模型)。此模型专门用于定义过程段,提供过程段的描述,定义过程段使用的资源(个人、设备和材料),定义过程段的能力,定义过程段的执行顺序。

(5)生产能力模型。此模型对生产能力或其他信息进行描述,独一无二地对设备模型的特定生产单元定义生产能力,提供当前能力的状态(可用性、确认能力和超出能力),定义生产能力的位置,定义生产能力的物理层次(企业、生产厂、生产区域、生产单元等),定义生产能力的生命周期(起始时间、结束时间),对生产能力的发生日期归档。

(6)产品定义模型。此模型专门用于定义产品的生产规则(配方、生产指令),并对此规则提供一个发布日期和版本,指定生产规则的时间段,提供生产规则及其他信息的描述,指定使用的材料表和材料路由,为生产规则指定产品段的需求(人员、设备和材料),指定产品段的执行顺序。

(7)生产计划模型。此模型用于对特定产品的生产发出生产请求,并对请求提出一个唯一的标识,提供对生产计划以及相关信息的描述,提供生产计划请求的开始和结束时间,对生产计划发布的时间和日期归档,指出生产计划请求的位置和设备类型(生产厂、生产区域、过程单元、生产线等)。

(8)生产性能模型。此模型根据生产计划请求的执行或某一个生产事件报告生产结果,唯一地标识生产性能,包括版本号和修订号,提供生产性能的描述和其他附加信息,识别相关的生产计划,提供实际的生产开始和结束时间,提供实际的资源使用情况,提供生产的位置信息,对生产性能发布的时间日期归档,提供生产产品设备的物理模型定义(生产厂、生产区域、过程单元、生产线等)。

知识图谱

MES 系统生产基础数据管理设置过程

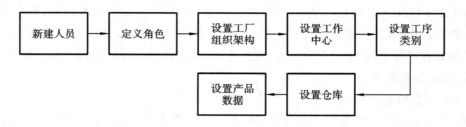

MES 系统生产基础数据管理设置过程如下。

1. 新建人员

在左侧树形栏，双击选择"人员列表"，展开如图 4-1-2 所示窗口。

点击"增加"，增加多条后点击"保存"，如图 4-1-3 所示。

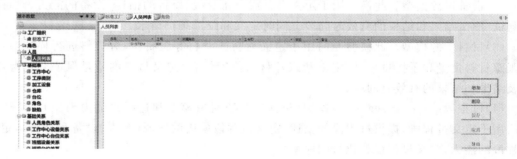

图 4-1-2　新增人员

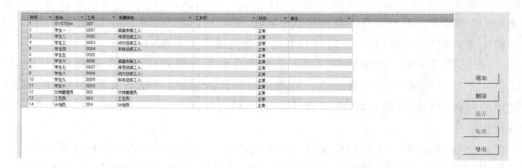

图 4-1-3　新增人员保存

2. 定义角色

（1）新建角色。

在左侧菜单栏右击"角色"，选择"新建角色"，展开如图 4-1-4 所示窗口。输入角色名称，点击"确定"。

依次添加角色"文档管理员""工艺员""计划员""底盘安装工人""传导总成工人""动力总成工人""车体总成工人""质检员"。

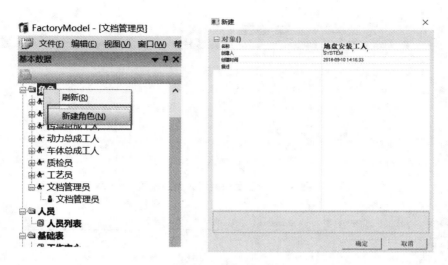

图 4-1-4　新建角色

（2）角色权限设置。

为不同角色分配相应权限。快速工艺权限如图 4-1-5 所示。底盘安装工人角色配置如图 4-1-6 所示。

图 4-1-5　快速工艺权限

（3）角色人员分配。

角色设置完成后，为角色配置相应人员，如"文档管理员"，如图 4-1-7 所示。

同理，为"工艺员""计划员""底盘安装工人""传导总成工人""动力总成工人""车体总成工人""质检员"添加角色成员。

3. 设置工厂组织架构

（1）新建车间。

右击"标准工厂"，点击选择"新建车间"，弹出如图 4-1-8 所示对话框。

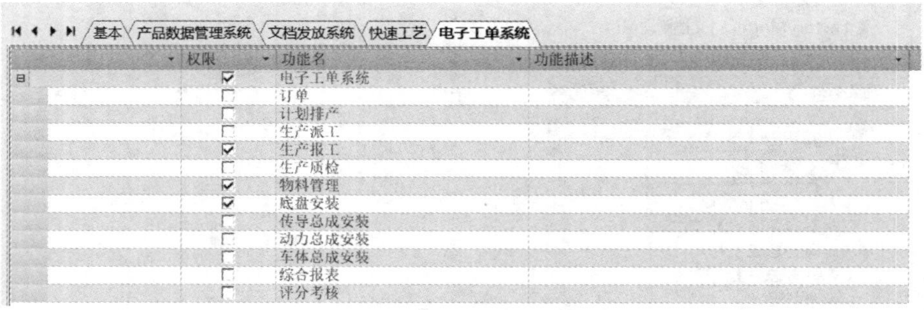

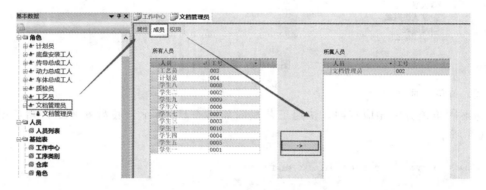

图 4-1-6 底盘安装工人角色配置

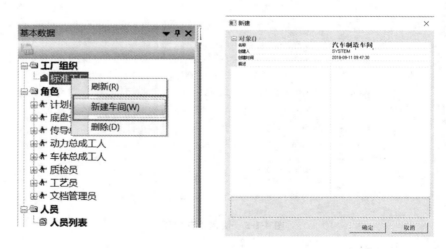

图 4-1-7 角色人员分配

图 4-1-8 新建车间

填写车间名称"汽车制造车间",点击"确定"。

（2）新建产线。

右击"汽车制造车间",选择"新建产线",弹出如图 4-1-9 所示对话框。

填写产线名称"产线一",点击"确定"。

同理,可建"产线二""产线三"等。

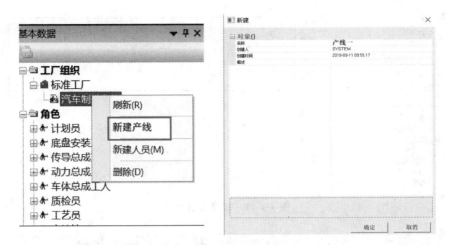

图 4-1-9　新建产线

（3）新增人员分配。

选择"产线一"，在右侧窗口选择"成员"，左侧为所有人员，可将选中人员添加至右侧所属人员中，如图 4-1-10 所示。

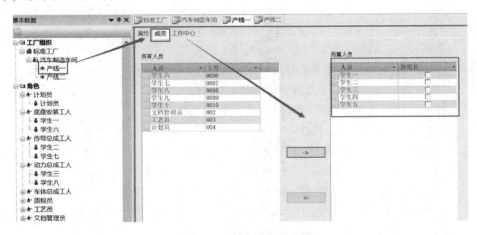

图 4-1-10　产线一人员分配

同理，可分配"产线二"所属人员。

4.设置工作中心

点击"工作中心"，按照图 4-1-11 进行设置，关键信息包括如下。

（1）底盘安装工位：HUA01。

（2）传导总成工位：HUA02。

（3）动力总成工位：HUA03。

（4）车体总成工位：HUA04。

（5）质检工位：HUA05。

5.设置工序类别

点击"工序类别"，按照图 4-1-12 进行关键工序设置，关键信息包括如下。

（1）工序号：1，2，3…

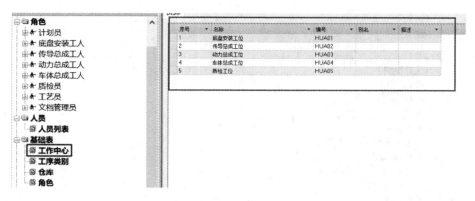

图 4-1-11　设置工作中心

序号	工序号	名称	描述	所属工作中心
1	1	装汽车底盘		HUA01
2	2	装电池(2000AH)(黑)		HUA01
3	3	装电池保护套		HUA01
4	4	装充电装置		HUA01
5	5	装伺服系统		HUA01
6	6	装传导储能(红)		HUA02
7	7	装左螺纹轴		HUA02
8	8	装右螺纹轴		HUA02
9	9	装伺服转角		HUA02
10	10	装螺纹传动轴		HUA02
11	11	装电机右套		HUA03
12	12	装电机左套		HUA03
13	13	装电机(20马力)		HUA03
14	14	装传动盘		HUA03
15	15	装传动装置		HUA03
16	16	装滚动杆		HUA03
17	17	装悬吊系统		HUA04
18	18	装前臂装置		HUA04
19	19	装前挂系统		HUA04
20	20	装左前轮		HUA04
21	21	装右前轮		HUA04
22	22	装左右连接立柱		HUA04
23	23	装左后轮		HUA04
24	24	装右后轮		HUA04
25	25	装车辆外壳(白)		HUA04
26	26	装电池(2500AH)(红)		HUA01
27	27	装传导储能(白)		HUA02
28	28	装电机(25马力)		HUA03
29	29	装车辆外壳(红)		HUA04
30	30	装电池(3000AH)(蓝)		HUA01
31	31	装传导储能(蓝)		HUA02
32	32	装电机(30马力)		HUA03
33	33	装车辆外壳(蓝)		HUA04

图 4-1-12　设置工序类别

（2）工序名称：样式为"装×××"。

（3）所属工作中心：HUA××，根据工作和工作中心的对应关系进行设置。

6. 设置仓库

点击"仓库"，按照图 4-1-13 新建仓库，关键信息包括如下。

（1）WHHUA00：原料库，存放原材料。

（2）WHHUA01：底盘安装仓库，存放底盘安装工位所需的原材料和产生的半成品。

（3）WHHUA02：传导总成仓库，存放传导总成工位所需的原材料和产生的半成品。

（4）WHHUA03：动力总成仓库，存放动力总成工位所需的原材料和产生的半成品。

（5）WHHUA04：车体总成仓库，存放车体总成工位所需的原材料和产生的半成品。

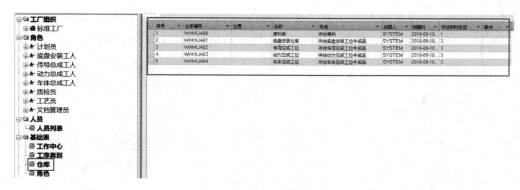

图 4-1-13　新建仓库

7. 设置产品数据

（1）新建产品大类。

打开产品结构树，右击左侧空白处，点击"新建产品大类"，打开如图 4-1-14 所示对话框。

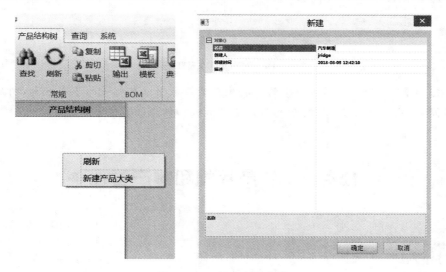

图 4-1-14　新建产品大类

（2）BOM 导入。

右击产品，选择"导入设计 BOM"，如图 4-1-15 所示。

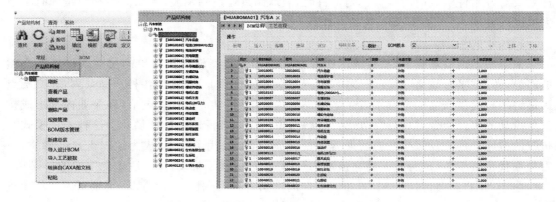

图 4-1-15　导入设计 BOM

导入完成后,可在右侧查看该产品的 BOM 结构和工艺路线。如无误,可点击总装,选择"BOM 及工艺路线发布",如图 4-1-16 所示,发布成功后,可进行汽车生产。

图 4-1-16　发布 BOM 及工艺路线

【提示】　了解 MES 数据模型中的车间生产资源数据以及相关的基本概念,明确数据之间的依赖关系,从而掌握 MES 的车间生产资源数据初始化的建立方法。

◀ 任务 2　生产计划和排产管理 ▶

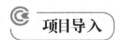

项目导入

传统的以"计划主导、库存推动"为调控手段的大批量专线生产方式在响应市场变化时开始暴露出不足。为了动态响应外部订单的变动,制造企业必须同时改变各个工序的生产计划及对各零件供应商的购货计划。目前,全球制造业蓬勃发展,产品类型和数量都有了极大程度的发展,用户的需求也越来越趋于个性化。

1. 拉动式生产

面对激烈的市场竞争,从目前的按库存的推动式生产转向按订单的拉动式生产是必然的趋势,即以"平台战略"为表现形式,在产品平台的基础上,开发出各种产品系列,在交货点为最终用户提供产品的定制手段。当用户下达订单后,供应链快速响应,在企业内部形成按订单拉动的生产指令,以混线排产为目标,组织供应商进行适时排产供货。这种生产模式与传统的按库存的推动式生产有着非常大的区别:订单取代了计划,成为组织生产的触发器;看板取代了调度单,成为控制物料流动的令牌;拉动取代了推动,成为联系上下游的桥梁。

由于 ERP 只会传递给 MES 每天生产的产品型号及数量,因此 MES 需要对生产订单进行生产排产,也就是决定生产的顺序,排产计划员的工作业务过程大致如下。

（1）生产部门通常按照计划部门的指令，定期（如每天、每班等）从生产订单库中取出生产订单（通常为一个产品一单），并决定订单顺序（即建立订单优先级，也就是确定产品在生产线上的顺序）。这一过程被称为排产（由于没有考虑生产过程中实际可能发生的状况，所以又称为"静态排产"）。

（2）对已排产的生产订单开始安排生产，通常称为调度（scheduling）。

（3）在生产过程中，检查产品的生产状态，并根据实际要求，采用特定的方法，调整生产订单的执行顺序，所以又称为"动态排产"。

2. 生产排产

由于生产排产会直接影响最终产品的交货时间和生产线的生产效率，并决定相应的零件消耗（何时在何工位被取用），因此生产排产是企业制定生产计划的核心。

生产排产优化的目标是追求最高的生产效益，即生产能力达到最高和生产成本降到最低。但是影响目标实现的因素众多，而且在实践中往往有诸多的不确定性，因此难以得出效益最优解。但这个问题实际上可以换一个角度考虑，即整合围绕着各生产线的生产要素与约束条件：当各生产线能同步均衡达到产能最大化，且支撑产能最大化的关键要素（主要是物流系统）的运行成本趋于较低水平时，就是效益最优解。因此，寻求排产效益最优解的问题就转化为满足优先次序不一的条件排产问题。基于已经优化的物流运作模式，使得各生产线能按其最高能力24小时不间断、顺畅地连续运行，这就是生产线效益的最优化。下面对生产排产优化中的一些做法和约束条件予以说明。

（1）在同一单元内安排的产品型号差异较小，一般按如下次序排列。

①同一平台的产品型号。

②同一平台的相同型号的产品。

③同一型号的同一配置的产品。

即同一单元内的产品型号所需的零件差异较小。

（2）排产中订单交货期的约束。

订单交货期是满足客户要求的重要条件，按照订单交货期排出订单优先级，确定生产排产的顺序。

（3）生产线本身固有的约束。

生产线本身对排产的要求是由该生产单元的特性决定的。例如涂装线，是否有最低数量同种颜色成组油漆的要求。再例如冲压件，生产多少个同品种的零件需要换模。

（4）生产线之间的固有约束。

以汽车生产为例，如果各生产线排序没有衔接好，会发生诸如在内饰装配时规定规格、颜色的驾驶室还未涂装完成，在总装线上要装驾驶室时车架还未到位或规格不对等脱节现象。

（5）物料到位约束。

①现有库存（包括在途物料）不能支持生产。

②远高于预测数的紧急要货量。

③供应商的生产、供货能力的制约。

④交货周期的制约。

⑤自制件的生产周期的制约。

3. 生产延迟策略对生产排产的影响

某些大型制造企业的生产线比较长,例如汽车生产制造企业,从开始到最终产品下线,需要 2~3 天。由于在生产过程中需要满足生产的柔性需求,同时也需要满足不断变化的市场需求,企业就会应用一些生产延迟策略,从而导致开始排产的产品和最终下线的产品在顺序和时间上有差异。下面以汽车行业为例来说明这种影响。

目前汽车行业,尤其是在发达国家,由于市场竞争的不断加剧,客户的个性化需求的不断增加,各大汽车企业为了满足市场需要,纷纷对生产模式做出相应的优化和调整,以丰田、福特、大众、菲亚特等比较大的生产厂商为首,逐渐由按库存生产转向按订单生产。各大汽车企业还调整了生产管理模式,即在车身进入总装之前都可以调整订单,这样就可以极大地满足市场及生产的柔性需求。

生产模式调整的核心是应用延迟策略,具体操作方式为将订单与实物车的匹配延迟到总装进入的点,这样就可以从两个方面进行优化。

(1)当市场需求变化或者有新的需求时,可以尽快将该部分订单与比较靠前的具有相同车身的车相匹配。

以我们之前举的例子来说,如果那个很重要的客户需要 50 辆运动型汽车,我们可以翻看系统中的在线车型,如果有带天窗的车身和符合该需求的颜色(也可能客户对颜色没有要求),那么我们就可以提高该订单在系统中的优先级,在这批车到达总装时,就可以先匹配该订单,从而将该 50 台车先生产出来并提前交付。被替换掉的 50 台车的订单优先级较低,将重新计划和进行排产。

(2)当生产或者物料出现问题时,可以及时调整排产的订单,以达到规避风险的目的。

这个好处可以这样理解,在车进总装之前,排产部门可以少考虑一些排产的因素,同时也可以规避一些风险,这样就可以极大地提高生产线的设备利用率,减少停线时间。

当然,新的生产模式并不是只有优点,在提升市场反应速度和满足生产柔性需求的同时,这种模式增加了供应链内的库存成本,整车厂零件库存、供应商成品库存、供应商原材料库存都会相应增加。由于目前国内市场需求还没有达到如发达国家的多元化程度,因此国内采用这种方式进行生产的厂家较少,大多是优先考虑如何减少供应链的库存,从而降低成本。

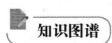

订单管理和计划排产过程

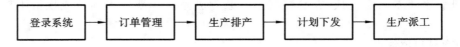

订单管理和计划排产过程如下。

1. 登录系统

输入用户名和密码进入系统后,点击左侧树形菜单中的"订单管理",观察页面变化,如图 4-2-1 所示。

2. 订单管理

(1)录入订单,点击菜单中的"新增订单"按钮,调出录入对话框,如图 4-2-2 所示;在"新

图 4-2-1 订单管理页面

图 4-2-2 新增订单

增订单"对话框中录入订单。其中必填信息项为:订单名称,订单编号,订单类型,交付时间,优先级别(优先级别由高到低依次为 1、2、3、4、5…),生产数量,汽车类别(A、B、C 三类),产线。

（2）编辑订单,选择需要修改的订单,点击右侧"编辑",可进行订单修改,如图 4-2-3 所示。

图 4-2-3 编辑订单

但编辑订单时需注意,仅未排产的订单可进行编辑。

（3）删除订单,选择需要删除的订单,如图 4-2-4 所示,点击右侧"删除",可进行订单删除。

图 4-2-4　删除订单

但删除订单时需注意,仅未排产的订单可进行删除。

(4)订单状态查看,点击"已建订单",如图 4-2-5 所示,可进行已建订单查看,可查看订单进度状态。

图 4-2-5　查看已建订单

3.生产排产

如图 4-2-6 所示,点击左侧菜单栏"计划排产",选择"未排产订单",可查看当前已建未排产的订单信息,勾选需要排产的订单进行排产。

图 4-2-6　计划排产

1)排产方式

支持"按节拍排产"和"按交期排产"两种方式。

(1)按节拍排产。如图 4-2-7 所示,勾选待排产的订单,点击右上角"按节拍排产",弹出节拍排产确认框,输入排产节拍,单位为分钟(如不输入,系统默认节拍为 0 分钟,请修改为10 分钟),点击"确定",可进行排产。

图 4-2-7　按节拍排产

（2）按交期排产。如图 4-2-8 所示，勾选待排产的订单，点击右上角"按交期排产"，弹出交期排产确认框，输入排产工时，单位为分钟（如不输入，系统默认工时为 0 分钟，请修改为 10 分钟），点击"确定"，可进行排产。

图 4-2-8　按交期排产

2）排产详情

（1）如图 4-2-9 所示，点击"已排产订单"，可查看已排产完成的订单信息。

图 4-2-9　已排产订单

（2）对于已排产的订单，可展开，查看该订单下不同件号的排产情况，如图 4-2-10 所示。

图 4-2-10　订单排产情况

（3）针对单件，可点击"查看详情"，查看该件次下每条工单的开工时间和完工时间，如图 4-2-11 所示。

序号	产品名称	工序号	工序名称	开工时间	完工时间	生产数量	单位
4	汽车A	0040	本节名机器	2018-08-06 13:04:50	2018-08-06 13:14:50	1	个
5	汽车A	0050	添加冷系统	2018-08-06 13:14:50	2018-08-06 13:24:50	1	个
6	汽车A	0060	装曲轴箱(E/I)	2018-08-06 13:24:50	2018-08-06 13:34:50	1	个
7	汽车A	0070	装左螺纹轴	2018-08-06 13:34:50	2018-08-06 13:44:50	1	个
8	汽车A	0080	装合螺纹轴	2018-08-06 13:44:50	2018-08-06 13:54:50	1	个
9	汽车A	0090	装齿轮转角	2018-08-06 13:54:50	2018-08-06 14:04:50	1	个
10	汽车A	0100	装螺纹传动轴	2018-08-06 14:04:50	2018-08-06 14:14:50	1	个
11	汽车A	0110	装体机启盖	2018-08-06 14:14:50	2018-08-06 14:24:50	1	个
12	汽车A	0120	装电机启室	2018-08-06 14:24:50	2018-08-06 14:34:50	1	个
13	汽车A	0130	装电机(20马力)	2018-08-06 14:34:50	2018-08-06 14:44:50	1	个
14	汽车A	0140	装传动轴	2018-08-06 14:44:50	2018-08-06 14:54:50	1	个
15	汽车A	0150	装传动器器	2018-08-06 14:54:50	2018-08-06 15:04:50	1	个
16	汽车A	0160	装置拉杆	2018-08-06 15:04:50	2018-08-06 15:14:50	1	个
17	汽车A	0170	装联吊系统	2018-08-06 15:14:50	2018-08-06 15:24:50	1	个
18	汽车A	0180	装前管致置	2018-08-06 15:24:50	2018-08-06 15:34:50	1	个
19	汽车A	0190	装阀线系统	2018-08-06 15:34:50	2018-08-06 15:44:50	1	个

图 4-2-11　零件的排产

4. 计划下发

(1)如图 4-2-12 所示,已排产的订单需进行计划下发,方可进入生产。

图 4-2-12　计划下发

(2)如图 4-2-13 所示,点击右上角"计划下发",并确认。

图 4-2-13　确认下发

5. 生产派工

(1)点击左侧菜单栏"生产派工",对已排产的订单进行工单派发。

(2)选择当前订单。

(3)可查看当前订单下所有工单的派工详情,包括工序号、工序名称、加工工位、工单开始时间、工单完成时间。若该订单的数量大于1,则可分别查看第一件和第二件的派工详情,如图 4-2-14 所示。

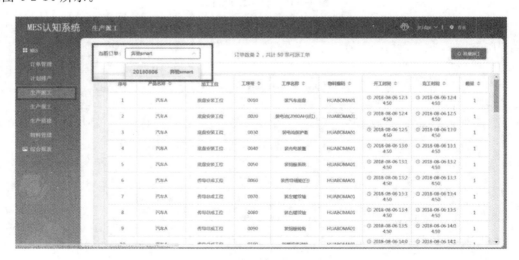

图 4-2-14　生产派工

（4）订单第一件派工详情，如图 4-2-15 所示。

图 4-2-15　订单第一件派工详情

（5）订单第二件派工详情，如图 4-2-16 所示。

图 4-2-16　订单第二件派工详情

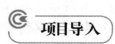

◀ 任务3　生产过程管理 ▶

项目导入

　　生产过程就是生产指令的执行过程。生产执行是指在计划部门进行排产以后，生产部门将实物产品生产出来的过程。在系统层面，生产过程涉及生产订单的下达和生产指示、数据采集、生产跟踪及控制等管理过程，确保产品能以标准的品质按照工艺流程进行生产。

　　生产订单下达和生产指示在原理上来说是相同的，生产订单下达是将已经完成排产的生产订单,按照顺序和已经配置好的生产要求下达到生产线的开始工位,生产线的设备或者工人根据生产订单信息判断生产的产品型号和数量,该过程也叫生产指示,因此生产订单下达是生产指示的手段。

图 4-3-1 所示为制造企业的一般生产线布局。该生产线布局描述了原材料从库房到加工,再到装配的大致过程,其中需要强调的与生产指示相关的关键要素如下。

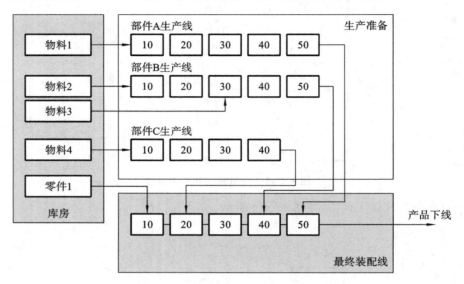

图 4-3-1 制造企业的一般生产线布局

(1)原材料及物料仓储。

产品最初的源头就是一些原材料、毛坯或者零散的零件。毛坯需要进行一定程度的机械加工,才能成为一个零件或者一个组件;零散的零件需要一系列的装配工艺,将其组装到一起,以实现产品的功能。

原材料及物料仓储和生产订单之间有着非常紧密的联系。目前大部分企业的生产线都具有一定的柔性,也就是可以同时生产多种型号的产品,那么在生产订单下达到生产线之前就应该考虑在生产线第一个工位或者前几个工位的物料如何按照生产订单排产的要求和一定的顺序运送到线边。

通常的做法是,原材料和物料仓储区域,按照一定的提前期获知生产的排产计划,提前进行物料准备并运送到线边。提前获知排产计划的时间长度应适当。一方面需要考虑生产排产变更对物料准备的影响。由于生产排产在某些情况下(例如物料没有及时到货,客户的需求发生变更等)会产生临时变更的要求,在 MES 中,订单在开始之前会设置一定数量的冻结订单,当变更发生时,在系统中只能变更没有冻结的那部分,提前准备物料就可以应用已经冻结的那部分排产订单。另一方面,提前太长时间准备物料会造成临时库存的增加及占用更多场地,同时也不利于柔性生产。在企业中,这个时间一般是 15～30 分钟,但也要根据企业具体需求来进行定义,不可盲目寻求标准和经验。

(2)机械加工线和装配线。

通常企业拥有机械加工线和装配线两种生产线。机械加工线主要完成毛坯到零件的工艺过程,加工工艺包括车、铣、钻、磨等,设备主要是一些数控机床和加工中心,按照一定的顺序进行排列,并在设备与设备之间配置自动抓取机器人或者自动传输线运输零件。装配线主要将采购来的零件或者自制件,按照一定的规则和工艺组装在一起。机械加工线一般为批次生产,可以一次性生产一定数量的多个相同型号的产品,这种生产模式的好处是减少产品型号切换的复杂性,同时排产、物料配送等管理过程相对简单。对于批次生产来说,生产订单是按照批次下达的,一般在第一个站点的设备中拥有一部分预存订单,以保证系统和生产线之间连接的高度可用性,生产的产品也需要有批次号进行管理,以便事后进行产品追溯。通常来说,在机械加工线和装配线之间,都有一定量的库存,用于协调机械加工线和装配线的不同的排产计划,同时也减少生产线与生产线之间由于生产不同步而带来的停线风险。

(3)多条生产线之间的协同生产。

对于稍微大型的企业,或者稍微复杂的产品来说,产品都是由几个大的部件组成的,几个大的部件都有分别的子线来进行生产和装配。那么对于柔性化生产来说,就存在一个协同生产的问题,即如何在各个子线之间安排相同顺序的生产,这就引入了序列(sequence)的概念。

序列是在排产和生产过程中,通过现场实际的生产顺序创建的不同的产品序列。它由一系列的产品号组成,其中混杂着各个型号的产品,每个产品也带有一定的特征值。在有多个子线同时生产的时候,需要保证所有子线的第一个站点都拿到相同的排产序列,而且需要保证当所有子线的产品在主线进行合拼时,所有的子线中同时到达主线的最终部件都应属于同一个产品。

虽然在理论上这种控制方法不会存在什么问题,但是在实际生产中,由于子线生产有一些特殊情况,可能会导致整个生产线停线。例如子线设备故障,为了保证最终合拼工位的所有部件的一致性,主线和其他子线都需要停线等待;或者由于生产的部件存在质量问题需要下线返修,所有的生产线都需要等待该部件返修完毕重新上线后才能重新生产。

知识图谱

系统重生产已派工订单过程

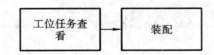

系统重生产已派工订单过程如下。

1. 工位任务查看

(1)登录电脑端,点击左侧菜单栏"生产报工",对已派工订单进行装配生产。

(2)选择"当前订单"及"当前件号",点击"工单查询",如图 4-3-2 所示,可查看该条件下的全部工单,右上角显示当前产线和当前工位信息。

2. 装配

点击工单右侧"装配"按钮,会弹出对话框,出现两个选择,选择手动输入条形码数字,在工位端查看该零件的条形码数字并输入对话框中,显示安装成功后,界面显示该工单"已装配",并显示相应的物料条码,如图 4-3-3 所示。

工位端条码查看如图 4-3-4 所示。

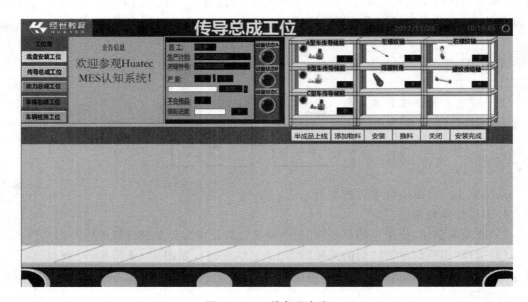

MES认知系统 生产报工

序号	产品名称	工序号	工序名称	物料编码	图号	数量	开工时间	完工时间	物料条码	操作
1	汽车A	0060	装传导储能(红)	10020106	图10020106	1	2018/9/12 12:55:02	2018/9/12 13:05:02		完成
2	汽车A	0070	装左螺纹轴	10020007	图10020007	1	2018/9/12 13:05:02	2018/9/12 13:15:02		完成
3	汽车A	008D	装右螺纹轴	10020008	图10020008	1	2018/9/12 13:15:02	2018/9/12 13:25:02		完成
4	汽车A	0090	装伺服转角	10020009	图10020009	1	2018/9/12 13:25:02	2018/9/12 13:35:02		完成
5	汽车A	0100	装螺纹传动轴	10020010	图10020010	1	2018/9/12 13:35:02	2018/9/12 13:45:02		完成

图 4-3-2　查看工单

序号	产品名称	工序号	工序名称	物料编码	图号	数量	开工时间	完工时间	物料条码	操作
1	汽车A	0060	装传导储能(红)	10020106	图10020106	1	2018/9/12 12:55:02	2018/9/12 13:05:02	7	已装配
2	汽车A	0070	装左螺纹轴	10020007	图10020007	1	2018/9/12 13:05:02	2018/9/12 13:15:02		装配
3	汽车A	0080	装右螺纹轴	10020008	图10020008	1	2018/9/12 13:15:02	2018/9/12 13:25:02		装配
4	汽车A	0090	装伺服转角	10020009	图10020009	1	2018/9/12 13:25:02	2018/9/12 13:35:02		装配
5	汽车A	0100	装螺纹传动轴	10020010	图10020010	1	2018/9/12 13:35:02	2018/9/12 13:45:02		装配

图 4-3-3　装配零件

图 4-3-4　工件条码查询

但装配时还需注意：工位安装时需按照工序号依次安装（即前一道工序完成，下一道工序才可以安装，前一个工位安装完成，下一个工位才可以安装），如没有按照工序号安装，则会出现如图 4-3-5 所示的提示。

图 4-3-5　按顺序装配提示

◀ 任务 4　生产物料管理 ▶

项目导入

MES 系统借助专业技术手段,实现数字化生产过程控制,使得车间制造控制智能化、生产过程透明化、制造装备数控化和生产信息集成化。MES 系统具有许多功能模块,涵盖了生产活动中的全方面,其中就包括物料管理。

物料管理系指计划、协调并配合各有关部门,以经济合理之方法供应各单位所需物料之管理办法,所谓经济合理之方法是指在适当的时间(right time)、在适当的地点(right place)、以适当的价格(right price)及适当的品质(right quality)供应适当数量(right quantity)的物料。

1.物料管理的意义

1)保证生产的正常进行

生产过程也就是物料消耗的过程,要使生产正常而有节奏,必须及时供应物料,做好物料管理工作。

2)是降低成本的基础

加工工业的材料费用在产品成本中占 60%～70%,冶金工业中比重更大,而且该比重有进一步加大的趋势,要降低成本,必须搞好物料管理。

3)加快企业流动资金周转速度

现代大工业企业中储备资金在流动资金中所占比例达到 50%～60%,库存资金相当于销售总额的 10%～20%。因此,合理地确定采购批量,加强库存管理和控制,是改善经营、提高经济效益的重要途径。

2.物料管理的功能模块

对于制造业生产活动中的物料管理,MES 又将其分为五个板块。

1)在制品管理

MES 根据工序计划,可对在制品全程进行实时跟踪管理,实时反映在制品的状态,并对在制品所处位置、状态、工序等信息进行实时采集、统计,指导成品入库。

2)物料采购管理

MES物料管理可以根据采购物料需求计划自动生成采购单,同时通过MES系统对物料的采购情况进行跟踪查询,可以实现对实际采购进度与计划进度落差的报警,同时还能够对完成的采购单进行结清处理,对按订货点采购物料提出采购计划。

3)细化物料需求

MES系统能够分解细化出物料需求计划、外购需求计划、外协需求计划和自制零部件的工序计划等,能够生成物料清单,根据采购批量规则和库存上限,确定需领数量,向总库房提出领用单。通过采购计划单号和外购物料号追踪外购件的采购情况,根据采购计划单的状态重新调整生产计划。

4)物料信息管理

企业生产尤其是离散制造业的车间生产中原材料、辅料、零件、成附件、标准件等数量多、品种杂。MES系统对生产物料的基本属性数据进行定义、修改、维护与查询,同时MES物料管理提供物料主文件管理、物料清单管理、工艺路线管理等功能对物料基础数据进行管理。

5)物料编码管理

MES系统软件能够对生产物料进行统一编码管理,跟踪物料的来源,同时记录生产活动中各个环节物料交接的数量、时间等数据,对生产物料做到有效追溯。

3. MES的物料管理系统

1)物料清单(BOM)管理

在MES系统中完成工厂、线体、工位信息的配置后,系统就可以接收BOM,对本地的BOM进行增加、修改、删除、查询,并可以通过Excel导入、导出本地BOM。

2)物料接收管理

工位BOM配置完成后,MES即可实现物料信息接收、物料信息退回以及对物料类型进行增加、修改、删除、查询等功能,并且同样可以通过Excel导入或导出本地BOM。

在此模块当中,MES提供物料信息接收界面以及物料信息管理界面,在界面当中包含所属工厂、所属线体、工位、零件名称、零件图号等必要的信息,供工作人员查看。通过物料条码、物料类型等信息,MES可以帮助工作人员快速检索查找到需要的内容。

3)物料校验规则管理

在MES提供的物料规则配置界面,包含所属工厂、所属线体、BOM编号、零件图号等必要信息。工作人员可以运用MES自由配置物料规则,可以在界面输入需要校验的内容信息进行校验规则设定。

4)物料库存管理

MES系统支持对物料库存进行盘点,对库存物料的批次包装量进行增加、减少操作。在MES系统物料库存盘点界面,包含物料所属工厂、所属线体、工位、零件名称等内容。工厂相关人员可以通过工位、零件图号、供应商名称进行搜索。

5)物料历史消耗查询

在MES系统中完成工厂、线体、工位信息的配置,工位物料信息接收或导入以及生产物料消耗模块的物料消耗的前置条件后,便可对物料消耗的历史信息进行查询。在物料历史消耗查询界面,可以通过工位、零件图号、供应商名称等信息查询工位物料消耗历史数据,了解工位物料消耗情况。

6）可疑物料锁定

通过对可疑物料的处理，能行之有效地控制产品的质量。在完成工厂、线体、工位信息以及工位物料信息接收或导入配置后，工作人员可通过工位、零件图号在界面进行搜索，对物料进行锁定与解除操作。

4. MES 系统的物料管理的作用

MES 系统的物料管理起着关键作用，主要集中在以下几个方面。

1）提供实时准确的生产信息

在生产过程中，物料不是静态的，而是通过各种不同的生产加工活动，使材料在外形和性能上都不断变化，而这种变化也会产生很多重要的数据。MES 系统的物料管理采用数据校正技术，解决了企业物料物流数据不准确、不一致、不完整的问题，为生产统计人员、操作人员和管理人员提供了实时、正确的生产信息，有效提高了企业的生产效率。

2）生产过程监控和过程优化管理

企业的生产制造过程所需的物质资源（如原辅料、在制品、成品、自制件、标准件、成附件、外协件等）是多方面的，各种物料的管理模式不同，导致物料管理难度较高，对人力资源消耗较大。MES 系统的物料管理能够根据物料号与物料类型，对生产车间现场各种不同种类、状态的物料的规格、数量、位置、状态、工序环节、责任人以及工装配套等信息进行动态跟踪、监控、信息采集与管理，能够极大地减轻企业物料管理的工作量，优化企业的物料管理。

3）设备性能分析和管理

MES 系统的物料管理密切监督每个仪器的运行状态，统计并整理设备的操作数据和更新的设备维修记录数据，通过这些数据进行仪表设备运行等情况的分析，优化仪表设备的管理，从而更好地保证生产的顺利进行。

对于制造业的物料管理，MES 系统不仅提高了排产计划的效率和质量，也提高了工资和成本核算的效率，提高了生产质量，降低了企业的生产成本。

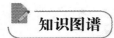

MES 系统的物料管理过程

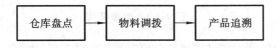

MES 系统的物料管理过程如下。

1. 仓库盘点

仓库盘点主要针对原料仓库，所有物料先入原料仓库，如图 4-4-1 所示。

选择所需物料，并输入盘点数量，点击"确认盘点"，如图 4-4-2 所示。

2. 物料调拨

（1）调拨到线边仓。

已入库的原材料，按需调拨到对应线边仓，如图 4-4-3、图 4-4-4 所示。

图 4-4-1　仓库盘点

图 4-4-2　盘点确认

图 4-4-3　申请调拨

图 4-4-4　调拨确认

（2）批量调拨。

系统同时支持批量调拨，将原材料库所有原料一次性调拨至相应线边仓，如图 4-4-5 所示。

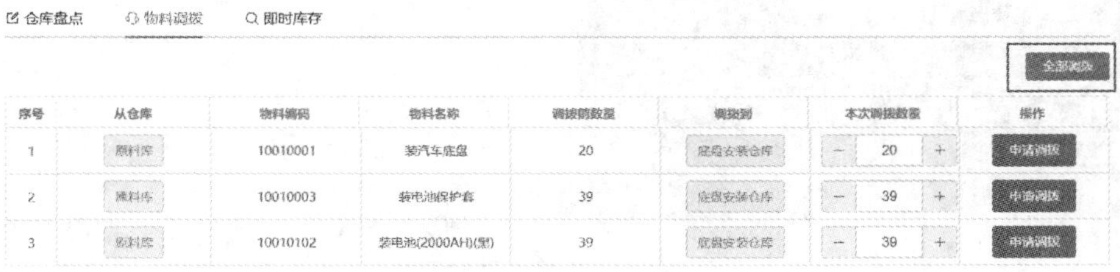

图 4-4-5 批量调拨

（3）即时库存。

选择"即时库存"，选择仓库，点击"查询"，可查询该仓库下的物料情况，如图 4-4-6 所示。

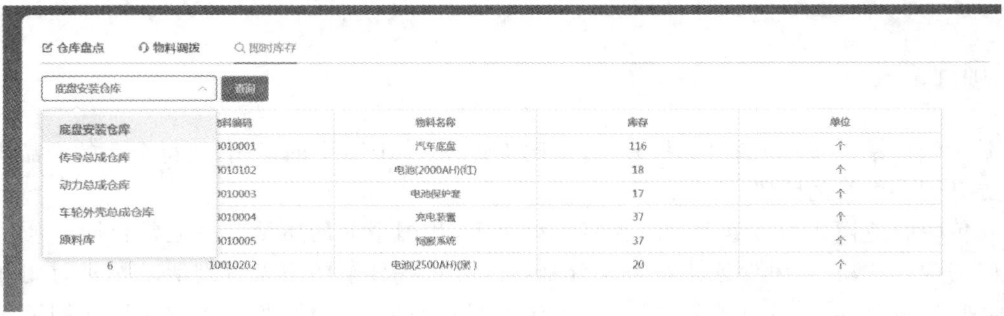

图 4-4-6 即时库存查询

3. 产品追溯

点击左侧菜单栏"综合报表"，如图 4-4-7 所示，可进行产品追溯和订单进度查询。如点击"产品追溯"按钮，输入关键件号，点击"搜索"按钮，可进行产品追溯，查看该产品的加工信息和质检信息，如图 4-4-8 所示。

图 4-4-7 产品追溯

【提示】 MES 系统实现了制造业从物资采购到成品入库的全过程管理和生产质量的全程追溯控制，可以更好地优化企业的物资管理，为企业带来更大的生产价值。

图 4-4-8　追溯结果显示

任务5　生产质量管理

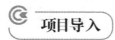 项目导入

质量管理是 MES 中的一个核心模块,质量管理在 MES 中的运用,使得企业的产品质量管理提升到一个新的阶段。

在传统制造模式和质量理念的驱使和约束下,我国企业的质量管理通常仅限于质量管理部门的独立活动,质量保证体系条块分割,各部门、各环节的质量管理活动相对封闭和分散,单纯以满足产品设计规范为目标,注重质量问题的事后处理,难以实现对产品制造过程整体质量水平的控制。

1. MES 质量管理的意义

传统的质量保证技术与手段已难以适应现代质量保证的要求,采用 MES 与质量管理相结合的手段,可以优化传统质量管理,具体可以实现以下几个方面的优化。

(1)质量信息处理及时化。

传统的产品质量数据的采集与统计多采用手工方式,效率低下,一致性差,可信度低。而现代制造企业的产品大多以规格多样化、个性化、技术尖端化和结构复杂化为主要特征,MES 为制造车间提供了小批量制造环境的统计过程技术,可以实现质量信息及时准确采集与处理,针对产品进行事前预防,降低质量事故所造成的大量人力、物力、财力的浪费。

(2)质量信息流动畅通化。

传统的质量信息处理过程相对孤立,数据分散、缺乏规范化,MES 中的质量管理可以实现数据快速流动,信息通道畅通,可以加强质检部门与计划调度部门的及时反馈和工艺部门的及时交流,车间对质量信息的综合处理能力得到提升,同时可以对产品质量全过程进行有效控制及持续性改进。

(3)提供有效的支持系统与工具。

MES 系统为质量业务流程提供保障。软件系统辅助的质量管理和流程固化的过程控制将制造质量信息同人的操作紧密联系起来,使物料进入车间加工后,可以对车间的加工质量状况进行信息追踪,并为企业计划层的质量决策提供可靠的依据,从而可以提高车间质量管理效率,有效地控制产品的不合格率。

MES 系统的质量管理,是对车间生产节点进行质量管控,对车间级的工序/产品进行质量管理。

MES 系统实时采集制造现场信息,跟踪、分析和控制加工过程的质量,实现从原材料入车间到成品出车间的生产过程质量管理,确保产品质量。

2. MES 系统的质量管理功能

MES 质量管理的工作主要涵盖检验、分析、控制三个环节,工作内容包括以下六个方面。

(1)制定标准。确定各工序阶段所要达到的质量要求和工艺参数。

(2)制定计划。依据车间的排产计划,确定检验项目、质检方法和检验要求。

(3)执行质检。获取质检数据,包括对原料、中间品、成品的检验数据。

(4)质量分析。对检验数据进行统计分析,改进质量保证措施,保证产品质量。

(5)质量控制。计算工序能力指数,评价工序加工能力,对制造过程进行过程控制。

(6)质量追溯。发现在制造环节产生的质量问题及根源,纠正制造系统中的故障。

MES 系统的质量管理功能一般包括质量基础数据管理、质量计划管理、质检派发管理、质检执行管理、质检信息采集、质检统计分析、质检跟踪追溯。

3. 管理质量数据

数据是质量管理活动的基础。在质量管理过程中,需要有目的地收集数据,并对其进行整理分析,从中及时发现质量问题,确保产品质量。

制造过程与质量有关的数据主要来源于两个方面:对零件和产品的检测和对制造过程的监控。开展 MES 质量管理,就是要用数据来提出和解决产品及工序质量的问题,用数据来反映产品及工序质量的变化规律。

在 MES 系统中配置质量管理基础数据,是 MES 质量管理人员的一项基本要求。

MES 系统的质量数据管理,主要提供质量基础信息配置功能。

①质量基础信息:与质检有关的基本信息,如质检项(点)、质检工位、质检类型、质检方法、抽样方法、质量问题类型、成品缺陷等级、成品质量等级等信息。

②配置:质检前需要在 MES 系统中预先配置基础信息,MES 系统将配置好的基础信息作为质量控制要求,传递到各检验工序,起到指导质检工作、自动化管理质检工作的目的。

MES 系统中,通常需要配置以下基础信息。

a. 质检项(点)。

规定工艺过程必须检验的工序和成品。设定零部件、成品的关键质量特性检验项目。所谓关键质量特性是指成品的关键特性组成部分,如关键的零、部件,以及关键工序的成品。表 4-5-1 为部分零件质检项举例。制定质量检验计划时要优先考虑和保证这些质量环节。

表 4-5-1 部分零件质检项举例

零件	检验项
阀体	保证中道孔轴心与流体轴心的垂直度,中道内四方与中道轴心的对称度、同心度,中道自密封处堆焊,加工后不小于 1.6 mm;保证密封面平整、光洁,不得有划线、刀痕、气孔、裂纹等缺陷

零件	检验项
阀盖	上下端面的长度及各部尺寸；填料孔与端面的垂直度；保证内孔与外圆密封斜面的同心度及与端面的垂直度；密封面堆焊应光滑、平整，无毛刺
支架	保证内孔与外螺纹及小端孔同心度
阀座	密封平面应平整、光洁，不得有划线、刀痕、气孔、裂纹等缺陷；密封面堆焊，硬度 37～45 HRC，焊后去应力处理；保证密封面角度，表面粗糙度控制在 Ra0.8 μm 以下
闸板	闸板的角度及各部尺寸；密封面喷焊，硬度不小于 45 HRC，焊后去应力处理；密封平面应平整、光洁，不得有划线、刀痕、气孔、裂纹等缺陷
阀杆	阀杆光杆处及倒密封处的各部尺寸精度；阀杆轴心的直线度；阀杆螺纹精度及粗糙度；表面应氮化处理，氮化层深度 0.3～0.5 mm，硬度 700～800 HV

b. 质检类型。

规定每个检验项目所采用检验类型，如全检、抽检、首检、巡检等。

c. 质检方法。

规定每个质检项目所采用的测量方法、测量工具等。测量方法要明确。例如，某车间产品的外观检测要求规定：目视（视力在 1.0 以上）自然光条件下，目视距离 50 cm，产品置于目视角度正前方。

d. 质检标准特征（质量标准）。

规定每个检验项目的检验标准，包括工艺质量标准和成品质量标准。

e. 质检规则配置。

规定每个检验项目的抽检要求、抽样数量比例、批次不合格的判定标准等。

f. 质量问题类型。

设定质量问题的分类，并制定处置方法。当在生产工序中发现质量问题时，可依据 MES 系统指导处置质量问题，并记录在 MES 系统中，供后续统计分析。

生产质检的实现过程

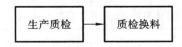

生产质检的实现过程如下。

1. 生产质检

点击左侧菜单栏"生产质检"，如图 4-5-1 所示，选择"当前订单""当前件号"，点击"待检车辆上线"，如图 4-5-2 所示。

图 4-5-1　点击"生产质检"

图 4-5-2　待检车辆上线

2. 质检换料

选择需要抽检的项目,点击"进行抽检",打开如图 4-5-3 所示对话框。

图 4-5-3　生产抽检

若该件有问题,需要换料,则点击"获取新物料",获取到可更新的新物料条码,并选择维修原因,点击"确认换料"。

换料成功后,系统提示"已质检"。

项目五
数字孪生应用

◀ 任务1 设备物联配置 ▶

项目导入

工厂设备的智能化主要通过生产设备的自动化控制、状态信息和生产数据的采集与智能物联技术,形成高度数字化、自动化、状态可感知的智能生产装备,为智能制造及云管理平台的各类应用和服务提供数据支撑。

图5-1-1为设备智能化框架图,包括生产设备数据采集需求、生产设备数据采集实现方法、设备智能化的实施流程等,适用于连接工厂底层设备智能化改造及实施。对于流程型或离散型的各类生产设备,利用传感、数据采集、信息网络等技术手段采集设备的状态信息和生产数据,用于企业内部各类控制、管理系统的业务应用,并最终为智能制造及云管理平台的各类应用提供支撑;同时,设备的各类数据也可以直接通过各类智能物联网关等边缘网关设备直接接入智能制造及云管理平台,为平台的智能应用提供数据基础。

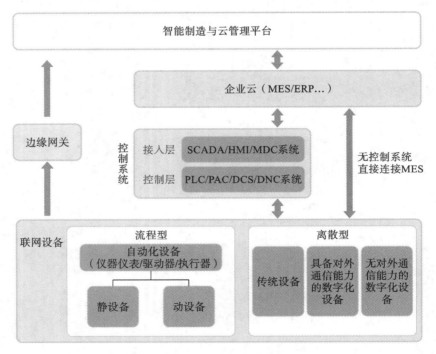

图5-1-1 设备智能化框架图

设备物联控制中,常见的数据采集有两种,分别是流程型数据和离散型数据,其中离散型数据使用较为广泛。

(1)流程型行业数据采集。

流程工业具有高能耗、高污染、高排放、高危险的特征,企业关注的重点是生产的连续、安全、高效、节能、环保、优化运行。流程工业的基础是流程工艺和生产设备,由过程控制系统实现生产的自动化,由设备、监测与维护管理系统保障设备运行的可靠性。

流程工业的设备智能化主要通过增加传感器、检测仪和人工巡检方式来实现。对于温度、压力、振动等一些物理量,可以通过加装传感器或检测仪实时获取设备运行状态,并通过无线网络或有线网络传送到设备监测与维护管理系统。对于破损、泄露、开裂等一些难以通过传感器进行检测的设备状态信息,采用人工巡检的方式,通过检测仪间接或人的感官直接获取设备状态,并使用移动终端记录、上传到设备监测与维护管理系统。

(2)离散型行业数据采集。

连续工业生产与离散工业生产在设备、物料和产品特点方面的差异,导致了两种类型的工业生产在制造管理中存在诸多差异,离散制造企业制造执行过程中的生产数据采集主要用于支持企业的生产设备控制、排产计划、生产运维三个方面。

边缘网关是连接终端设备和云端服务器之间的设备,在物联网系统中扮演着至关重要的角色。它充当终端设备与云端服务器之间的中间层,并负责从终端设备采集数据,对其进行处理和存储,并向云端服务器发送经过处理和封装后的数据。通过与物联网设备相连,边缘网关可以实现对设备的实时控制和监测,并对数据进行分析和决策。同时,边缘网关还可以协调终端设备之间的通信,从而实现对整个物联网环境的有效管理和控制。本书以有人USR-M100边缘计算网关为例,介绍物联配置的一般配置步骤。

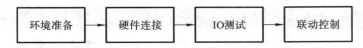

USR-M100边缘计算网关配置步骤如下。

1. 环境准备

(1)安装方式。

设备支持两种安装方式:导轨和挂耳,如图5-1-2所示。

(2)电脑配置。

电脑端参数配置:在电脑开始菜单找到搜索框,输入"网络连接"打开电脑网络适配器配置界面。选择以太网接口的网卡,点击右键找到"属性"并打开,配置IPv4的参数。例如电脑IP和网关分别配置为192.168.0.201和192.168.0.1,子网掩码配置为255.255.255.0,如图5-1-3所示。

硬件连接完成后,从电脑端打开浏览器,输入网址192.168.0.7,进入验证界面,用户名和密码默认都是admin,确认后进入设备的内置网页,如图5-1-4所示。至此,设备已经正常启动,并可以通过电脑进行正常的配置操作和通信。

(3)网络IO功能。

USR-M100主机自带2路DI、2路DO和2路AI,主要应对工业现场的开关量采集和控制,模拟量的采集和相应的联动控制。设备从机地址出厂默认为100,如图5-1-5所示,可以通过网页进行配置,范围为1~255。

USR-M100自带内置Web调试界面,如图5-1-6所示,方便客户直接控制DO和获取DI、AI的采集量。

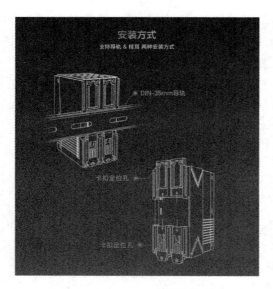

图 5-1-2　USR-M100 安装方式图

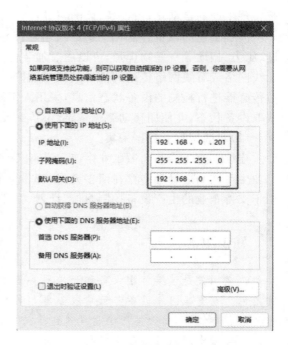

图 5-1-3　电脑 IP 地址设置

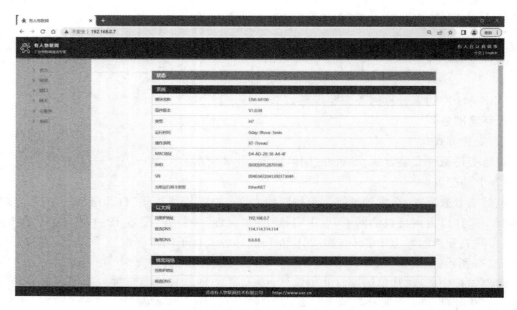

图 5-1-4　USR-M100Web 内置界面

（4）IO 拓展。

M100 采集可拓展结构设计，其中 IO 拓展模块已经可以和 M100 进行拓展使用，只需要将拓展机轻轻推入主机的拓展卡槽即可。

拓展机接入后，给 M100 上电，并进入设备的内置网页进行拓展机的预配置，如图 5-1-7 所示，配置完成后保存并重启设备。

确认拓展机全部接入正确后，可以通过内置网页的 IO 调试界面进行初步测试。通过此

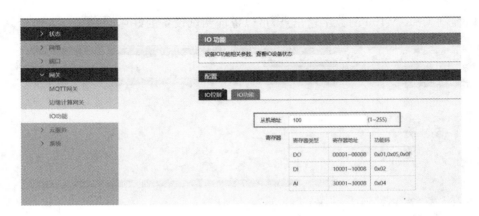

图 5-1-5　Modbus 网关配置

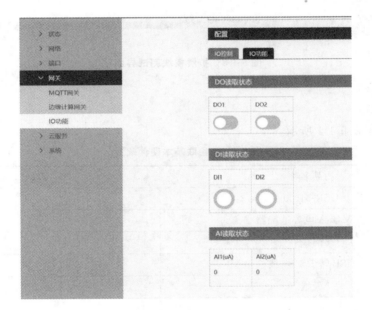

图 5-1-6　Web 调试界面

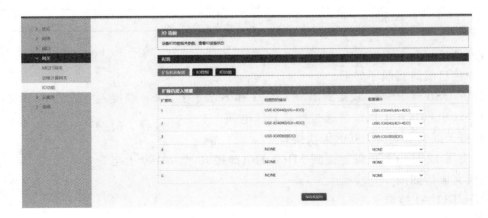

图 5-1-7　扩展模块配置界面

界面可以控制 USR-M100 的数字输出点,可以提前测试设备的好坏,如图 5-1-8 所示。

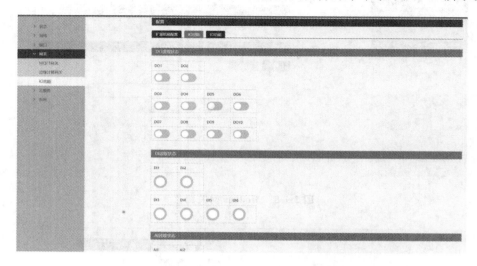

图 5-1-8 扩展模块测试界面

2. 硬件连接

1)硬件资源

硬件资源如表 5-1-1 所示。

表 5-1-1 物联基本硬件配置

物品名称	数量
USR-M100	1
12 V/1 A 电源适配器	1
网线	1
USB 转 RS485 线	1
天线	1
SIM 卡(非必须)	1
Modbus Salve	1
Modbus Poll	1

2)硬件接口

硬件接口的连接顺序如下。

(1)将 USB 转 RS485 线接到串口 1 的 A 和 B 端子上,USB 端接入电脑的 USB 接口。

(2)M100 网口接上网线并通过网线直联电脑。

(3)将天线安装到 M100 的天线接口。

(4)使用 12 V 电源适配器接到 M100 的电源接口,给 M100 上电。

接线完成后如图 5-1-9 所示。

3)DI/DO/AI 接口

(1)DI 接口。

DI 物理接口支持 2 线接入,每个 DI 对应 DI 端子和 COM 端,支持干湿节点接,DI 实

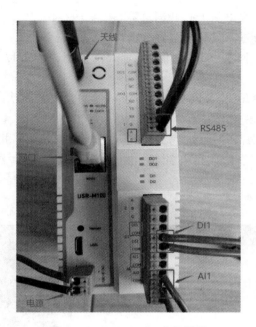

图 5-1-9　USR-M100 实物接线

物接线原理图如图 5-1-10 所示。

接点	干接点	湿接点
描述	无源开关,两个接点间无极性,可以互换	有源开关,两个接点间有极性,不能反接
状态	闭合,断开	有电,无电
接线示意图	IO控制器提供电源 —代表电源正 —代表电源负 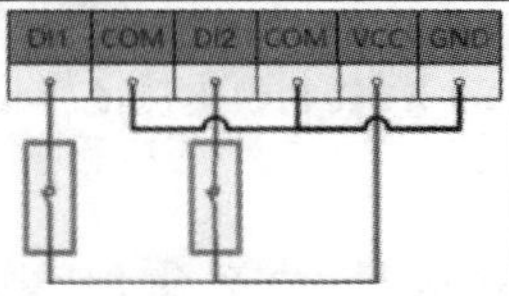	接点设备提供电源 —代表电源正 —代表电源负 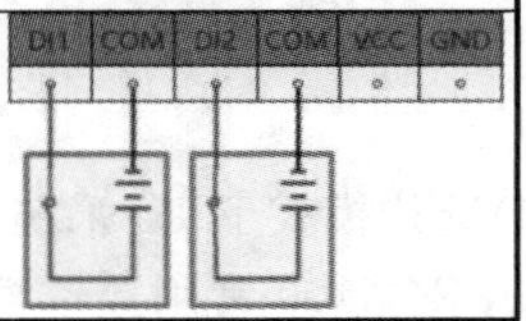

图 5-1-10　DI 实物接线原理图

（2）DO 接口。

①接线方式:DO 使用 C 型继电器设计,物理接口支持 3 线接入,每个 DO 对应 NC、NO 和 COM 端子。

②DO 负载:NC 端负载为 10 A,277 VAC/28 VDC;NO 端负载为 5 A,250 VAC。

（3）AI 接口。

①接线方式:AI 支持 2 线接口,AI 端子和 COM 端子,支持电流输入,范围为 4～20 mA。

②数据类型:AI 数据为 32 位单精度浮点数（ABCD）,每个 AI 占 2 个寄存器,单位是 μA,转换为 mA 公式为:模拟量值＝返回参数值/1000,公式可在边缘点位。

3. IO 测试

1）IO 快速测试

具体的配置步骤如下。

（1）硬件准备好以后，在电脑上打开浏览器，输入 192.168.0.7，回车后进入设备验证界面，输入用户名、密码即可进入设备的内置界面。

（2）内置网页中找到"网关→IO 功能"界面，IO 控制界面可以实现设备的 DO 控制和 DI、AI 的状态获取。

（3）点击 DO1 的按钮开关，可以听到设备继电器的常开常闭状态转换的声音，同时可以看到 DO1 的指示灯状态在变化。

（4）DI1 接入 12 V 电源，指示区为亮起状态，DI2 未接入电源，指示区为熄灭状态。

（5）AI 读取到信号发生器的电流值，当前接入信号发生器为 12 mA，所以显示 12024 μA。

AI 实物快速测试如图 5-1-11 所示。

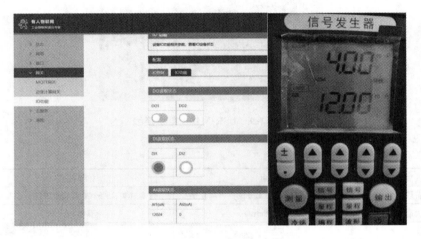

图 5-1-11　AI 实物快速测试

2）透传模式下 IO 采集和控制

USR-M100 常用穿透模式和上传模式进行 IO 采集，其中穿透模式使用较多，下面具体介绍该模式下 IO 采集和控制的具体配置步骤。

（1）参考"硬件连接"内容，进行硬件连接。

（2）配置 M100 的 IO 从机地址，本应用使用默认值 100，如图 5-1-12 所示。

图 5-1-12　USR-M100 从站 Modbus 地址

（3）配置 M100 的 Socket 参数，连接远程服务器。设备配置为 TCP Clinet，填写目标 IP

和端口,如图 5-1-13 所示,然后保存配置。

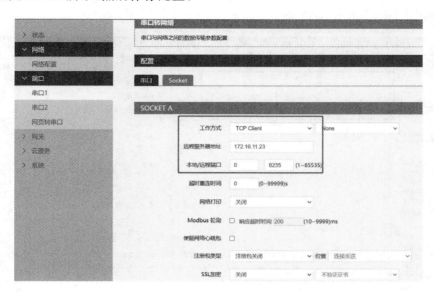

图 5-1-13　USR-M100 配置远程 IO 地址

(4)在服务器端,监听端口等待连接。当设备连上之后,可以下发采集和控制命令给设备,设备根据命令控制 DO 或者采集 DI、AI 的状态值。本示例在服务端使用网络调试助手模拟。配置为 TCP Server,配置端口为 8235,如图 5-1-14 所示。

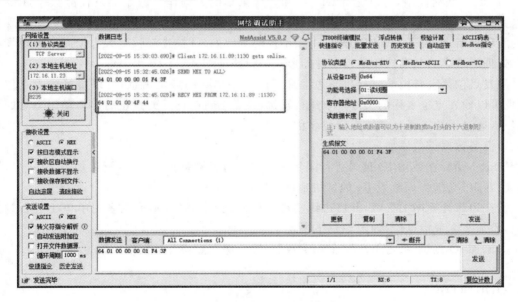

图 5-1-14　USR-M100 远程测试

(5)下发 Modbus RTU 或 Modbus TCP 协议均可以控制和查询 IO 状态,设备默认从机地址为 100(0×64),具体的示例可以参考网络 IO 功能介绍的示例下发到设备进行验证。

(6)下发 DO1 控制时,设备会进行常开(NO 闭合,NC 断开)操作,会听到设备会有继电器的操作声音,指令为 64 05 00 00 FF 00 85 CF。

(7)查询 AI2 的模拟量采集值,可以发送:64 04 00 02 00 02 D9 FE,返回:64 04 04 45

7A 80 00 9B 97,返回值为 45 7A 80 00,转换后为 4008 μA。对比内置网页和信号发生器,数值均一致,如图 5-1-15 所示。

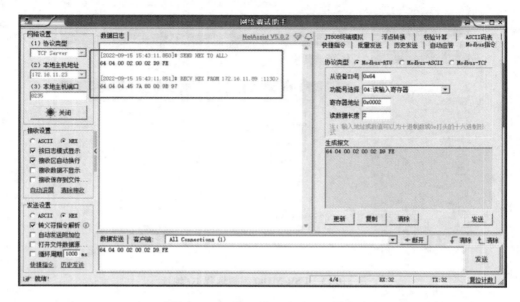

图 5-1-15　USR-M100 远程 AI 测试

4. 联动控制

M100 的联动控制,可以支持 DI、AI 和边缘采集的数据作为原始触发检测数据,DO 可以作为触发执行。联动控制可以是客户在设备内部进行相关点位的逻辑配置,从而实现现场的闭环控制,摆脱了云端因为网络下发不及时导致的延时响应问题,大大提高工业现场的异常处理的效率。联动控制是以事件的形式进行添加,共支持 10 个事件。

触发点位是设备内部直接拉齐边缘采集已经添加好的点位信息,可以直接输入点位名称,也可以输入点位名称的关键字节进行筛选,设备会将筛选后的点位名称自动以下拉的形式展示,通过下拉选择自动填充点位名称。

1)设备数据点位添加

USR-M100 在使用 IO 信号进行采集之前要先分配数据点,具体的配置如下。

①在 IO 功能界面配置 IO 的从机地址,默认为 100。

②在边缘计算网关界面,开启边缘功能,并添加数据点位,本示例采用串口 1 进行数据采集,添加 2 个采集点位,如图 5-1-16 所示。

③添加 IO 点位,参考 IO 的"主动上报"内容。保存点位并选择继续配置,如图 5-1-17 所示。

2)DI/DO 联动

配置完 IO 点后需要对配置的 IO 进行联动配置,配置的过程如下。

①在联动控制界面,点击"添加事件"按钮,进行事件添加。

②事件名称自定义,事件使能根据情况设定,本应用直接选择使能。

③触发条件有 8 种,根据实际情况选择,本示例选择"正向跟随"。

④触发点位填入 DI 后选择 DI1 点位。

⑤扫描周期默认为 100 ms,最小触发间隔默认为 1000 ms。

图 5-1-16 USR-M100 的 IO 点配置

图 5-1-17 USR-M100 增加 IO 点配置

⑥阈值上限和下限无须设置,如果是阈值相关的触发条件,则需要根据情况设置。

⑦触发执行可以选择 DO1 和 DO2,本示例选择 DO1 进行测试。

⑧编辑好事件描述后,保存并重启设备。

⑨根据设置好的事件可获取逻辑关系,如图 5-1-18 所示(左侧为事件配置,右侧为逻辑关系流程图)。

⑩设备重启后,联动事件生效,可以通过 DI1 接通 12 V 或断开 12 V 电源,来观察 DO1 的动作。

⑪当 DI1 接通 12 V 电源时,DI1 的指示灯亮起,DO1 联动进入常开(NO 闭合,NC 断开)状态,DO1 指示灯亮起。

⑫当 DI1 断开 12 V 电源时,DI1 的指示灯熄灭,DO1 联动进入常闭(NC 闭合,NO 断开)状态,DO1 指示灯熄灭。

3)AI/DO 联动

①在联动控制界面,点击"添加事件"按钮,进行事件添加。

②事件名称自定义,事件使能根据情况设定,本应用直接选择使能。

③触发条件选择"阈值内"。

④触发点位填入 AI 后选择 AI1 点位。

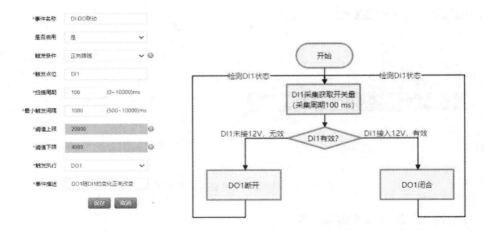

图 5-1-18　DI/DO 联动配置

⑤扫描周期默认为 100 ms,最小触发间隔默认为 1000 ms。

⑥阈值上限设置为 12000 μA,阈值下限设置为 8000 μA,阈值范围是 8～12 mA(如果 AI 增加了计算公式,以计算后结果划定阈值上下限)。

⑦触发执行选择 DO2。

⑧触发动作为常开(NO 闭合),即 AI1 在阈值内,则 DO2 将进行闭合操作,当 AI1 退出阈值范围重新进入将重新刺激 DO2 动作,但如果一直保持在阈值内,DO2 只动作一次。

⑨再添加一个 AI1 和 DO2 的联动事件,触发条件选择"阈值外",阈值范围依然是 8～12 mA,触发动作为常闭(NC 闭合)。

⑩编辑好事件描述后,保存并重启设备。

⑪根据设置好的两个事件,AI/DO 联动 IO 配置如图 5-1-19 所示,可以获取逻辑关系如图 5-1-20 所示。

图 5-1-19　AI/DO 联动 IO 配置

⑫设备重启后,联动事件生效,AI1 接入信号发生器,通过改变信号发生器的电流值,观

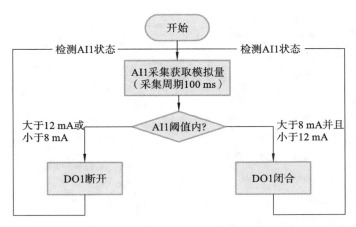

图 5-1-20　AI/DO 联动 IO 配置流程

察 DO2 的相应动作。

⑬当 AI1 接入电流小于 8 mA 时,阈值外,DO2 常闭(NC 闭合,NO 断开),DO2 指示灯熄灭。

⑭当 AI1 接入电流大于 8 mA 并且小于 12 mA 时,阈值内,DO2 常开(NO 闭合,NC 断开),DO2 指示灯亮起。

⑮当 AI1 接入电流大于 12 mA 时,阈值外,DO2 常开(NC 闭合,NO 断开),DO2 指示灯熄灭。

4)边缘采集/DO 联动

边缘检测 DO 信号的联动配置如下。

①在联动控制界面,点击"添加事件"按钮,进行事件添加。

②事件名称自定义,事件使能根据情况设定,本应用直接选择使能。

③触发条件有 8 种,根据实际情况选择,本示例选择"大于等于"。

④触发点位填入 node 后选择 node0101 点位。

⑤扫描周期默认为 100 ms,最小触发间隔默认为 1000 ms。

⑥设置阈值下限,本示例设置为 45。

⑦触发执行选择 DO2。触发动作选择常开(NO 闭合,NC 断开)。

⑧编辑好事件描述后,保存。

⑨再添加一个点位和 DO2 的联动事件,触发条件选择"小于等于",阈值上限设置为 44,触发动作选择常闭(NC 闭合,NO 断开)。

⑩根据设置好的两个事件,边缘检测 DO 联动配置如图 5-1-21 所示,可以获取逻辑关系如图 5-1-22 所示。

⑪设备重启后,联动事件生效,通过 Modbus Salve 模拟串口从机,提供点位数据。

⑫当点位 1 采集数据大于等于 45 时,DO2 的指示灯亮起,DO2 联动常开(NO 闭合,NC 断开)。

⑬当点位 1 采集数据小于等于 44 时,DO2 的指示灯熄灭,DO2 联动常闭(NC 闭合,NO 断开)。

图 5-1-21　边缘检测 DO 联动配置

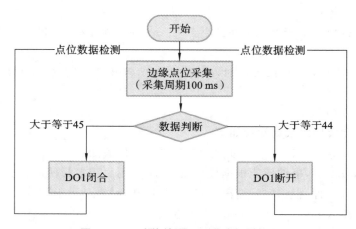

图 5-1-22　边缘检测 DO 联动配置流程

◀ 任务 2　数字孪生建模 ▶

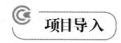 项目导入

1. 物模型的概念

想象这样一个场景，如果你要在一个生产车间推行数字孪生技术，希望利用网络远程掌握车间里每台机器人的工作状态，并且远程控制其开关。这时候软件开发人员就需要逐一对接每一台机器人的接口和控制指令，而不需要针对每台设备逐一开发实现。

物模型的作用之一就是用来解决这个问题的，物模型是一类设备的抽象数字化描述，这里面就包含对设备控制指令的封装，这样应用开发人员对这一类设备的控制操作，就可以基于物模型实现统一的调用和实现,而不需要针对每台设备逐一开发实现,如图 5-2-1 所示。

图 5-2-1 数字孪生物模型

物模型是对物理世界实体的抽象,是对物理实体的数字化描述,是物理实体在数字世界中对应的数字模型。而所谓"抽象"就是要提取出设备的共同特征,形成模型。物模型通过属性、报警、指令三个维度来描述一个物理实体。简而言之,物模型是使用计算机可以理解的语言,描述清楚物理世界的实物是什么、能做什么,以及可以提供哪些信息。

当一个设备的物模型集成了物理实体的各类数据时,那就是物理实体的忠实映射。在物理实体的整个生命周期中,这样的物模型会和实体一起进化,积累各种信息和知识,并且促进物理实体的优化,即物理实体的数字孪生模型。物模型维度类型如表 5-2-1 所示。

表 5-2-1 物模型维度类型

类型	说明
属性	设备可读取或设置的参数。一般用于描述设备运行时的状态,如工业机器人的当前每个轴的角度、速度值等
报警	设备运行时,产生的事件。例如,设备发生故障或超温告警等,报警也可以在物模型中基于属性值,通过配置规则来触发
指令	设备可被外部下发的操作,例如,设备的开关机操作、故障复位或者工艺设置等

2. 物模型的属性

物模型的属性是一组用于描述设备的状态的参数,物模型的属性包括但不限于表 5-2-2 中所示类型。

表 5-2-2 物模型属性类型

基本信息	工业设备的品牌、型号、序列号等
设备状态	设备在物理世界的状态,如开机、关机、待机、作业、故障停机等
实时工况	设备的电流、电压、温度、振动等
衍生业务指标	设备在生产过程中衍生出的开机率、作业率、瓶颈率、冗余率等

可见"属性"的范围非常广泛,几乎可以囊括设备的方方面面。

(1)物模型属性值来源。

确定好物模型的属性后,这些属性的数据如何获取?根云工业数字孪生建模平台支持 3 种属性值来源方式,如表 5-2-3 所示。

表 5-2-3　物模型属性值来源

属性值来源	说明
连接变量	指可从设备直接采集到的属性,通常是通过网关采集设备数据并上传。一般适用于设备自身的属性,如温度、电流、电压等
规则指定	利用规则表达式,对已有的属性进行处理运算,从而得到新的衍生属性值,一般适用于偏业务指标的属性,如开机率、作业率等
手动写值	通过直接赋值或直接定义规定属性值,如设备品牌、设备型号等

(2)物模型属性的操作类型。

根据具体的需要,可以对不同的属性设置或限制不同的操作方式,在根云工业数字孪生建模平台中对属性设置 3 类不同操作类型,如表 5-2-4 所示。

表 5-2-4　物模型属性操作类型

类型	含义	示例
读写	可在设备运行工况处查看数据变化,也可以利用指令对设备数据进行改值处理	如:设备控制开关,不仅需要通过该属性了解设备开关状态,也会存在通过指令控制设备开关的应用场景
只读	只可以在设备实例运行工况处查看数据变化	如:电流电压等设备运行中产生数据的属性,只能采集查看,无法对其下发指令进行修改操作
只写	不可查看运行工况,只可以在实例指令处对数据进行改值处理	如:故障复位操作本身不会产生数据,但需要通过该属性进行指令下发操作,完成故障复位

(3)物模型属性的数据类型。

和编程语言一样,作为一种模型语言,物模型属性也有不同的数据类型,在根云工业数字孪生建模平台,物模型属性的数据类型主要有 5 种,如表 5-2-5 所示。

表 5-2-5　物模型属性的数据类型

数据类型	说明
字符串型(string)	由字母、数字、标点符号和空格组成的字符串类型,如设备的位置
浮点型(float)	精度为浮点型的属性,如电压 24.0 V、电流 34.5 mA
布尔型(Boolean)	非真即假的二值型变量,只有 true 和 false 两个值,如开关功能只有开、关两种状态,在数据传输时通常以 0/1 的形式,一般 0 代表 false,1 代表 true
整数型(integer)	整数数据类型,如停机设备台数只能是整数
枚举型(enum)	自定义的有限集合值。例如,设备三色灯的颜色有红色、黄色、绿色

3. 物实例的概念

在本项目任务一中我们介绍了"物模型"的概念,即提取出不同品牌或不同型号的设备的共同特征,从而形成模型,以方便应用开发或控制操作。而基于物模型生成的与实体设备一一对应的数字孪生体,我们将它称为"物实例"。物实例就是物模型的实例化。根据实际情况需要,一个物模型可以注册一个或多个实例。比如,每台工业机器人都可以根据设备的特性创建一个物模型,然后在平台注册对应的物实例;而在一个汽车喷涂车间,每个工位的喷涂机器人可能基本功能和工作相差不大,就可以基于同一个物模型分别注册对应的物实例。

实物例和物模型的关系如图 5-2-2 所示。

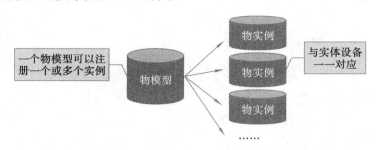

一个物模型可以注册一个或多个实例

物模型

物实例

物实例

物实例

......

与实体设备一一对应

图 5-2-2 实物例和物模型的关系

只有注册与实体设备一一对应的物实例后,才能将实体设备与平台进行连接,让用户可以利用平台,在云端对相应实体设备进行远程控制和工况管理等操作。同时,物实例即为具体实体设备映射的数字设备,物理设备全生命周期的数据都通过物联采集到云端与物实例关联存储,这种与物理设备实时双向链接、与物理设备持续保持数据同步的物实例,即为设备的数字孪生体(图 5-2-3)。

双向链接

物实例

实体设备

图 5-2-3 设备的数字孪生体

4. 实体设备与物实例的关联

物实例是与物理设备一一对应的数字实例,那么物理设备通过物联接入数字孪生建模平台,平台如何得知物实例对应的是哪台实体设备?这里就需要二网关配置 ClientID、用户及密码,了解注册物实例时需要填写的"物标识""认证标识""认证密钥"。

(1)物标识的概念。物标识是物理实体设备在根云工业数字孪生建模平台的唯一标识,用于识别在平台上注册的不同实体设备的物实例。根云工业数字孪生建模平台中物标识的填写界面如图 5-2-4 所示。

* 物标识①

通常使用出产序列号、IMEI号、或MAC地址

图 5-2-4 填写物标识

(2)认证标识和认证密钥。如果把物标识比喻成实体设备的"身份证号码",那么认证标识和认证密钥组成的认证信息就是工业互联网平台提供的"门禁卡",在根云工业数字孪生建模平台上,认证标识和认证密钥的填写界面如图 5-2-5 所示。

通常先在平台上随机生成属于该物实例的认证标识和认证密钥后,再完成硬件设备中

图 5-2-5　填写认证标识和认证密钥

的网关指向配置,一个认证信息仅能配置一次。值得注意的是,由于物实例是平台中的数字孪生体,是虚拟数据实体,因此可以通过改变平台中物实例的物标识及认证信息,来改变物实例与实体设备的一一对应关系。这意味着,一旦修改物实例的物标识,并使物标识对应的实体设备的网关配置认证信息与物实例一致,物实例就与新的实体设备建立了一一对应的关系。

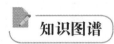

1. 创建工业机器人物模型

本任务要求以根云工业数字孪生建模平台提供的属性模板为基础,基于工业机器人及其关键属性,如设备开机时长、作业效率等设备管理者关心的统计数据,在平台建立该设备及物联网关的物模型,并为设备物模型增加属性,完成工业机器人物模型的定义。任务实施流程如下。

2. 注册工业设备的物实例

在本项目任务中,我们已经以工业机器人为例,通过抽象其设备实物的共同特征,完成了设备物模型及其网关物模型的创建,但它并未与物理世界设备实物一一对应和连接在一起。因此本任务需要把物模型与物理世界设备实物进行对应和连接。本任务要求基于本项目任务一创建的工业机器人及其网关物模型,在平台注册与设备实体一一对应的网关物实例及设备物实例,并同步完成项目二中硬件设备的网关配置,实现设备实体与平台的连接,验证设备的实时数据是否可以成功上传至平台。任务实施流程如下。

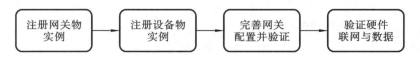

一、创建工业机器人物模型

1. 创建工业机器人网关物模型

操作步骤 1:由根云工业数字孪生建模平台对应的课程卡片,进入"工业数字孪生建模"

模块。

操作步骤2：选择左侧菜单栏"物模型"，单击"创建"按钮，开始物模型的创建（图5-2-6）。

图 5-2-6　创建物模型

操作步骤3：在自动跳转的基本信息页面中，选择"网关"类型，编辑模型名称"工业机器人网关模型01-姓名"，单击"创建"按钮，进入网关模型配置页（图5-2-7）。

图 5-2-7　网关物模型

操作步骤4：在网关模型配置页，单击"发布"，完成机器人网关物模型的创建（图5-2-8）。

图 5-2-8　发布网关物模型

2. 创建工业机器人设备物模型

操作步骤1：进入工业数字孪生建模平台的物模型列表界面，单击"创建"进入物模型创建界面（图5-2-9）。

操作步骤2：在弹出来的物模型创建的基本信息界面中，选择"设备"（图5-2-10）。

图 5-2-9　创建物模型

图 5-2-10　创建设备物模型

操作步骤 3：在根云工业数字孪生建模平台，有两种设备物模型的创建方式，分别为基于模板创建和自定义创建（图 5-2-11）。本任务选择基于模板创建的方式。

图 5-2-11　基于模板创建设备物模型

①基于模板创建。

基于模板创建：为了方便大家学习操作，系统内置了一些设备物模型的模板，可以选择基于对应设备的物模型模板直接创建，完成基本信息填写（图 5-2-12）。

图 5-2-12　基于模板设备物模型属性设置

②自定义创建。

自定义创建：在创建界面，类型选择"设备"；物联方式选择"非直连"；模型名称"工业机器人模型 01-姓名"；分类选择"工业机器人/搬运机器人"；最后单击"创建"进入设备模型配置页，完成创建（图 5-2-13）。

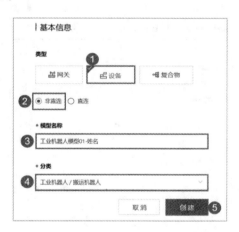

图 5-2-13　设备物模型基本参数设置

3. 添加物模型原生属性并发布

操作步骤 1：完成了工业机器人模型的创建后，会跳转到模型信息界面，单击"添加属性"按钮，开始配置模型属性（图 5-2-14）。

【提示】　基于系统内置模板创建的物模型，已内置对应硬件设备中的设备点信息，不包括自定义新增的采集点信息，需要对应自定义添加属性。

操作步骤 2：在弹出来的对话框中，可选择程序是否错误、关节点 1 马达电流、关节点 6 马达电流、故障复位等，填写自定义属性的基本信息及属性值定义，完成后单击"确定"按钮保存（表 5-2-6、图 5-2-15）。

图 5-2-14 原生属性配置

表 5-2-6 自定义属性

属性名称	属性 ID	数据类型	读写操作设置	属性值来源	连接变量
程序是否错误	ProgErrorStatus	Boolean	只读	连接变量	ProgErrorStatus
关节点 1 马达电流	Joint_1_Current	Number	只读	连接变量	Joint_1_Current
关节点 6 马达电流	Joint_6_Current	Number	只读	连接变量	Joint_6_Current
故障复位	WarningReset	Boolean	读写	连接变量	WarningReset

图 5-2-15 生成设备物模型自定义属性

操作步骤3：按照步骤2提供的模板，依次完成"关节点1马达电流""关节点6马达电流""故障复位"属性的添加（图5-2-16）。

图 5-2-16 设备完成各属性的添加

操作步骤4：完成物模型属性的添加后，单击"发布"，完成工业机器人物模型的创建（图5-2-17）。

图 5-2-17 设备物模型发布

二、注册工业设备的物实例

1. 注册网关物实例

操作步骤1：由根云工业数字孪生建模平台的任一课程卡片，进入"工业数字孪生建模"模块，选择左侧菜单栏的"物实例"，单击"注册"按钮（图5-2-18）。

【提示】 由于非直连设备的数字孪生建模包含网关与设备两部分，在注册设备实例时需要关联绑定对应的网关实例，因此我们需要先注册网关实例。

操作步骤2：跳转到注册物实例界面，编辑实例基本信息（图5-2-19）。①类型选择"网关"；②模型选择在本项目任务一创建的"工业机器人网关模型01-姓名"；③实例名称为"工业机器人网关实例01-姓名"；④物标识使用项目二任务一创建的"工业机器人01-姓名"的网关序列号；⑤单击"随机生成"按钮生成认证标识；⑥单击"随机生成"按钮来生成认证密钥；⑦单击"注册"按钮完成网关实例的注册。

【提示】 在实际场景中，通过三大运营商的 SIM 卡实现设备联网的网关或设备，需要

图 5-2-18　注册网关物实例

图 5-2-19　注册网关物实例界面

填写 SIM 卡的 IMSI 号,本平台联网方式无须填写。

操作步骤 3:注册成功后,跳转到网关实例信息界面,可以查看该实例的信息(图 5-2-20)。该页面中的认证标识和认证密钥在"完善网关配置并验证"的操作步骤 3 中需要用到。

2. 注册设备物实例

操作步骤 1:返回物实例列表界面,单击"注册"按钮(图 5-2-21)。

操作步骤 2:跳转到注册物实例界面,编辑实例基本信息(图 5-2-22)。①类型选择"设备";②物联方式选择"非直连";③模型选择在本项目任务一创建的"工业机器人模型 01-姓名";④实例名称为"工业机器人实例 01-姓名";⑤物标识使用项目二任务一创建的"工业机器人 01-姓名"的设备序列号;⑥关联网关为本任务"注册网关物实例"注册的"工业机器人网

图 5-2-20　网关物实例注册成功

图 5-2-21　注册设备物实例

关实例 01-姓名";⑦通讯标识会根据物标识自动生成;⑧单击"注册"按钮完成网关实例的注册。

【提示】　通讯标识是用来识别网关下非直连设备的通讯数据。

操作步骤 3:注册成功后,会跳转到设备实例信息界面,可以查看该实例的相关信息(图 5-2-23)。

3. 完善网关配置并验证

操作步骤 1:从课程详情页或者快速切换入口,进入硬件列表界面,选择项目二任务一创建的"工业机器人 01-姓名",单击其操作列的"查看"按钮(图 5-2-24)。

操作步骤 2:进入设备信息页,单击"配置"按钮,进入网关配置页(图 5-2-25)。

操作步骤 3:在网关配置页,选择"连接配置(北向)",单击"读取配置"。把本任务"注册网关物实例"中的"工业机器人网关实例 01-姓名"的认证标识和认证密钥,分别填入"Client

图 5-2-22　注册设备物实例界面

图 5-2-23　设备物实例注册成功

ID""用户名"和"密码"中。其中认证标识对应"Client ID""用户名",认证密钥对应"密码"。完成后,单击"下发配置"按钮(图 5-2-26)。

　　【提示】　认证信息在创建网关实例时随机生成,具有唯一性,填写时确保已生成的认证信息与网关北向配置对应的信息保持一致。

　　操作步骤4:下发配置后,返回到硬件设备信息页。在设备信息页,单击"启动"按钮,检查网关的信号灯,若均已变为绿色,说明网关配置成功(图 5-2-27)。

图 5-2-24 设备物模型发布

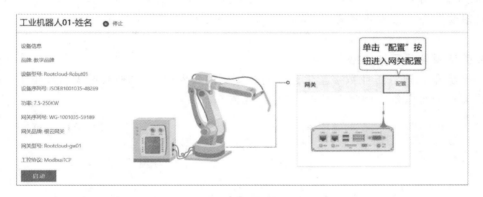

图 5-2-25 选择设备网关配置

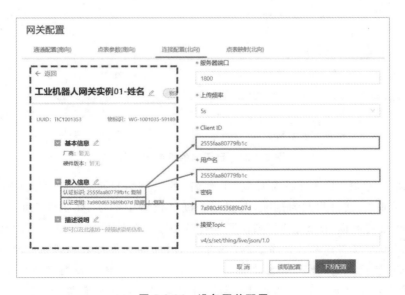

图 5-2-26 设备网关配置

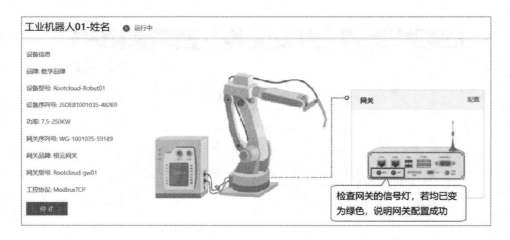

图 5-2-27　设备网关配置成功

【提示】　若是在设备启动状态编辑网关配置，下发配置后信号灯没有变绿，可以先"停止"再"启动"，即重启设备的意义，信息页下方的日志信息可辅助验证。

4. 验证硬件联网与数据

操作步骤 1：进入工业数字孪生建模的物实例列表界面，分别检查网关与设备中，对应注册的网关实例与设备实例状态是否为"在线"（图 5-2-28）。

图 5-2-28　已添加的设备物实例

操作步骤 2：查看"工业机器人实例 01-姓名"的实例信息页，首先确定运行工况中已有数据更新；然后以数据时间戳为标准，对照检查硬件设备中的"工业机器人 01-姓名"日志信息中同一时间戳的数据，如果相同，则说明硬件的数字孪生建模成功（图 5-2-29、图 5-2-30）。

【提示】　由于在创建硬件设备、新增采集点时，采集点模拟数据设置了频率，模拟硬件在网关配置的"连接配置（北向）"也设置了上传频率，建模实例中运行工况更新还有自身的更新频率，因此直接对比运行工况的数据与硬件设备显示屏上的数据，可能会存在偏差。

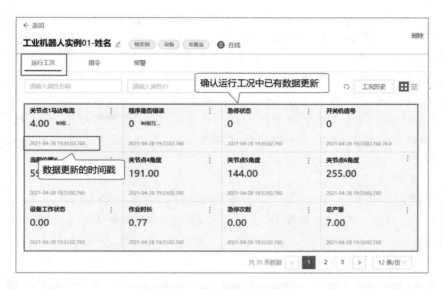

图 5-2-29　设备链接成功

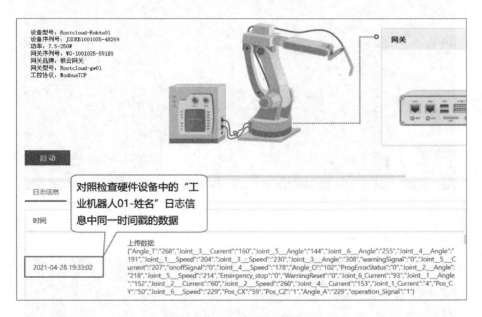

图 5-2-30　设备的状态显示

◀ 任务 3　设置单设备可视化 ▶

　项目导入

在前面的任务中,已经完成了单设备和生产线物联接入和数字化孪生建模,为了更好地

了解和监控设备能效和业务指标,也设置了不同的派生属性。为了便于监控和了解生产能效,最终提高生产效率,需要对设备的一些基本指标和业务指标进行可视化展示。

1. 可视化应用功能

可视化应用通过图形可视化、产品轻量化,生动直观地展示设备指标参数、工况统计信息、远程监控页面、综合管理大屏等工业管理界面。

可视化应用让枯燥的工业数据依托丰富的业务组件,实现数据可视化、管理规范化、监控远程化、企业互联网化,满足工业用户日常管理、运行指挥、实时监控、演示汇报等多种生产业务场景需要。

(1)厂内生产管理。

可视化应用可以对接生产、业务、运维关键指标,设备综合效率(overall equipment effectiveness,缩写为 OEE),维修保养,工艺流程,能耗分析,产能预测等,设置厂内生产管理看板使相关数据一目了然,使工厂生产运营工作更简单、更直观、更高效。

①工艺流程展示如图 5-3-1 所示。

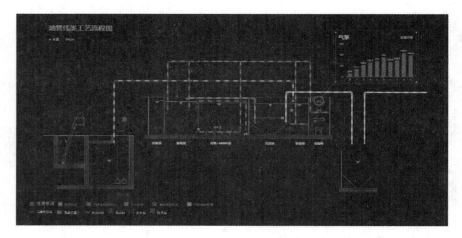

图 5-3-1 工艺流程展示

②设备运行效率展示如图 5-3-2 所示。

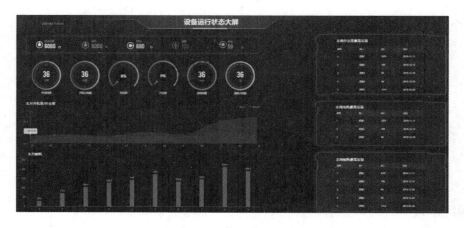

图 5-3-2 设备运行效率展示

③生产管理展示如图 5-3-3 所示。

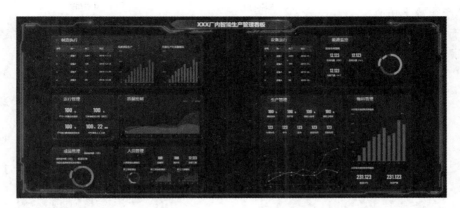

图 5-3-3　生产管理展示

④效率管理展示如图 5-3-4 所示。

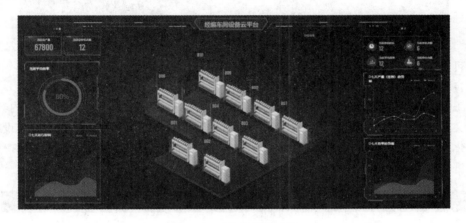

图 5-3-4　效率管理展示

（2）厂外设备监控。

基于根云工业互联网平台物联接入能力及数字孪生建模技术,快速搭建设备数字双胞胎,实现设备远程监控。厂外设备监控展示如图 5-3-5 所示。

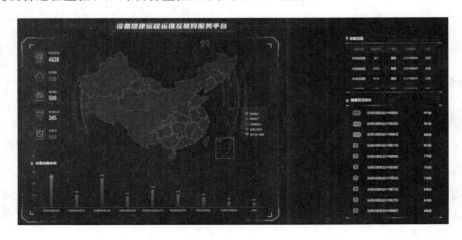

图 5-3-5　厂外设备监控展示

（3）产线数字仿真。

基于设备数字孪生模型，搭建产线数字仿真模型，实现生产效率、设备健康的综合运维。产线数字仿真展示如图 5-3-6 所示。

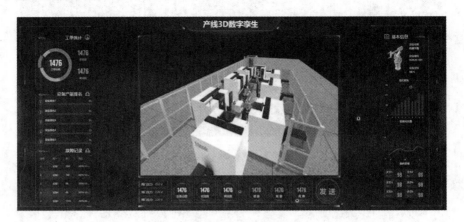

图 5-3-6　产线数字仿真展示

2. 可视化应用的基本组成

（1）项目。

在工业数字孪生建模平台中，可视化项目是设备的可视化文件集，包含页面、内容、数据及相关文件。通过配置页面内组件及属性参数，设置连接数据源，可实现对该类型设备的多种可视化展示效果的设定。项目列表可查看用户创建的所有设备可视化项目，支持按照项目名称进行筛选（图 5-3-7）。

图 5-3-7　可视化项目

（2）模板。

专用模板是系统为用户预置的可用模板。在专用模板中已设置一系列组件，可为用户实现默认的页面展示效果，通过编辑修改页面中的组件及属性，用户可以实现符合自己要求的可视化页面效果（图 5-3-8）。

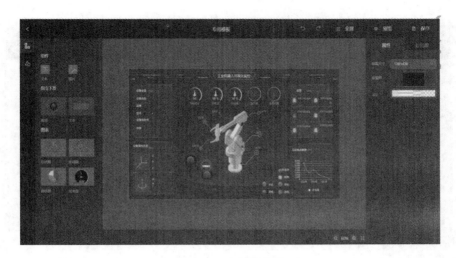

图 5-3-8　可视化模板

空白模板中无预置组件,需用户自主设计布局,选用合适组件,设定适宜属性参数以实现预期效果(图 5-3-9)。

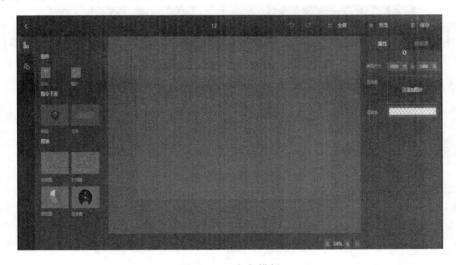

图 5-3-9　空白模板

(3)素材。

在根云工业数字孪生建模平台的可视化应用中,素材有两种来源:一种是系统自带的素材,包括设备、图标、装饰、背景等,集合在系统素材库中;另一种是在素材库中没有适用的素材,需用户自定义上传的素材。

①系统素材库。系统为用户提供的基本资料库,包含设备、图标、装饰、背景类图库,如图 5-3-10 所示。进入系统素材库找到要用的素材,拖到属性区或数据源区的图片框中即可。

②我的素材库。用户可以在可视化应用首页的素材库管理中点击"新建文件夹",并上传个性化素材(图 5-3-11、图 5-3-12)。在设计使用时,用户可以在"我的素材库"通过素材名称进行快速检索,也可以对文件夹进行重命名或者删除的管理操作(图 5-3-13)。用户自行上传并管理的图元资料库,支持用户创建素材文件夹,并上传资料到文件夹备用。素材文件格式支持 jpg、png、gif、svg、zip、mp4、mp3、mpeg、webp 等,单个文件大小建议在 5 MB 以内。

图 5-3-10　系统素材库

图 5-3-11　创建素材

图 5-3-12　上传个性化素材

图 5-3-13 素材文件夹管理

知识图谱

通过本任务的学习能创建单设备可视化大屏项目,会使用文本组件和图片组件配置设备的基本信息,能使用合适的组件配置设备的工况信息,并验证工况数据的准确性。基于工业数字孪生建模平台的可视化的一般步骤如下。

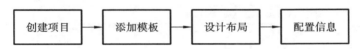

创建项目 → 添加模板 → 设计布局 → 配置信息

一、创建单设备可视化大屏项目

创建可视化应用项目步骤如下。

操作步骤 1:使用树根教育账号与密码完成登录,从任一课程卡片单击"可视化应用"进入可视化应用项目(图 5-3-14)。

图 5-3-14 进入可视化应用项目

操作步骤2：在可视化应用项目列表页面，单击"创建项目"按钮（图5-3-15）。

图5-3-15　创建项目

操作步骤3：在弹出来的对话框中，①项目名称可自定义填写，本书示例填写为"工业机器人单设备可视化"；②大屏模板选择空白模板；③最后单击"确定"按钮（图5-3-16）。

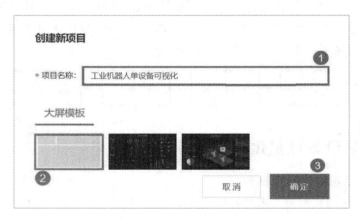

图5-3-16　选择模板

操作步骤4：创建完成后，自动跳转到可视化应用项目的编辑状态，单击"保存"按钮，即可完成可视化应用项目的创建（图5-3-17）。

【提示】　用户在进行可视化编辑时，应及时点击"保存"按钮以保存页面操作，平台暂不支持自动保存。当用户进行页面设计编辑时，可点击"预览"按钮随时查看当前页面的设计效果。

二、设计可视化大屏的基本信息

1. 设计可视化监控大屏布局

操作步骤1：从任一课程卡片进入可视化应用页面，单击本项目任务一创建的"工业机器人单设备可视化"项目的编辑按钮，进入编辑页面（图5-3-18）。

组件区　　　　　　编辑区　　　　　　　属性区

素材库　　　　　　　　　　　　　　　　　　　数据源

图 5-3-17　项目创建完成

单击编辑按钮

图 5-3-18　项目编辑

操作步骤 2:进入编辑页面后,在属性列单击"添加图片"对背景图片进行更换,本示例使用的屏幕尺寸为 1280×720(可根据实际情况自定义屏幕尺寸)(图 5-3-19)。

操作步骤 3:在弹出来的对话框中,选择系统素材库中的"工业机器人可视化监控模板素材"文件夹中的背景图,单击"确定"按钮,完成可视化大屏的背景图配置(图 5-3-20)。

操作步骤 4:完成背景图配置之后,为可视化大屏页面设置数据源,本示例选择的模型类型为"设备",选择的物模型为"工业机器人模型 01-姓名",选择的物实例为"工业机器人实例 01-姓名"(图 5-3-21)。

操作步骤 5:接下来为页面添加不同模块的分区装饰框。添加图片组件到编辑区,并单击"添加图片"(图 5-3-22)。

操作步骤 6:在弹出来的素材库中,从系统素材库中的"工业机器人可视化监控模板素材"中选择"蓝色科技 1",并单击"确定"按钮,完成图片置入(图 5-3-23)。

操作步骤 7:置入图片后,通过拖曳方式调整图片的尺寸到合适大小(图 5-3-24)。

操作步骤 8:选中图片后,通过点击右键,选择"复制",把图片复制 3 次,放在可视化大屏

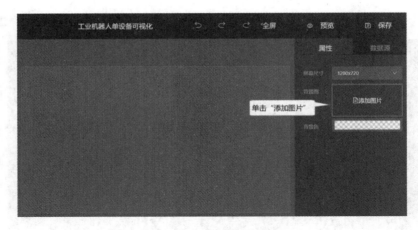

图 5-3-19　项目基本配置

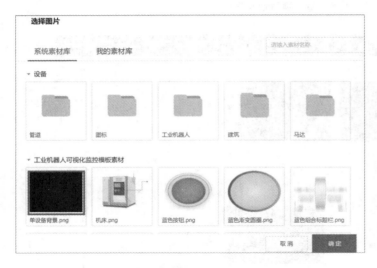

图 5-3-20　选择需要的设备

图 5-3-21　配置设备数据源

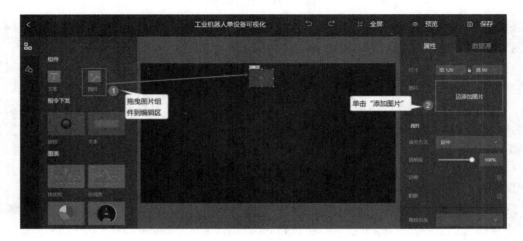

图 5-3-22　设备图片

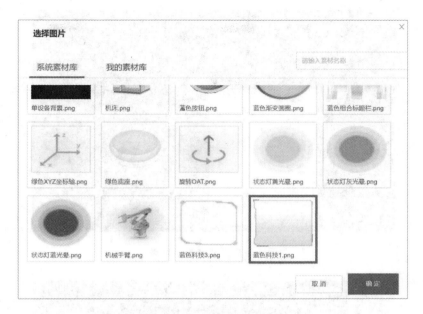

图 5-3-23　机器人显示模板

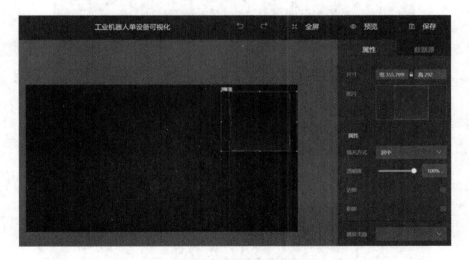

图 5-3-24　调整显示区域

的合适位置(图 5-3-25)。

操作步骤 9:通过图片组件,从系统素材库的"工业机器人可视化监控模板素材"中分别选择"蓝色组合标题栏"和"机械手臂"图片添加到可视化大屏,调整这些图片的大小,并放在合适位置(图 5-3-26)。

2. 为可视化大屏配置基本信息

操作步骤 1:通过拖曳文本组件方式,添加文本组件到可视化大屏的顶部中间位置,并调整其大小(图 5-3-27)。

操作步骤 2:设置文本组件的属性,文字内容输入"工业机器人可视化监控",字体选择"微软雅黑",字号为 22,字重为加粗(图 5-3-28)。

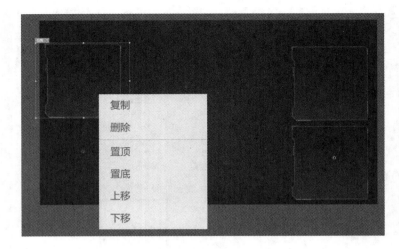

图 5-3-25　复制显示区域

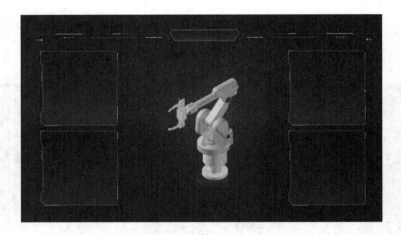

图 5-3-26　布局设备显示

图 5-3-27　配置显示标题

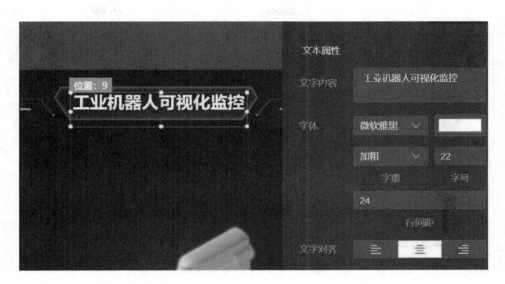

图 5-3-28 字体显示格式

操作步骤 3：添加其他文本组件并修改文字内容，完成工业机器人的设备信息和 4 个模块的标题的设置。本示例使用的字体为宋体，字号为 18，字重为常规（图 5-3-29）。

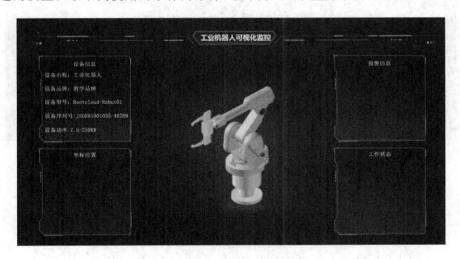

图 5-3-29 配置文字显示

3. 为可视化大屏配置工况信息

操作步骤 1：添加 2 个图片组件，为可视化大屏的"坐标位置"，添加 XYZ 位置和 OAT 方向的坐标图（图 5-3-30）。添加 6 个文本组件，分别修改其文字内容为 X、Y、Z、O、A、T，并调整这些图片和文字的位置到合适的位置。

操作步骤 2：在显示"X"的文本组件后，添加新的文本组件，并调整其位置和尺寸；把该文本组件的文字内容去掉（图 5-3-31）。

操作步骤 3：①单击"数据源"，进入该文字组件的数据源设置界面；②勾选"继承页面模型"会自动填充模型类型、物模型、物实例；③关联属性选择"当前位置 X"；④勾选"使用属性单位"，完成该文本组件的数据源设置（图 5-3-32）。

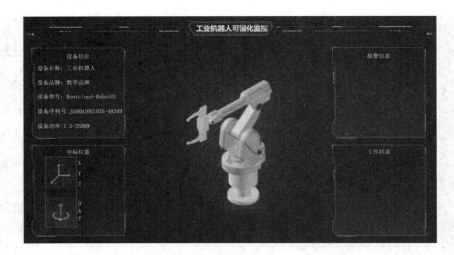

图 5-3-30　机器人坐标显示

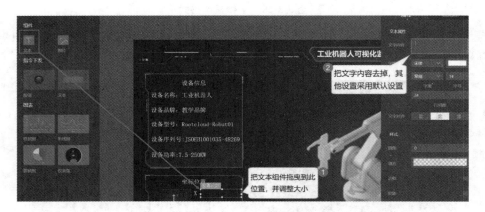

图 5-3-31　坐标显示属性配置

图 5-3-32　坐标数据源

操作步骤 4：使用同样的方法，在 Y、Z、O、A、T 后都设置同样的文本组件，分别关联属性为"当前位置 Y""当前位置 Z""当前位置 O""当前位置 A""当前位置 T"（图 5-3-33）。

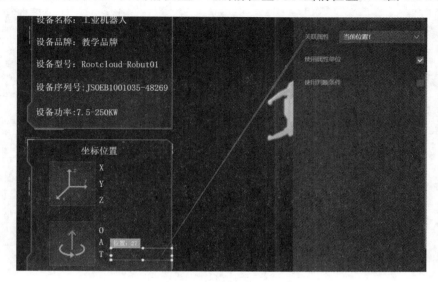

图 5-3-33　位置关联显示

操作步骤 5：完成以上操作步骤之后，单击"保存"按钮，保存整个页面设置。然后单击"预览"，查看效果（图 5-3-34）。

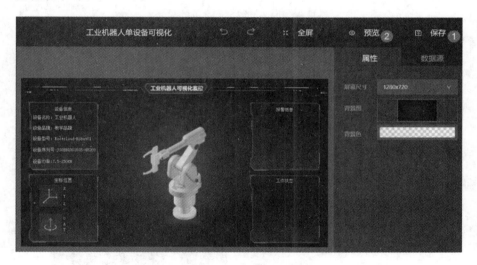

图 5-3-34　预览显示效果

4. 验证可视化数据的准确性

操作步骤 1：从任一课程卡片的"硬件设备"进入硬件列表页面，单击"工业机器人 01-姓名"操作列的"查看"按钮，进入该硬件的设备信息页（图 5-3-35）。

操作步骤 2：进入设备信息页后，单击"启动"按钮，机器人处于运行状态后，单击显示屏（图 5-3-36）。

操作步骤 3：比对硬件设备显示屏各属性值与可视化预览视图中，XYZ 位置对应属性值是否一致（图 5-3-37）。

图 5-3-35　查看设备

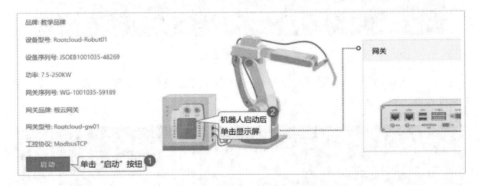

图 5-3-36　工业机器人显示效果

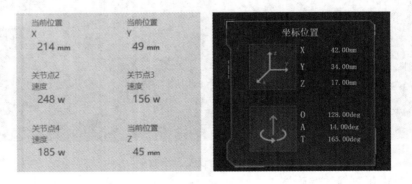

图 5-3-37　坐标显示效果

【提示】　不同模块数据更新频率差异可能导致显示屏数据早于可视化大屏数据,可在设备信息页日志信息部分查看邻近时间戳上报数据信息。

操作步骤 4:如数据核对一致,单击"编辑"按钮返回可视化项目的编辑状态,并单击"保存"按钮,完成本任务设置内容的保存(图 5-3-38)。

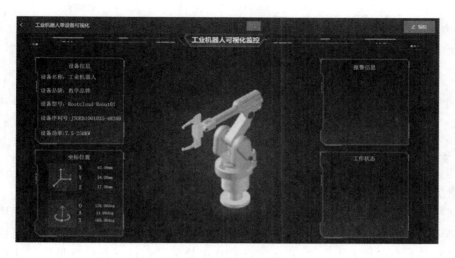

图 5-3-38 单个设备显示

◀ 任务4 配置工业设备数字孪生模型的报警和指令信息 ▶

 项目导入

传统工业设备运维方式如图 5-4-1 所示。如挖掘机、压路机等在厂外作业的工业设备一旦出现故障,车主为了不耽误工作计划,通常都会就近尽快处理,因此过去对于厂外设备的制造厂商而言,想第一时间了解设备故障情况,提供售后服务或收集故障信息用于产品研发优化几乎是不可能的事。

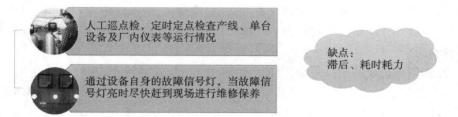

人工巡点检,定时定点检查产线、单台设备及厂内仪表等运行情况

通过设备自身的故障信号灯,当故障信号灯亮时尽快赶到现场进行维修保养

缺点:
滞后、耗时耗力

图 5-4-1 传统设备运维方式

进入工业互联网时代后,利用数字孪生技术,当工业机器人在运行过程中,出现电机温度过高、低电压的情况,或者发生了硬件故障时,联网的设备就可以将这些故障信息发送出去,通知厂家及时处理。数字孪生维护如图 5-4-2 所示。

这类由产品设备在运行过程中产生的信息、告警和故障等,就可以通过在平台设置报警规则,从而实现报警。随着工业系统的大型化和复杂化,除了被监控的参数,通常也需要了解和掌握相关的其他参数信息,因此报警可以包含多个输出参数。

值得注意的是,报警不同于属性,报警是通过设备上报的数据生成的,平台通过设置报警规则,从设备采集的属性数据触发报警。

图 5-4-2　数字孪生维护

1. 常见工业设备的报警

想利用好数字孪生技术,完善实体设备物模型的报警配置,就需要了解且明确区分好设备故障、异常、事故等不同状态,这要求对工业设备的性能非常了解,同时积累和沉淀丰富的工业现场经验和专业技术知识,这并非速成。这里简单介绍以下几种常见的工业设备报警及分类,帮助大家更好地理解。

(1)设备和零件老化带来的损坏报警。工业设备的建造工序多、结构复杂,对于许多企业来说,如此高造价的工业设备,虽然有效提高了生产效率,但也在无形中加重了生产成本。这就造成了许多企业中工业设备的使用超负荷,并且有不少企业忽略了对工业设备的定期检修和保养,甚至一些已经质量严重不达标的工业设备还继续在生产中违规使用。这样由于运动部件磨损,在某一时刻超过极限值就会引起故障报警。

(2)设备参数异常导致的预警提示。由于工业设备的复杂性,很多零件老化或部件磨损触发的报警可能会直接导致设备急停宕机。因此,很多有经验的维修工程师会通过观察设备的一些关键参数,并由此判断设备的健康程度或关键零部件性能,一旦超过经验沉淀所划定的合规阈值就会触发报警提示,如电机温度过高、工业机器人电流电压数据异常等情况,提前停机检修维护。

(3)软件错误产生的故障报警。工业设备是一个相当复杂的生产机械,其集成化程度很高,尤其是近些年广泛应用的自动化设备,如工业机器人、数控机床等,其重要的构成部分就是软件程序,只有将产品生产的过程进行细致的程序设置,才能保证产品的质量以及生产流程的顺利和高效。

(4)操作不当造成的故障报警。除去设备本身与集成系统外,在设备的使用过程中,人为操作不当也是设备产生故障报警的原因之一,对于很多工业设备或制造工序,人为操作是实现设备功能的必然环节。因此,失误很难避免。产生人为操作不当的原因有很多,例如,机床电气设备的选用不当,即所选设备与产品的生产属性不符,从而使设备产生了较大的不适性甚至产生故障。此外,还有很大一部分原因来自技术人员的专业性不足,对于工业设备没有充分地了解,或者图方便滥用工业原材料,造成成本浪费,例如焊接时滥用保护气打扫工位。

2. 物模型报警规则操作符

本书主要学习阈值报警,阈值报警规则通常由不同的操作符直接或组合形成,因此需掌握常见操作符的基本含义,以便准确配置报警规则,以下是在工业数字孪生建模平台上设置的常用操作符(图 5-4-3)。

(1)＝＝:等于,同常见数学计算中的"＝"。

图 5-4-3　报警规则操作符

（2）！＝：不等于，同常见数学计算中的"≠"。

（3）＞＝：大于等于，同常见数学计算中的"≥"。

（4）＜＝：小于等于，同常见数学计算中的"≤"。

（5）区间：由两个操作符组合形成，根据设备实际性能标准设置。

3. 物模型的指令

实体设备和设备数字孪生体（以下简称"孪生体"）之间的数据流动是双向的，实体设备可以向孪生体输出数据，孪生体也可以向实体设备反馈信息，决策者可以根据孪生体反馈的信息，对实体设备采取进一步的行动和干预（图 5-4-4）。比如，生产车间目前共有 12 台工业机器人在开机作业，但是实际的生产计划仅需要 8 台机器人就可能按时完成，得到这个信息后，生产组长就可以根据实际情况对其中的 4 台机器人远程下发待机或关机命令，以达到节约成本的目的，当生产要求提高，也可以快速启动设备，投入生产。

图 5-4-4　数字孪生数据交换

这种设备可以被调用的能力或者方法，就是指令，也被称作服务动作。基本原理是操作人员利用电脑、手机等远端遥控设备通过通信网络将控制指令传送到近端控制器（一般是可编程控制器 PLC），PLC 接收到控制指令后通过内部的可编程存储器将该指令转化为机器语言指令，从而完成对设备的操控，达到远程监测、远程控制、远程维护设备的目的。

除此之外，监测系统会将监测到的数据以及设备的运行情况返回到计算机处理中心，数据平台会将这些数据储存起来并分析处理，为后续的控制和检修提供基础。因此数字孪生一方面包含针对物理实体对象的数字模型，通过实测、仿真和数据分析来实时感知、诊断、预测物理实体对象的状态，同时也包括通过优化和指令来调控物理实体对象的行为。

指令由平台下发给实体设备，实体设备可以返回结果给平台及应用（图 5-4-5）。从执行的流程看，指令还可以进一步分为同步和异步。这取决于动作是否是耗时的操作，以及其他

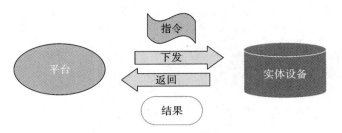

图 5-4-5　数字孪生数据监护

应用逻辑对于动作执行结果的依赖关系。

4.常见的工业设备指令

由于大多数工业设备,如数控机床、冲压机、压缩机等机器占地面积较大,且设备内在复杂,可控性较低。因此,对于工厂而言,监测设备状态并远程控制必将成为主流发展趋势。常见的工业设备指令主要有以下几类。

(1)控制指令。控制指令主要指对设备进行开机、关机、运动等控制操作的指令,是工业现场最常见的指令类型之一,可以方便管理者根据实际情况和需求远程快捷地调整设备状态,以达到设备管理的目的。

(2)参数设置指令。这类指令主要适用于含控制器的工业设备,通过指令控制设备的关键参数,如烘干机远程下发温度参数指令,如果在生产线中配合工业机器人,可以在实现个性化需求的同时,大幅提高生产效率。这类指令也包括远程下发程序升级包,高效完成系统升级,从而快速处理故障。

(3)复位指令。这类指令通常是由于设备发生故障报警后,远程升级或处理后必须人为进行复位才能解除报警,故障复位指令就可以远程完成复位,节省人力成本。

(4)解锁机。挖掘机、压路机、泵车等常见的厂外工程机械设备,对远程监控及操作控制同样拥有极大需求,甚至要求比厂内设备的远程控制更灵活,最具代表性的指令就是"解锁机"。为了更好地拓展销售渠道,造价较高的工程机械设备除了全款购买,也会采用创新租赁、贷款等不同的销售形式,解锁机就可以有效地保障卖家或租赁方的权益,配合设备工况的实时监控,一旦出现异常,如还款逾期或租赁超期,设备的所有方就可以远程锁机,暂停使用方的使用权利,在实际的应用中,通常还会分不同的等级,从限制设备运动速度的提醒到完全停机。根云工业互联网平台在服务电动车行业中,通过解锁机对车辆的防盗也起到了有效作用。

 **知识图谱**

想要完整地定义一个实体设备的物模型,仅有物模型的属性是不够的,在工业设备的运行过程中,会出现电流电压异常、硬件故障等很多现场情况,如果希望及时发现并处理解决这些问题,就需要利用报警。

数字孪生在实现了物理世界实体设备数字化的同时,利用工业互联网也完成了设备数据的采集及故障等信息报警。在实际的工业现场,当报警产生时,如电压过高,一般都需要尽快关机,这时通过远程操作关机,完成命令数据的下行控制,也属于数字孪生技术的重要组成,这就需要基于最后一类可以定义物模型的功能元素——指令。

本任务以根云工业数字孪生建模平台提供的报警属性模板为基础,在本项目任务一创建的工业机器人物模型中,根据工业现场及设备要求配置报警规则,在已创建的工业机器人物模型中添加指令,在机器人实例中完成报警验证,具体操作步骤如下。

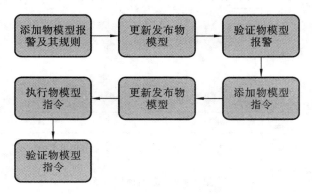

一、设置工业设备数字孪生模型的报警

物模型作为物理世界实体的抽象,不同类型的实体通常会基于自身的特征属性抽象出单独的物模型,本书中的"硬件设备"模拟了在现实中由工业设备及帮助设备联网的工业网关两个实体组成的共同体,因此在创建物模型时,也需要分别创建设备与网关的物模型(图5-4-6)。

图 5-4-6 创建网关和设备的物模型

1. 添加物模型报警及其规则

操作步骤1:由树根教育平台的任一课程卡片,进入"工业数字孪生建模",选择左侧菜单栏"物模型"。单击本项目任务一创建的"工业机器人模型01-姓名"的"查看"按钮,进入模型信息页(图5-4-7)。

操作步骤2:进入模型信息页后,单击"修改模型"按钮,物模型切换为编辑状态(图5-4-8)。

【提示】 物模型区分发布状态与编辑状态,从列表"查看"进入发布状态,无法编辑物模型配置信息,单击"修改模型"按钮切换到编辑状态,可以对物模型的配置信息进行编辑。

图 5-4-7　进入模型界面

图 5-4-8　数字模型编辑界面

操作步骤 3：在编辑状态下选择"报警"，单击"添加报警"开始配置模型的报警（图 5-4-9）。

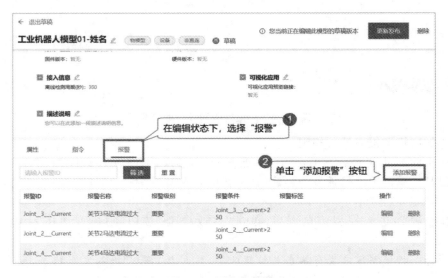

图 5-4-9　添加报警信息

【提示】 基于系统内置模板创建的物模型,已内置部分对应设备的报警及报警规则,而自定义新增的采集点报警及规则,需要自定义添加。

操作步骤 4:参考表 5-4-1,补充添加报警及报警规则(图 5-4-10)。

表 5-4-1　本例中报警信息一览表

报警 ID	报警名称	描述	报警级别	设置报警触发规则	与报警同时上报的属性值
ProgErrorStatus	程序错误	机器人程序运行出错	一般	程序是否错误==1	—
Joint_1_Current	关节 1 马达电流过大	关节 1 马达电流超过安全阈值	重要	Joint_1_Current>250	Joint_1_Current
Joint_5_Current	关节 5 马达电流过大	关节 5 马达电流超过安全阈值	重要	Joint_5_Current>250	Joint_5_Current
Joint_6_Current	关节 6 马达电流过大	关节 6 马达电流超过安全阈值	重要	Joint_6_Current>250	Joint_6_Current

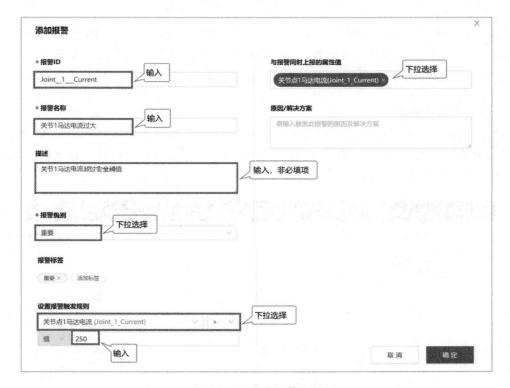

图 5-4-10　设置报警规则

【提示】 Boolean 类的属性,仅能使用"=="" !="操作符。"与报警同时上报的属性值"为当报警产生时,会一同上报显示的属性值,可以是当前报警属性的值,也可以是其他业务关联属性的值,以便更好地了解报警产生的情况。

2. 更新发布物模型

操作步骤：完成所有报警及报警规则配置后，单击"更新发布"物模型（图 5-4-11）。

图 5-4-11　发布更新后的模型

【提示】　如果不单击"更新发布"，修改的配置内容仅会存为草稿，不会应用和更新到对应的物实例。而已经更新发布过的模型，其属性、指令和报警已经应用到了物实例，无法再编辑修改。

3. 验证物模型报警

操作步骤 1：更新发布了"工业机器人模型 01-姓名"后，切换到物实例列表界面，单击查看"工业机器人实例 01-姓名"的实例信息页，请确保该实例所对应的硬件设备已经开启，实例处于"在线"状态（图 5-4-12）。

图 5-4-12　查看发布后的模型

操作步骤 2：进入实例信息页后，单击选择"报警"，确认是否已产生报警记录。如果产生报警记录，可单击"报警历史"按钮，查看具体的信息（图 5-4-13）。

← 返回
工业机器人实例01-姓名
物实例
设备
非直连
在线
删除
运行工况
指令
报警
单击查看具报警历史信息
请选择报警级别
请选择标签
筛选
重置
查看是否已经产生报警记录
报警历史
刚刚
重要
关节3马达电流过大
当前Joint_3__Current值为255;
描述：关节3马达电流超过安全阈值
原因/解决方案:
正在报警
触发时间: 2021-04-29 15:26:09.793
35 秒前
重要
关节5马达电流过大
当前Joint_5__Current值为256;
描述：关节5马达电流超过安全阈值
原因/解决方案:
正在报警
触发时间: 2021-04-29 15:25:39.793

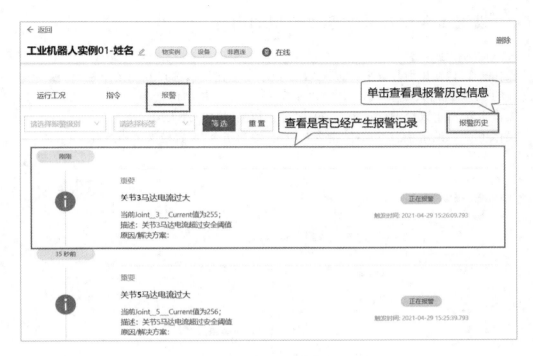

图 5-4-13 查看报警信息

操作步骤 3：在报警历史页，检查触发报警的时间及对应属性值，确定是否按报警规则触发，完成工业机器人物模型报警配置的验证（图 5-4-14）。

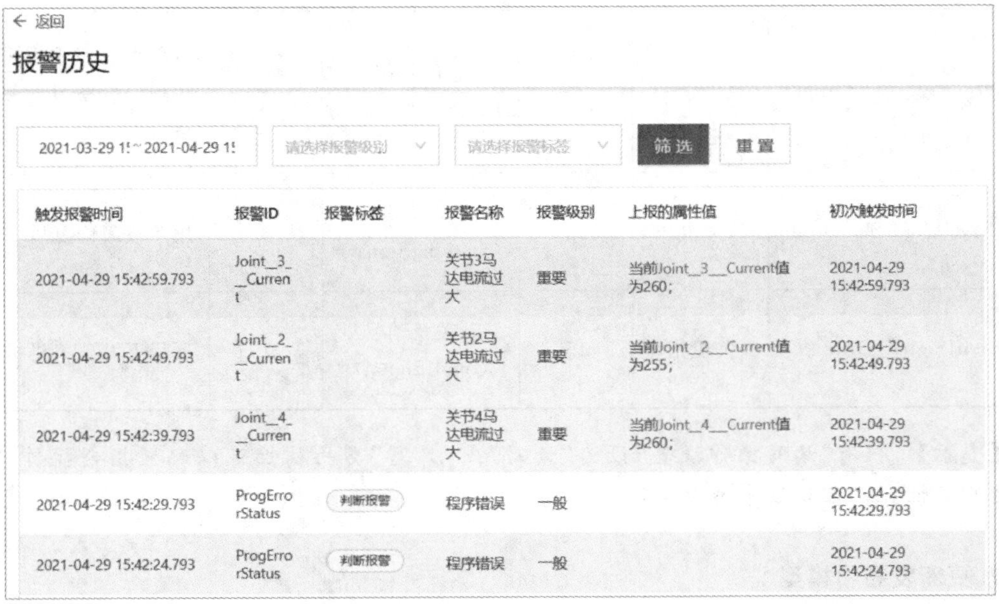

← 返回
报警历史
2021-03-29 1!~2021-04-29 1!
请选择报警级别
请选择报警标签
筛选
重置
触发报警时间
报警ID
报警标签
报警名称
报警级别
上报的属性值
初次触发时间
2021-04-29 15:42:59.793
Joint_3__Current
关节3马达电流过大
重要
当前Joint_3__Current值为260;
2021-04-29 15:42:59.793
2021-04-29 15:42:49.793
Joint_2__Current
关节2马达电流过大
重要
当前Joint_2__Current值为255;
2021-04-29 15:42:49.793
2021-04-29 15:42:39.793
Joint_4__Current
关节4马达电流过大
重要
当前Joint_4__Current值为260;
2021-04-29 15:42:39.793
2021-04-29 15:42:29.793
ProgErrorStatus
判断报警
程序错误
一般
2021-04-29 15:42:29.793
2021-04-29 15:42:24.793
ProgErrorStatus
判断报警
程序错误
一般
2021-04-29 15:42:24.793

图 5-4-14 验证报警信息

二、设置工业设备数字孪生模型的指令

1. 添加物模型指令

操作步骤1：在树根教育平台进入"工业数字孪生建模"，选择左侧菜单栏"物模型"。单击之前的"工业机器人模型01-姓名"的"查看"按钮，进入模型信息页。

操作步骤2：进入模型信息页后，单击"修改模型"按钮，进入编辑状态。

操作步骤3：编辑状态下选择"指令"，单击"添加指令"配置模型的指令（图5-4-15）。

图 5-4-15　选择指令编辑

操作步骤4：参考表5-4-2，补充添加物模型指令（图5-4-16）。

表 5-4-2　本例中指令信息一览表

指令 ID	指令名称	命令超过时间(秒)	受控属性	给属性写入的值	描述
Emergency_stop_Order	急停指令	15	急停状态（Emergency_stop）	1	设备发成严重报警为免损伤设备紧急停止运行
eqp_FAULT_RST_Order	故障复位	15	故障信号（warningSignal）	0	用于故障修复后复位
onoffSignal_Orde	开关机指令	15	开关机信号（onoffSignal）	1	远程下发开关机指令

【提示】　仅有"读写操作设置"设为"读写"或"只写"类的属性可以配置指令操作，"只读"类的属性在受控属性中不做呈现。

2. 更新发布物模型

操作步骤：完成所有指令配置后，单击"更新发布"物模型（图5-4-17）。

【提示】　与报警配置新增一样，如果不单击"更新发布"，修改的配置内容仅会存为草稿，不会应用和更新到对应的物实例。

图 5-4-16　添加指令信息

图 5-4-17　更新物模型

3.执行物模型指令

操作步骤1：从任一课程卡片，单击"硬件设备"进入硬件设备列表，单击"工业机器人模型01-姓名"操作列的"查看"按钮（图5-4-18）。

图 5-4-18 选择物模型

操作步骤2：进入设备信息页后，单击"启动"按钮启动工业机器人（图5-4-19）。

图 5-4-19 启动工业机器人

操作步骤3：切换到进入物实例列表界面，可以看到硬件设备启动后，该设备对应的物实例会处于"在线"状态。单击查看"工业机器人实例01-姓名"的实例信息页（图5-4-20）。

操作步骤4：进入实例信息页后，单击选择"指令"。选中某个需要操作的指令，单击其操作列的"执行"按钮（图5-4-21）。

操作步骤5：在弹出来的对话框中输入要执行的指令值，单击"确认"（图5-4-22）。

【提示】 如果在物模型中配置指令时，填写了"给受控属性写入的值"，单击执行后就会自动带出，也可修改值；如果没填写"给受控属性写入的值"，单击后弹框中的值为空，需要自行填写后再确认下发，如图5-4-22所示。

图 5-4-20 添加指令信息

图 5-4-21 编辑指令信息

图 5-4-22 确认指令信息

操作步骤 6：确认下发后，页面会出现指令是否下发成功的提示（图 5-4-23）。

图 5-4-23 指令信息执行成功

4. 验证物模型指令

操作步骤 1：执行指令后，可以单击"查看"按钮查看受控属性的当前工况（图 5-4-24）。

图 5-4-24 查看设备指令

操作步骤 2：弹出来的指令详情如图 5-4-25 所示，可以看到受控属性当前工况值为 1。

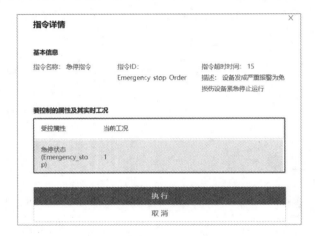

图 5-4-25 查看指令信息

操作步骤 3：从任一课程卡片或者快速切换入口，切换到硬件设备列表页，查看对应的"工业机器人 01-姓名"的设备信息页（图 5-4-26）。

图 5-4-26 切换设备

操作步骤 4：启动设备后，单击设备"显示屏"，查看设备实时信息（图 5-4-27）。

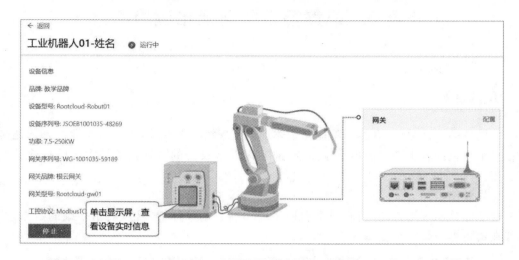

图 5-4-27　启动设备

操作步骤 5：在设备实时信息对话框中，查看受控属性（开关机信号和急停状态）的值是否变化，同步查看物实例"运行工况"对应属性的值，如果对应的信息一致，说明工业机器人物模型指令配置正确（图 5-4-28）。

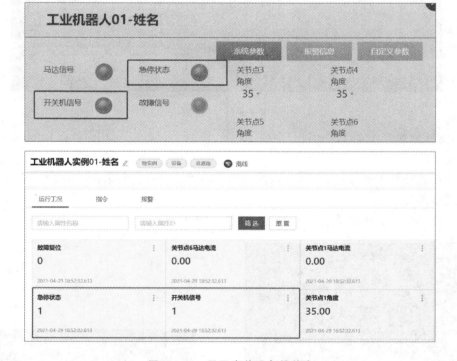

图 5-4-28　显示当前设备的状态

【提示】　可以多次对同一受控属性下发不同的值，以准确验证指令操作是否成功。

任务5 配置多设备可视化应用项目

项目导入

单设备的可视化监控配置,不能完全体现工业现场的复杂性,大多数企业的诉求还是集中在复杂系统或者生产线的数字孪生应用中,因此多设备的可视化监控大屏的构建就非常有必要。

1. 柱状图组件

柱状图是图表组件的一种,通常利用于较小的数据集分析,可以展示多维的数据差异,组件在编辑器中的位置如图 5-5-1 所示。

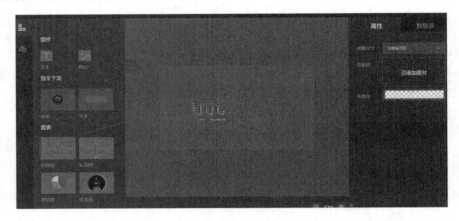

图 5-5-1 柱状图

(1)属性配置。

①尺寸。

可以设置柱状图的尺寸大小,可以选择用横向或者竖向进行展示,如图 5-5-2 所示。

②颜色面板。

可以选择柱状图中的立柱显示颜色,如图 5-5-3 所示。

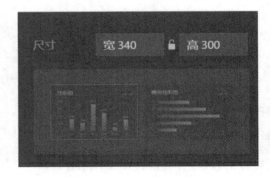

图 5-5-2 柱状图尺寸设置

图 5-5-3 柱状图颜色设置

③图表选项。

勾选图例之后,会在柱状图中显示图例。可以设置图例的位置,图例显示文字的字体、字号、颜色等,如图 5-5-4 所示。

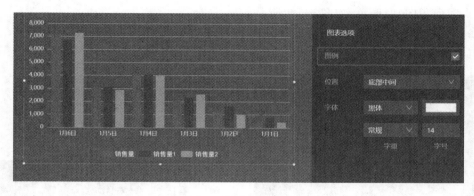

图 5-5-4 柱状图图表设置

(2)数据源配置。

在柱状图组件的数据源设置中,如果勾选"继承页面模型",该组件在配置数据源时会默认关联在页面编辑区绑定的物模型及实例信息。如不勾选则需按顺序依次选择对应物模型、物实例和关联指令。其中"度量"设置,可以自定义选择多个属性进行度量,如图 5-5-5 所示。

2. 折线图组件

折线图是图表组件的一种,用于在连续间隔或时间跨度上展示数值,常用来显示趋势和对比关系(多个折线之间的对比)。该组件在编辑器中的位置如图 5-5-6 所示。

图 5-5-5 柱状图数据源配置

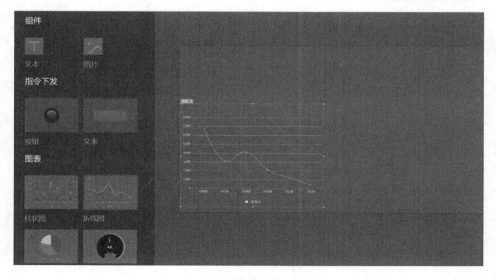

图 5-5-6 折线图

（1）属性配置。

①尺寸及样式。

折线图组件的可调整属性包含输入或单击上下箭头调整组件宽、高，选择展现样式（折线图、折线面积图）及颜色，如图5-5-7所示。

②颜色面板。

可以选择折线图线或者折线面积的颜色，如图5-5-8所示。

图 5-5-7　折线图尺寸设置

图 5-5-8　折线图颜色设置

图 5-5-9　折线图图表设置

③图表选项。

勾选图例之后，会在折线图中显示图例。可以设置图例的位置，图例显示文字的字体、字号、颜色等，如图5-5-9所示。

（2）数据源配置。

在折线图组件的数据源设置中，如果勾选"继承页面模型"，该组件在配置数据源时会默认关联在页面编辑区绑定的物模型及实例信息。如不勾选则需按顺序依次选择对应物模型、物实例。折线图维度项固定展示为采集点时间戳，度量项展示为折线，支持选择多个度量项，如图5-5-10所示。

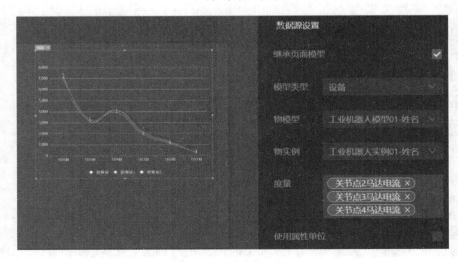

图 5-5-10　折线图数据源配置

3. 饼状图组件

饼状图是图表组件的一种,通过将一个圆形区域划分为多个子区域,反映出不同子类数据之间的对比关系以及子类数据在大类中所占的百分比。该组件在编辑器中的位置如图5-5-11 所示。

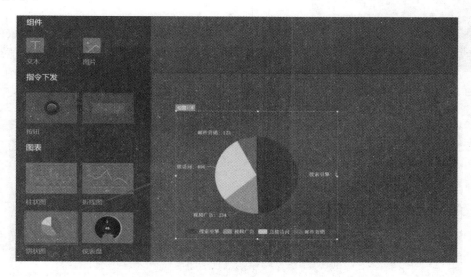

图 5-5-11 饼状图

(1)属性配置。

①尺寸大小。

输入或点击上下箭头调整饼图的宽、高和环形粗细,环形粗细为 0 时显示为实心饼图,值越大中空越大,环形变细,如图 5-5-12 所示。

②颜色面板。

在颜色面板中,可以点击颜色面板下的色块的下拉框,在弹出的颜色面板中,选择目标颜色,单击"确定",饼图对应部分颜色变为目标颜色,重复以上操作可以完成对饼图各部分颜色配置,如图 5-5-13 所示。

图 5-5-12 饼状图尺寸设置

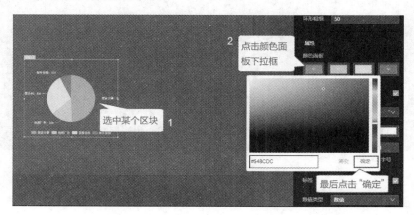

图 5-5-13 饼状图颜色设置

图 5-5-14　饼状图图表设置

③图例。

勾选图例之后,会在饼状图中显示图例。可以设置图例的位置,图例显示文字的字体、字号、颜色等,如图5-5-14 所示。

④标签。

如果勾选标签,则会在饼状图的各比例色块中显示所对应的标签信息,可以设置数值的类型为数值或是百分比,设置标签字体的字体、字号、字重等,如图 5-5-15所示。

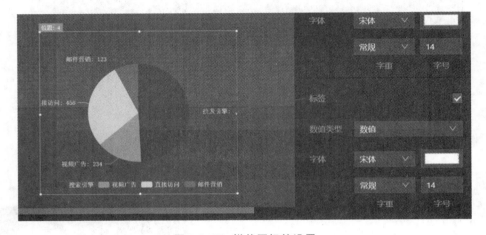

图 5-5-15　饼状图标签设置

(2)数据源配置。

饼状图组件的数据源设置与柱状图一致,详看本任务柱状图组件的数据源配置,如图5-5-16 所示。

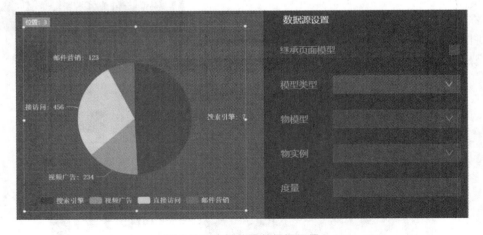

图 5-5-16　饼状图数据源配置

4. 仪表盘组件

仪表盘可以反映设备各系统的工作状况,该组件在编辑器中的位置如图 5-5-17 所示。

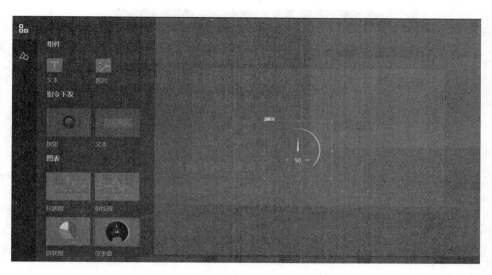

图 5-5-17　仪表盘

（1）属性配置。

①仪表尺寸。

组件的宽度和高度，可输入数值自定义大小，也支持通过拖曳方式改变组件的宽、高，如图 5-5-18 所示。

②主题颜色。

下拉设置组件的主题颜色，选择统计颜色，如图 5-5-19 所示。

图 5-5-18　仪表盘尺寸设置

图 5-5-19　仪表盘颜色设置

③仪表数值。

可以设置数值类型为数值或百分比，设置数值的显示字体、字号和字重，设定数值的最小值和最大值，如图 5-5-20 所示。

（2）数据源配置。

仪表盘组件的数据源设置与柱状图一致，详看本任务柱状图组件的数据源配置，如图 5-5-21 所示。

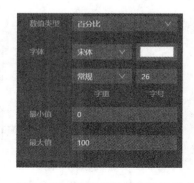

图 5-5-20　仪表盘数字显示设置

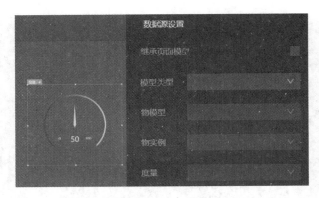

图 5-5-21 仪表盘数据源设置

 知识图谱

本任务主要介绍使用折线图组件配置工业机器人开机率与作业率等派生属性,创建仪表盘显示各设备产量数据,为可视化大屏增加跳转链接实现可视化页面间跳转,以便故障设备数超标时可及时报警并快速定位故障设备及其原因,最终实现对多设备作业情况实时监控。

本任务实现如图 5-5-22 所示的控制效果。

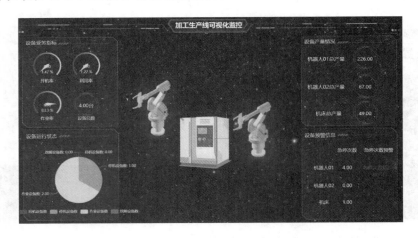

图 5-5-22 多设备数字孪生显示

实现上述功能的一般步骤如下。

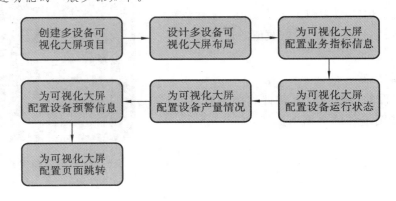

1. 创建多设备可视化大屏项目

操作步骤1：使用树根教育账号与密码完成登录，从任一课程卡片单击"可视化应用"进入可视化应用页面，单击"创建项目"按钮创建新的可视化应用项目（图5-5-23）。

图 5-5-23　创建项目

操作步骤2：在弹出来的对话框中，①"项目名称"自定义填写，本书示例填写"加工生产线可视化项目"；②"大屏模板"选择空白模板；③最后单击"确定"按钮（图5-5-24）。

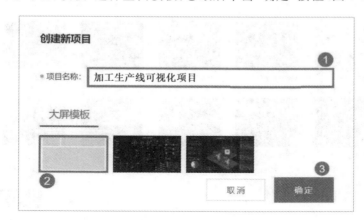

图 5-5-24　创建项目

2. 设计多设备可视化大屏布局

操作步骤1：进入编辑页面后，在属性列下单击"添加图片"对背景图片进行更换，本示例使用的屏幕尺寸为1280×720（可根据实际情况自定义屏幕尺寸）（图5-5-25）。

操作步骤2：在弹出来的对话框中，从系统素材库中"背景→图片"文件夹选择合适的背景图，单击"确定"按钮，完成可视化大屏的背景图配置（图5-5-26）。

【提示】　背景图片也可以选择"我的素材库"中自定义上传的素材。

操作步骤3：完成背景图配置之后，为可视化大屏页面设置数据源，本示例选择的模型类型为"复合物"，选择的物模型为"加工生产线模型01-姓名"，选择的物实例为"加工生产线实

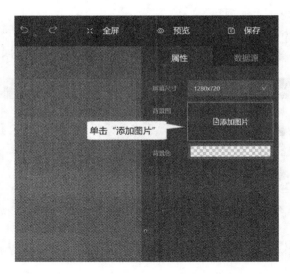

图 5-5-25　创建大屏显示

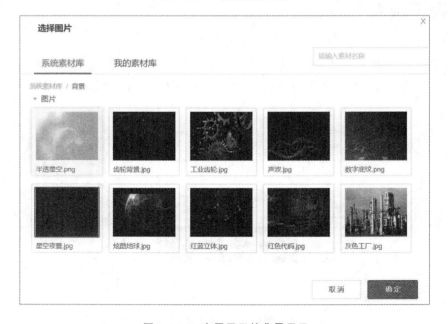

图 5-5-26　大屏显示的背景显示

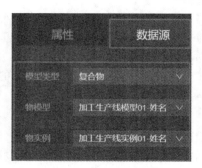

图 5-5-27　配置大屏显示的数据源

例 01-姓名"(图 5-5-27)。

操作步骤 4：参考本项目任务三"设计可视化监控大屏布局"的操作步骤 5～操作步骤 9 的内容，为加工生产线可视化监控进行布局设计。需要添加 1 个标题装饰图、4 个信息展示栏装饰图(图 5-5-28)。

操作步骤 5：通过添加文本组件，为可视化大屏添加标题，文字内容为"加工生产线可视化监控"，字体为微软雅黑，字号为 22，其他采用默认设置(图 5-5-29)。

图 5-5-28 布局大屏显示

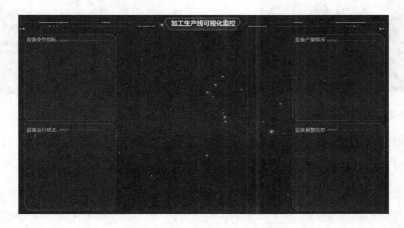

图 5-5-29 配置大屏显示的文本

3. 为可视化大屏配置业务指标信息

操作步骤 1:通过拖曳方式添加仪表盘组件到设备业务指标展示栏,调整其尺寸到合适大小;数值类型选择百分比;字号设为 12;其他采用默认设置(图 5-5-30)。

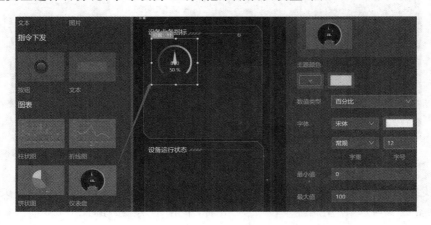

图 5-5-30 创建仪表盘

操作步骤2：为该仪表盘设置数据源，勾选"继承页面模型"，度量选择"开机率"（图5-5-31）。

操作步骤3：用同样的操作，添加另外2个仪表盘，度量分别选择"利用率"和"作业率"。添加3个文本组件放置到仪表盘下方，文字内容分别为"开机率""利用率""作业率"，字体使用微软雅黑，字号为14，其他采用默认设置（图5-5-32）。

图 5-5-31　配置仪表盘数据源

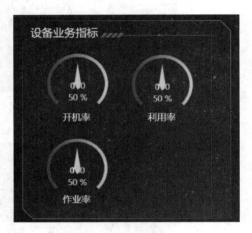

图 5-5-32　创建仪表盘

操作步骤4：添加一个文本组件，文字内容输入"设备总数"。添加图片组件置入圆形装饰图，并在图片组件上添加一个文本组件，设置其字体为微软雅黑，字号为16，其他采用默认设置（图5-5-33）。

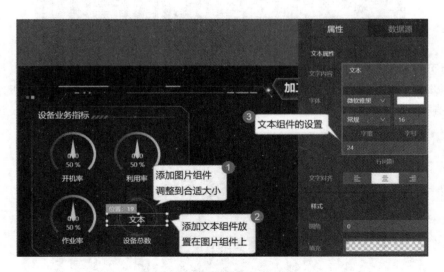

图 5-5-33　仪表盘文本配置

操作步骤5：为图片组件上的文本组件设置数据源。勾选"继承页面模型"，关联属性为"总在线设备数"，勾选"使用属性单位"。完成后，单击"保存"按钮（图5-5-34）。

图 5-5-34　配置仪表盘数据源

4.为可视化大屏配置设备运行状态

操作步骤1：选中饼状图组件拖到设备运行状态栏的目标位置后松开（图 5-5-35）。

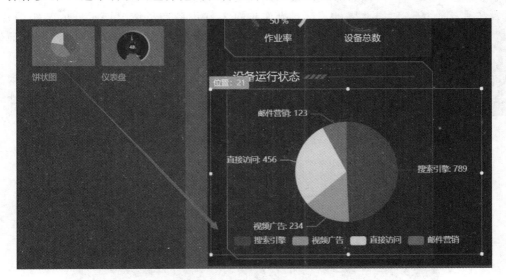

图 5-5-35　创建饼状图

操作步骤2：为饼状图设置属性，图例和标签的字体使用微软雅黑，字号为12，其他采用默认设置（图 5-5-36）。

操作步骤3：为饼状进行数据源设置，勾选"继承页面模型"，度量选择"故障设备数""停机设备数""作业设备数""待机设备数"（图 5-5-37）。

5.为可视化大屏配置设备产量情况

操作步骤1：在设备产量情况展示栏添加文本组件和图片组件，放置在合适位置。文本

图 5-5-36　饼状图文本设置

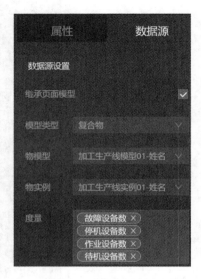

图 5-5-37　配置饼状图的数据源

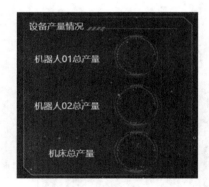

图 5-5-38　设计文本位置

组件的文字内容分别为"机器人 01 总产量""机器人 02 总产量""机床总产量",字体使用微软雅黑,字号为 16,其他采用默认设置(图 5-5-38)。

操作步骤 2:在设备产量情况展示框的装饰图片上,添加文本组件。字体使用微软雅黑,字号为 16,其他使用默认设置(图 5-5-39)。

操作步骤 3:为该文本组件进行数据源设置。模型类型选择"设备",物模型选择"工业机器人模型 01-姓名",物实例选择"工业机器人实例 01-姓名",关联属性为"总产量",勾选"使用属性单位"(图 5-5-40)。

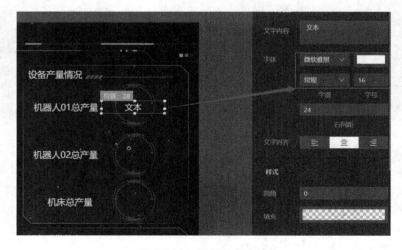

图 5-5-39　添加设备文本

图 5-5-40　设备数据源配置

操作步骤 4:复制出另外 2 个文本组件,分别关联"工业机器人实例 02-姓名"和"机床实例 01-姓名",关联属性都是"总产量"(图 5-5-41)。

图 5-5-41　完成设备关联

6. 为可视化大屏配置设备预警信息

操作步骤 1:在设备预警信息展示栏中,添加 5 个文本组件,文字内容如图 5-5-42 所示,字体使用微软雅黑,字号为 16,其他使用默认设置(图 5-5-42)。

操作步骤 2:添加 1 个文本组件在"急停次数"组件下方,文本属性设置字体使用微软雅黑,字号为 16,其他使用默认设置(图 5-5-43)。

操作步骤 3:为该文本组件设置数据源,模型类型选择"设备",物模型选择"工业机器人

图 5-5-42　创建报警信息

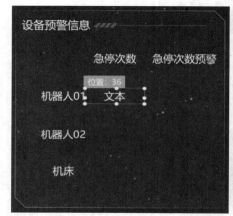

图 5-5-43　报警文本配置

模型 01-姓名"，物实例选择"工业机器人实例 01-姓名"，关联属性为"急停次数"，勾选"使用属性单位"（图 5-5-44）。

操作步骤 4：复制该文本组件，放置到"急停次数预警"下方，设置数据源时勾选"使用判断条件"，增加条件 1 的筛选条件为"＞＝2"，文本输入"急停次数超过阈值！！"，字体颜色选择红色，其他设置不变。此设置表示当设备的急停次数大于等于 2 时，出现"急停次数超过阈值！！"的红色警示文字（图 5-5-45）。

操作步骤 5：通过复制的方式，完成如图 5-5-46 所示的文本组件创建和布局，注意修改其对应的实例分别为"工业机器人实例 02-姓名"和"机床实例 01-姓名"。

图 5-5-44　报警数据源设置

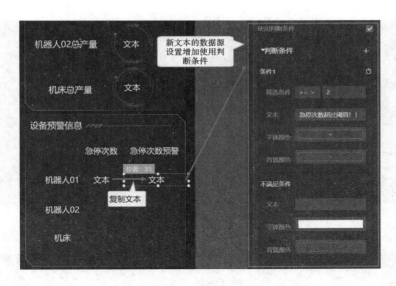

图 5-5-45 添加报警数据源

7. 为可视化大屏配置页面跳转

操作步骤 1：添加图片组件，为可视化大屏置入工业机器人和机床的图片，并放置在可视化大屏的中间合适位置（图 5-5-47）。

操作步骤 2：选中其中 1 个机器人，在属性配置的"跳转页面"中下拉选择项目五创建完成的"工业机器人单设备可视化"项目。通过此设置，可以在可视化大屏中，单击该机器人跳转到关联的可视化项目页面（图5-5-48）。

操作步骤 3：完成所有的配置后，单击"保存"按钮。然后单击"预览"，跳转到预览状态（图 5-5-49）。

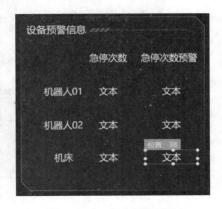

图 5-5-46 完成报警显示

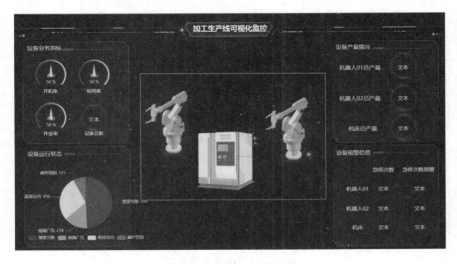

图 5-5-47 添加设备组件

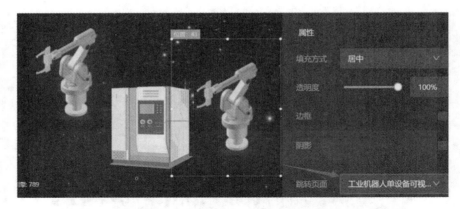

图 5-5-48　设备可视化

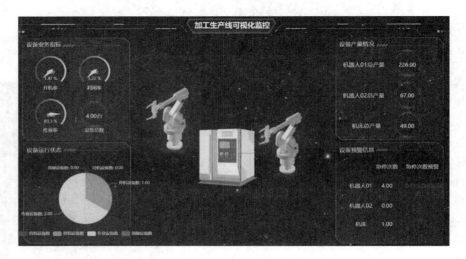

图 5-5-49　项目预览

操作步骤 4：对本任务的加工生产线可视化监控大屏上的各项数据进行验证（图 5-5-50）。

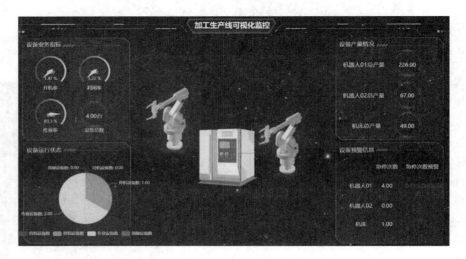

图 5-5-50　验证各项数据

参考文献 CANKAOWENXIAN

［1］ 于绍政,陈靖.FlexSim 仿真建模与分析［M］.沈阳:东北大学出版社,2018.

［2］ 陈峰.智能制造单元安装与调试［M］.广州:广东教育出版社,2017.

［3］ 陈永刚,陈乾.ABB 工业机器人操作与编程［M］.北京:机械工业出版社,2021.

［4］ 中国通信工业协会物联网应用分会.物联网＋BIM:构建数字孪生的未来［M］.北京:
电子工业出版社,2021.

［5］ 宋海鹰,岑健.西门子数字孪生技术——Tecnomatix Process Simulate 应用基础［M］.
北京:机械工业出版社,2022.

［6］ 伍小兵,周桐,李世钊.工业数字孪生的制作与调试(微课版)［M］.北京:人民邮电出版
社,2023.